大学计算机应用

主　编　　陆建波
副主编　　苏毅娟　闭应洲
参　编　　容　青　蒋雪玲　周金凤
　　　　　张　霞　杜泽娟　胡秦斌
　　　　　蓝贞雄　元昌安

北京理工大学出版社
BEIJING INSTITUTE OF TECHNOLOGY PRESS

内 容 简 介

本书是大学计算机基础教学体系的基础部分。主要介绍计算机的基础知识与体系构成、操作系统的基础知识与基本操作，文字处理软件 Word 2010、电子表格软件 Excel 2010、演示文稿软件 PowerPoint 2010 的基础知识与常用功能，网络基础知识及网络安全、网页设计与制作、计算思维相关知识。本书以 Windows 7 操作系统为平台，以 Microsoft Office 2010 为基本教学软件。本书的目标是培养学生计算机应用能力，使其掌握计算机的基本知识，具备利用计算机作为工具为以后的工作和学习服务的技能。本书内容组织侧重知识的基础性、实用性。本书通俗易懂，知识全面，实例丰富，由浅入深，循序渐进，可作为高等院校计算机基础教学教材，也可作为自学、函授或培训的教材或参考书。

版权专有　侵权必究

图书在版编目（CIP）数据

大学计算机应用/陆建波主编. —北京：北京理工大学出版社，2021.1重印
ISBN 978-7-5682-3142-8

Ⅰ.①大… Ⅱ.①陆… Ⅲ.①电子计算机－高等学校－教材 Ⅳ.①TP3

中国版本图书馆 CIP 数据核字（2016）第 225660 号

出版发行 / 北京理工大学出版社有限责任公司	
社　　址 / 北京市海淀区中关村南大街 5 号	
邮　　编 / 100081	
电　　话 /（010）68914775（总编室）	
（010）82562903（教材售后服务热线）	
（010）68948351（其他图书服务热线）	
网　　址 / http://www.bitpress.com.cn	
经　　销 / 全国各地新华书店	
印　　刷 / 三河市天利华印刷装订有限公司	
开　　本 / 787 毫米×1092 毫米　1/16	
印　　张 / 21.5	责任编辑 / 陆世立
字　　数 / 540 千字	文案编辑 / 赵　轩
版　　次 / 2021 年 1 月第 1 版第 9 次印刷	责任校对 / 孟祥敬
定　　价 / 46.00 元	责任印制 / 李志强

图书出现印装质量问题，请拨打售后服务热线，本社负责调换

前　　言

随着科学技术的快速发展，计算机的应用已深入社会生活的各个领域。计算机应用能力也成为当代大学生知识结构中不可或缺的部分。

大学计算机基础是高等学校针对非计算机专业的学生开设的计算机课程，是高等院校的一门核心基础课程，是大学生必须掌握的、实践性和应用性很强的课程。旨在培养学生计算机应用能力，使其掌握计算机的基本知识，具备利用计算机作为工具为以后的工作和学习服务的技能。

本书的编写顺应了当今计算机技术的发展趋势。当前"互联网+"、"大数据"、"移动应用"等科学技术发展迅速，社会的信息化也对大学生的计算机应用能力提出了更高的要求。因此计算机基础教学不应只是侧重计算机原理及相关理论知识，应注重培养学生应用计算机解决现实问题的思维方式与意识。

本书主要特点如下：

一、在内容组织上，力求突出知识的基础性与应用性。选择基础的计算机原理与相关理论知识、基础的操作系统知识及实用的系统软件操作、结合具体应用实例的 Word 文字处理、Excel 电子表格、PowerPoint 演示文稿的基础知识及实用操作、网络的基础知识及互联网应用、静态网站的实用技术、计算思维与计算文化概述知识为教材的主要内容。

二、在表达形式上，侧重以实例图形、图像及过程步骤的截图对知识点及操作进行展示，利于读者直观、具体地理解。

三、教学方法上主要采用了实例教学法，围绕各知识点，我们精选了具有代表性、具有实用价值的学习、生活、工作中的实例，如：本科毕业论文、学生成绩管理电子表格、创建与管理网站、无线路由器的设置，力求通过对实例的分析和处理，使学生能够将理论与应用相结合，加深理解，达到举一反三、学以致用的目的。

四、写作方法上，本书语言精练，通俗易懂，结构清晰，各章节内容连接自然流畅，知识点分布合理。

五、有配套的教学资源，为了让学生巩固所学知识，提高实践动手能力，我们编写了丰富的测试练习题。如需获取本书的 PPT 课件和实例的素材与练习题可与作者联系：ljbhappy@sina.com。

本书的参编人员均为从事本课程教学的一级教师，本书是在多年教学经验的基础上，结合课程的目标和特点，进行充分研讨后所编写的。本书由广西师范学院陆建波主编，广西师范学院苏毅娟、闭应洲任副主编，各章节的编写分工为：容青编写第 1 章、蒋雪玲编写第 2 章，周金凤编写第 3 章，张霞编写第 4 章，杜泽娟编写第 5 章，蓝贞雄、陆建波编写第 6 章，胡秦斌、闭应洲编写第 7 章，苏毅娟、元昌安编写第 8 章。

由于时间仓促，作者水平有限，书中难免有错误和不足之处，恳请各位读者和专家批评指正。

编　者

2016 年 6 月

CONTENTS 目录

第1章 计算机基础知识 ··· 1
  1.1 计算机概述 ··· 1
    1.1.1 计算机的产生与发展 ·· 1
    1.1.2 计算机的分类 ·· 2
    1.1.3 计算机的特点及应用 ·· 3
  1.2 计算机中的数据表示 ··· 5
    1.2.1 数值型数据的表示 ·· 6
    1.2.2 英文符号信息的表示 ··· 10
    1.2.3 汉字信息的表示 ·· 10
  1.3 计算机系统 ·· 11
    1.3.1 冯·诺依曼型计算机 ·· 11
    1.3.2 计算机工作原理 ·· 12
    1.3.3 计算机硬件系统 ·· 12
    1.3.4 计算机软件系统 ·· 19
    1.3.5 计算机性能评价指标 ··· 20
    1.3.6 图灵机 ··· 21
  思考题 ··· 22

第2章 操作系统 ··· 23
  2.1 操作系统概述 ··· 23
    2.1.1 操作系统的概念 ·· 23
    2.1.2 操作系统的功能 ·· 23
    2.1.3 常用操作系统简介 ·· 24
  2.2 Windows 7 使用基础 ·· 25
    2.2.1 计算机的启动与关闭 ··· 25
    2.2.2 Windows 7 桌面 ·· 27
    2.2.3 窗口的组成与操作 ·· 32
    2.2.4 菜单和对话框的管理操作 ·· 34
  2.3 管理文件和文件夹 ·· 37
    2.3.1 文件和文件夹的概念 ··· 37
    2.3.2 使用资源管理器 ·· 40
    2.3.3 文件和文件夹的基本操作 ·· 45

2.3.4　使用库访问文件和文件夹 48
　2.4　控制面板 49
　　2.4.1　打开控制面板 49
　　2.4.2　使用控制面板 50
　2.5　Windows 7 常用程序的使用 71
　　2.5.1　记事本 71
　　2.5.2　画图 72
　　2.5.3　截图工具 73
　　2.5.4　文件压缩工具：WinRAR 74
　思考题 75
第3章　Word 2010 文字处理软件 76
　3.1　Word 2010 概述 76
　　3.1.1　Word 2010 的新增功能 76
　　3.1.2　Word 2010 的启动与退出 77
　　3.1.3　Word 2010 的工作窗口 77
　3.2　文档的基本操作和文本编辑 79
　　3.2.1　文档的基本操作 79
　　3.2.2　文本编辑 83
　3.3　文档格式的编排 89
　　3.3.1　视图 89
　　3.3.2　字符格式 90
　　3.3.3　段落格式 91
　　3.3.4　页面版式设置 95
　3.4　表格的设计与制作 99
　　3.4.1　插入并设置表格 99
　　3.4.2　美化表格 103
　3.5　图文混排 106
　　3.5.1　插入并设置文本框 106
　　3.5.2　插入并设置艺术字 107
　　3.5.3　绘制图形 108
　　3.5.4　剪贴画 108
　　3.5.5　插入并设置图片 109
　　3.5.6　"SmartArt" 图形 110
　　3.5.7　图文混排技术 111
　3.6　打印文档 112
　　3.6.1　打印预览 112
　　3.6.2　打印设置 113
　　3.6.3　双面打印 113
　3.7　Word 高级应用 114
　　3.7.1　目录的创建与编辑 114

  3.7.2 审阅修订 116
  3.7.3 邮件合并 116
 思考题 119

第 4 章 PowerPoint 2010 演示文稿 120
4.1 认识 PowerPoint 2010 120
  4.1.1 PowerPoint 2010 简介 120
  4.1.2 PowerPoint 2010 的用户界面 120
4.2 PowerPoint 2010 的基本操作 123
  4.2.1 新建空白演示文稿 123
  4.2.2 打开和关闭演示文稿 124
  4.2.3 保存演示文稿 125
  4.2.4 切换演示文稿视图 126
  4.2.5 处理幻灯片 129
4.3 幻灯片的格式化 132
  4.3.1 文本的设置与排版 132
  4.3.2 图片的插入与设置 136
  4.3.3 音视频的插入与设置 141
4.4 幻灯片的版式设计与制作 143
  4.4.1 选用幻灯片自带的主题版式 143
  4.4.2 使用母版制作版式 145
4.5 幻灯片的动画效果设置 149
  4.5.1 设置幻灯片的切换动画 150
  4.5.2 为幻灯片中的对象设置动画效果 152
  4.5.3 设置超链接 156
4.6 幻灯片的放映、打印与发布 161
  4.6.1 幻灯片放映前的设置 161
  4.6.2 放映幻灯片 165
  4.6.3 打印演示文稿 166
  4.6.4 发布演示文稿 167
  4.6.5 打包演示文稿 168
4.7 制作 PPT 的常用思路 171
  4.7.1 提取内容 171
  4.7.2 搭建骨架 171
  4.7.3 制作模板 171
  4.7.4 制作导航页 173
  4.7.5 制作基本内容页 174
  4.7.6 制作封底和封面 174
  4.7.7 精细化加工 174
  4.7.8 幻灯片审阅 175
 思考题 175

第5章 电子表格制作软件 Excel 2010 ······176
5.1 电子表格概述······176
5.1.1 电子表格处理的基本概念······176
5.1.2 Excel 2010 的启动和退出······178
5.1.3 Excel 2010 的工作窗口······178
5.1.4 工作簿、工作表、单元格······181
5.2 Excel 2010 工作簿的创建与保存······182
5.2.1 工作簿的创建······182
5.2.2 工作簿的打开······183
5.2.3 工作簿的保存······184
5.2.4 工作簿的保护······184
5.3 数据输入······187
5.3.1 单元格的选定······187
5.3.2 基本输入······188
5.3.3 快速填充数据······190
5.3.4 设置数据有效性条件······191
5.4 格式化工作表······194
5.4.1 插入单元格、行、列······194
5.4.2 删除单元格、行、列······195
5.4.3 复制和移动单元格······198
5.4.4 合并/拆分单元格······199
5.4.5 调整行高和列宽······200
5.4.6 设置数据格式······200
5.4.7 设置字体······201
5.4.8 设置对齐方式······201
5.4.9 添加边框和底纹······202
5.4.10 使用条件格式······204
5.4.11 自动套用格式······207
5.5 管理工作表······208
5.5.1 选定工作表······208
5.5.2 重命名工作表······208
5.5.3 插入新的工作表······209
5.5.4 移动和复制工作表······210
5.5.5 从工作簿中删除工作表······211
5.5.6 隐藏行和列······211
5.6 数据计算······214
5.6.1 运算符及其优先级······214
5.6.2 公式······215
5.6.3 函数······217
5.6.4 Excel 引用······222
5.7 数据管理和分析······224

		5.7.1 数据列表	224
		5.7.2 数据排序	225
		5.7.3 数据筛选	227
		5.7.4 分类汇总	230
	5.8	数据图表化	232
		5.8.1 图表的组成	232
		5.8.2 图表的创建	234
		5.8.3 图表的编辑	236
	思考题		239

第6章 网络基础知识及网络安全 240

- 6.1 计算机网络概述 240
  - 6.1.1 计算机网络的定义和分类 240
  - 6.1.2 网络的基本组成与功能 241
  - 6.1.3 网络的拓扑结构与传输介质 243
  - 6.1.4 小型局域网组建 246
- 6.2 Internet 基础 250
  - 6.2.1 Internet 的起源与发展 250
  - 6.2.2 TCP/IP 协议 251
  - 6.2.3 IP 地址与域名系统 252
- 6.3 因特网的基本服务 254
  - 6.3.1 WWW 服务 254
  - 6.3.2 FTP 服务 257
  - 6.3.3 E-mail 服务 259
  - 6.3.4 即时通信服务 260
  - 6.3.5 搜索引擎服务 261
  - 6.3.6 文献检索 262
  - 6.3.7 网络存储（云存储） 264
  - 6.3.8 博客和微博 265
- 6.4 无线网络 266
  - 6.4.1 无线网络概述 266
  - 6.4.2 无线通信技术 266
  - 6.4.3 无线局域网 266
- 6.5 网络与信息安全 269
  - 6.5.1 网络安全概述 269
  - 6.5.2 防火墙技术 269
  - 6.5.3 信息时代的信息安全 271
  - 6.5.4 计算机病毒与防治 274
- 思考题 277

第7章 网页设计与制作 278

- 7.1 网页制作基础 278

		7.1.1 网站相关概念	278
		7.1.2 HTML 基础	280
		7.1.3 网站设计步骤	282
		7.1.4 Dreamweaver 简介	283
	7.2	创建和管理网站	286
		7.2.1 创建本地站点	286
		7.2.2 站点的编辑	286
		7.2.3 建立站点结构	287
	7.3	添加页面元素	287
		7.3.1 插入文本	287
		7.3.2 插入图像	289
		7.3.3 创建超链接	290
		7.3.4 多媒体	291
	7.4	CSS 样式表	294
	7.5	页面布局	298
		7.5.1 表格布局	298
		7.5.2 CSS+DIV 布局	300
	7.6	模板与库项目	304
		7.6.1 模板网页	304
		7.6.2 库项目	305
	思考题		307
第8章	计算思维概述		308
	8.1	计算思维	308
		8.1.1 科学思维	308
		8.1.2 什么是计算思维	309
		8.1.3 计算思维的应用	311
	8.2	程序基础	313
		8.2.1 高级程序设计基础	313
		8.2.2 抽象	319
	8.3	数据结构与算法基础	320
		8.3.1 数据结构基础	320
		8.3.2 算法基础	324
	8.4	计算文化	331
	思考题		333
参考文献			334

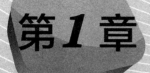

第1章 计算机基础知识

1.1 计算机概述

计算机（Computer）俗称电脑，是一种用于高速计算的电子计算机器，可以进行数值计算，又可以进行逻辑计算，还具有存储记忆功能。是能够按照程序运行，自动、高速处理海量数据的现代化智能电子设备。

1.1.1 计算机的产生与发展

计算机最早是作为一种计算工具被研制出来的。在历史上，计算工具的研制经历了由简单到复杂、从低级到高级的不同阶段，例如从"结绳记事"中的绳结到算筹、算盘、计算尺、机械计算机等。它们在不同的历史时期发挥了各自的历史作用，同时也启发了电子计算机的研制和设计思路。

1889 年，美国科学家赫尔曼·何乐礼研制出以电力为基础的电动制表机，用于储存计算资料。

1930 年，美国科学家范内瓦·布什造出世界上首台模拟电子计算机。

1946 年 2 月 14 日，由美国军方定制的世界上第一台电子计算机"电子数字积分计算机"（ENIAC，全称为 Electronic Numerical And Calculator）在美国宾夕法尼亚大学问世。ENIAC（图 1-1-1）是美国奥伯丁武器试验场为了满足计算弹道需要而研制的。这台计算机使用了 17840 支电子管，大小为 80 英尺×8 英尺，重达 28t（吨），功耗为 170kW，其运算速度为每秒 5000 次的加法运算，造价约为 487000 美元。ENIAC 的问世具有划时代的意义，表明电子计算机时代的到来。

在 ENIAC 诞生以后的 70 多年时间里，计算机技术以惊人的速度发展。按计算机软硬件技术和应用领域的发展划分，到目前为止其发展经历了四个阶段。

第一阶段：电子管计算机阶段（1946 年—1958 年）

硬件方面，逻辑元件采用真空电子管，存储器采用汞延迟线、阴极射线示波管静电存储器、磁鼓等。软件方面，采用机器语言、汇编语言编写指令。应用方面，以军事和科学计算为主。特点是体积大、功耗高、可靠性差、速度慢（一般为每秒数千次至数万次）、价格昂贵。

图 1-1-1 ENIAC

第二阶段：晶体管计算机阶段（1958年—1964年）

硬件方面，逻辑元件采用晶体管，主存储器采用磁芯，外存储器采用磁盘、磁带等。软件方面，采用汇编语言、高级语言编写指令。开始使用操作系统。应用方面，以科学计算和事务处理为主，并开始进入工业控制领域。特点是体积缩小、能耗降低、可靠性提高、运算速度提高（一般为每秒数十万次，可高达三百万次）、性能比第一代计算机有很大的提高。

第三阶段：集成电路计算机阶段（1964年—1970年）

硬件方面，逻辑元件采用中、小规模集成电路（MSI、SSI），主存储器采用半导体存储器。软件方面，出现了分时操作系统以及结构化、规模化程序设计方法。应用方面，遍及科学计算、工业控制、数据处理等各个方面。特点是速度更快（一般为每秒数百万次至数千万次），而且可靠性有了显著提高，价格进一步下降，产品走向了通用化、系列化和标准化等。

第四阶段：大规模和超大规模集成电路计算机阶段（1970年至今）

硬件方面，逻辑元件采用大规模和超大规模集成电路。软件方面，出现了数据库管理系统、网络管理系统和面向对象语言等。应用方面，从科学计算、事务管理、过程控制逐步走向家庭。特点是体积小、价格便宜，使用方便，功能和运算速度已经达到甚至超过了过去的大型计算机。

计算机技术的发展是非常迅猛的，它不断结合新的时代需求，也不断创造着新的观念和方式。未来的计算机将是结合微电子、光学、超导及纳米等技术，将更加深入地进入到人类生活中，也将人类社会的发展推向更高的阶段。

1.1.2 计算机的分类

计算机的分类有很多种划分标准。

1. 按信息的表示方式分类

按信息的表示方式分，计算机可以分为模拟电子计算机、数字电子计算机、数模混合电子计算机。

模拟计算机：用电流、电压等连续变化的物理量直接进行运算的计算机。模拟计算机问世较早，内部使用电信号模拟自然界的实际信号，因而称为模拟电信号。模拟电子计算机处理问题的精度差，所有的处理过程均需模拟电路来实现，电路结构复杂，抗外界干扰能力极差。

数字计算机：其内部被传送、存储和运算的信息，都是以电磁信号形式表示的数字。它是当今世界电子计算机行业中的主流。它的主要特点是"离散"，在相邻的两个符号之间不可能有第三种符号存在。由于这种处理信号的差异，使得它的组成结构和性能优于模拟式电子计算机。

数模混合计算机：可以进行数字信息和模拟物理量处理的计算机系统。混合计算机出现于 20 世纪 70 年代，那时数字计算机是串行操作的，运算速度受限制，但运算精度很高；而模拟计算机是并行操作的，运算速度很快，但精度较低，把两者结合起来可以互相取长补短。混合计算机一般由数字计算机、模拟计算机和混合接口三部分组成。其中模拟计算机部分承担快速计算的工作，而数字计算机部分则承担高精度运算和数据 处理。

2．按应用范围分类

按应用范围分，计算机可以分为专用计算机、通用计算机。

专用计算机：专为解决某一特定问题而设计制造的电子计算机。一般拥有固定的存储程序，如控制轧钢过程的轧钢控制计算机、计算导弹弹道的专用计算机等。专用计算机解决特定问题的速度快、可靠性高，且结构简单、价格便宜。

通用计算机：指各个行业、各种工作环境都能使用的计算机。平时我们购买的品牌机、兼容机都是通用计算机。通用计算机不但能办公，还能进行图形处理、制作网页和动画、上网等。与专用计算机相比，其结构复杂、价格昂贵。

3．按规模和处理能力分类

按规模和处理能力分，计算机可以分为巨型机、大型机、中型机、小型机、微型机。

规模和处理的分类标准不同阶段不一样，一个时期内的巨型机到下一时期可能成为一般的计算机。我们日常使用的台式计算机、笔记本计算机、掌上型计算机等都是微型计算机。

1.1.3 计算机的特点及应用

计算机具有很多优秀的特点，这决定了它在很多领域都得到了很好的应用。目前计算机的应用已经渗透到社会的各个领域，并且在日益影响和改变着人类传统的工作、学习和生活方式。

1．计算机的特点

（1）运算速度快

当今计算机系统的运算速度已达到 每秒万亿次，使大量复杂的科学计算问题得以解决。例如：卫星轨道的计算、24 小时天气计算，用计算机只需几分钟就可以完成。

（2）计算精确度高

一般计算机可以有十几位甚至几十位（二进制）有效数字，计算精度可由千分之几到百万分之几。计算机控制的导弹能准确击中预定的目标，与计算机的精确计算分不开。

（3）逻辑运算能力强

计算机不仅能进行精确计算，还具有逻辑运算功能，能对信息进行比较和判断。计算机能把参加运算的数据、程序及中间结果和最后结果保存起来，并能根据判断的结果自动执行下一条指令以供用户随时调用。

（4）有存储记忆能力且记忆量大

计算机内部的存储器具有记忆特性，可以存储大量的信息，这些信息，不仅包括各类数据信息，还包括加工这些数据的程序。

（5）自动化程度高

由于计算机具有存储记忆能力和逻辑判断能力，所以人们可以将预先编好的程序组存入计算机内存，在程序控制下，计算机可以连续、自动地工作，不需要人的干预。

2．计算机应用

计算机的应用非常广泛，具体来说体现在以下几个方面：

（1）科学计算

科学计算是计算机最早的应用领域，是指利用计算机来完成科学研究和工程技术中提出的数值计算问题。在现代科学技术工作中，科学计算的任务是大量的和复杂的。利用计算机的运算速度高、存储容量大和连续运算的能力，可以解决人工无法完成的各种科学计算问题。例如，工程设计、地震预测、气象预报、火箭发射等都需要由计算机承担庞大而复杂的计算量。

（2）信息管理

信息管理是以数据库管理系统为基础，辅助管理者提高决策水平，改善运营策略的计算机技术。信息处理已成为当代计算机的主要任务。是现代化管理的基础。据统计，80%以上的计算机主要应用于信息管理，成为计算机应用的主导方向。信息管理已广泛应用于办公自动化、企事业计算机辅助管理与决策、情报检索、会计电算化等行业。

（3）过程控制

过程控制是利用计算机实时采集数据、分析数据，按最优值迅速地对控制对象进行自动调节或自动控制。采用计算机进行过程控制，不仅可以大大提高控制的自动化水平，而且可以提高控制的时效性和准确性，从而改善劳动条件、提高产量及合格率。计算机过程控制已在机械、冶金、石油、化工、电力等部门得到了广泛应用。

（4）计算机辅助设计（Computer Aided Design，简称 CAD）

计算机辅助设计是利用计算机系统辅助设计人员进行工程或产品设计，以实现最佳设计效果的一种技术。CAD 技术已应用于飞机设计、船舶设计、建筑设计、机械设计、大规模集成电路设计等。采用计算机辅助设计，可缩短设计时间，提高工作效率，节省人力、物力和财力，更重要的是提高了设计质量。

（5）计算机辅助制造（Computer Aided Manufacturing，简称 CAM）

计算机辅助制造是利用计算机系统进行产品的加工控制过程，输入的信息是零件的工艺路线和工程内容，输出的信息是刀具的运动轨迹。将 CAD 和 CAM 技术集成，可以实现设计产品生产的自动化，这种技术被称为计算机集成制造系统。

（6）计算机辅助教学（Computer Aided Instruction，简称 CAI）

计算机辅助教学是利用计算机系统进行课堂教学。辅助教学一般需要制作教学课件，教学课件可以用 PowerPoint 或 Flash 等软件制作。CAI 不仅能减轻教师的负担，还能使教学内容生动、形象逼真，能够以动态的形式演示实验原理或操作过程，激发学生的学习兴趣，提高教学质量。

（7）多媒体应用

计算机多媒体是指组合两种或两种以上媒体的一种人机交互式信息，目的是实现更好地交流和传播。使用的媒体包括文字、图片、照片、声音、动画和影片，以及程式所提供的互动功能。在医疗、教育、商业、银行、保险、行政管理、军事、工业、广播、交流和出版等领域中，多媒体的应用发展很快。

（8）计算机网络

计算机网络是由一些独立的、具备信息交换能力的计算机互联构成、以实现资源共享的系统。计算机网络已成为人类建立信息社会的物质基础，它给人们的工作和生活带来极大的方便和快捷，如在全国范围内的银行信用卡的使用，火车票和飞机票的网络销售等。人们还可以在全球最大的互联网络 Internet 上进行浏览、检索信息、收发电子邮件、玩网络游戏、选购商品、参与众多问题的讨论、实现远程医疗服务等。

（9）人工智能

人工智能是计算机科学的一个分支，这个分支的目的是了解人类智能的实质，并生产出一种新的、能以和人类智能相似的方式做出反应的智能机器，该领域的研究包括机器人、语言识别、图像识别、自然语言处理和专家系统等。

（10）数据挖掘

数据挖掘是指从大量的数据中搜索隐藏于其中的信息的过程。数据挖掘需要通过统计、在线分析处理、情报检索、机器学习、专家系统和模式识别等诸多方法来实现搜索目标。

（11）虚拟现实

虚拟现实技术是一种可以创建和体验虚拟世界的计算机仿真技术。它利用计算机生成一种模拟环境，是一种多源信息融合的交互式的三维动态视景和实体行为的系统仿真。

（12）云计算和云存储

云是网络、互联网的一种比喻说法。用户通过电脑、笔记本、手机等方式接入网络数据中心，按自己的需求进行运算。云计算是分布式计算、并行计算、效用计算、网络存储、虚拟化、负载均衡、热备份冗余等传统计算机和网络技术发展融合的产物。云存储是在云计算概念上延伸和发展出来的一个概念，是指通过集群应用、网络技术或分布式文件系统等功能，将网络中大量不同类型的存储设备通过应用软件集合起来协同工作，共同对外提供数据存储和业务访问功能的一个系统。

（13）大数据

大数据技术依托云计算的分布式处理、分布式数据库和云存储、虚拟化技术对海量数据进行分布式数据挖掘，以期在合理时间内获得更全面、更精准的用于帮助决策的信息。大数据技术可用来察觉商业趋势、判定研究质量、避免疾病扩散、打击犯罪或测定实时交通路况等。

1.2 计算机中的数据表示

计算机处理信息的前提是解决信息在计算机内部的表示。计算机内部信息的表示采用二进制数，即信息输入到计算机中之后要转换为二进制代码串。二进制是计算机技术中广泛采用的一种数制，它用 0 和 1 两个数码来表示数。

计算机内部采用二进制的原因：

（1）技术实现简单

计算机是由逻辑电路组成，逻辑电路通常只有两个状态，开关的接通状态与断开状态，这两种状态正好可以用"1"和"0"表示。

（2）运算规则简单

两个二进制数和、积运算组合各有三种，运算规则简单，有利于简化计算机内部结构，提高运算速度。

（3）逻辑运算方便

逻辑代数是逻辑运算的理论依据，二进制只有两个数码，正好与逻辑代数中的"真"和"假"相吻合。

（4）易于进行转换

二进制与十进制数易于互相转换。

（5）抗干扰能力强，可靠性高

因为每位数据只有高低两个状态，当受到一定程度的干扰时，仍能可靠地分辨出它是高还是低。

计算机可以处理的现实生活中的数据分为不同类型，有数值型、字符型、图形、音频、视频等，在计算机中不同类型数据的二进制表示规则是不一样的。在本章中介绍数值型、字符型数据在计算机内部所采用的二进制表示规则。

1.2.1　数值型数据的表示

日常生活中我们采用的数值型数据有十进制数、八进制数和十六进制数，它们可以按进位计数的原理和二进制进行双向转换。

1. 进位计数

数制也称计数制，是指用一组固定的符号和统一的规则来表示数值的方法。按进位的方法进行计数，称为进位计数制。

一种进位计数制包含一组数码符号和基数、数位、权三个基本因素。

数码：一组用来表示某种数制的符号。例如，十进制的数码是 0、1、2、3、4、5、6、7、8、9；二进制的数码是 0、1。

基数：数制可以使用的数码个数。例如，十进制的基数是 10；二进制的基数是 2。

数位：数码在一个数中所处的位置。

权：权是基数的幂，表示数码在不同位置上的数值。

权值乘以对应数位数码，就是该数位数码表示的实际值。一个进制数各数位数码所表示的数值之和，就是该进制数所表示的实际值。

2. 进制

（1）十进制

数码：0、1、2、3、4、5、6、7、8、9。

基数:10。

十进制数的进位规则是"逢十进一"。

一个 n+1 位的十进制数 $a_n a_{n-1} \cdots a_1 a_0$ 可以写成所有各数位数码乘以对应权值后相加的一个多项式通式的形式:

$$a_n a_{n-1} \cdots a_1 a_0 = a_n \times 10^n + a_{n-1} \times 10^{n-1} + \cdots + a_1 \times 10^1 + a_0 \times 10^0$$

a_i 为从右向左数第 i-1 个数位上出现的十进制数码。10^i 为第 i-1 位的权值,如 10^1、10^0 分别为十位、个位上的权值。

例 1-1 十进制数 867 可以写成:

$$876 = 8 \times 10^2 + 7 \times 10^1 + 6 \times 10^0$$

(2) 二进制

数码:0、1。

基数:2。

二进制数的进位规则是"逢二进一",所以二进制数中不可能出现大于 1 的数码。

一个 n+1 位的二进制数 $a_n a_{n-1} \cdots a_1 a_0$ 可以写成所有各数位数码乘以对应权值后相加的一个多项式通式的形式:

$$a_n a_{n-1} \cdots a_1 a_0 = a_n \times 2^n + a_{n-1} \times 2^{n-1} + \cdots + a_1 \times 2^1 + a_0 \times 2^0$$

a_i 为从右向左数第 i-1 个数位上出现的二进制数码。2^i 为第 i-1 位的权值,如 2^1、2^0 分别为十位、个位上的权值。

为了在本书中能把二进制数和只包含 0、1 两个数码的其他进制数区分开,本书中出现的二进制数用圆括号括起来,并在右下角标上对应基数 2 或字母"B"。

例 1-2 二进制数 101101 可以写成:

$$(101101)_2 = 1 \times 2^5 + 0 \times 2^4 + 1 \times 2^3 + 1 \times 2^2 + 0 \times 2^1 + 1 \times 2^0$$

(3) 八进制

数码:0、1、2、3、4、5、6、7。

基数:8。

八进制数的进位规则是"逢八进一",所以八进制数中不可能出现大于 7 的数码。

一个 n+1 位的八进制数 $a_n a_{n-1} \cdots a_1 a_0$ 可以写成所有各数位数码乘以对应权值后相加的一个多项式通式的形式:

$$a_n a_{n-1} \cdots a_1 a_0 = a_n \times 8^n + a_{n-1} \times 8^{n-1} + \cdots + a_1 \times 8^1 + a_0 \times 8^0$$

a_i 为从右向左数第 i-1 个数位上出现的八进制数码。8^i 为第 i-1 位的权值,如 8^1、8^0 分别为十位、个位上的权值。

和二进制同样的道理,本书中出现的八进制数用圆括号括起来,并在右下角标上对应基数。

例 1-3 八进制数 563 可以写成:

$$(563)_8 = 5 \times 8^2 + 6 \times 8^1 + 3 \times 8^0$$

(4) 十六进制

数码:0、1、2、3、4、5、6、7、8、9、A、B、C、D、E、F。与十进制的对应关系是:0-9 对应 0-9,A-F 对应 10-15。

基数:16。

十六进制数的进位规则是"逢十六进一"。

一个 n+1 位的十六进制数 $a_n a_{n-1} \cdots a_1 a_0$ 可以写成所有各数位数码乘以对应权值后相加的一个多项式通式的形式：

$$a_n a_{n-1} \cdots a_1 a_0 = a_n \times 16^n + a_{n-1} \times 16^{n-1} + \cdots + a_1 \times 16^1 + a_0 \times 16^0$$

a_i 为从右向左数第 i-1 个数位上出现的八进制数码。16^i 为第 i-1 位的权值，如 16^1、16^0 分别为十位、个位上的权值。

同样的道理，本书中出现的十六进制数用圆括号括起来，并在右下角标上对应基数。

例 1-4 十六进制数 5A3 可以写成：

$$(5A3)_{16} = 5 \times 16^2 + 10 \times 16^1 + 3 \times 16^0$$

3. 进制转换

（1）其他进制数转换为十进制数

方法：将其他进制数写成所有各数位数码乘以对应权值后相加的多项式通式的形式，计算后得到结果为相应的十进制数。

例 1-5 将二进制数 101101.011 转换为十进制数

$(101101.011)_2 = 1 \times 2^5 + 0 \times 2^4 + 1 \times 2^3 + 1 \times 2^2 + 0 \times 2^1 + 1 \times 2^0 + 0 \times 2^{-1} + 1 \times 2^{-2} + 1 \times 2^{-3} = (41.375)_{10}$

例 1-6 将八进制数 357.04 转换为十进制数

$$(357.04)_8 = 3 \times 8^2 + 5 \times 8^1 + 7 \times 8^0 + 0 \times 8^{-1} + 4 \times 8^{-2} = (239.0625)_{10}$$

例 1-7 将十六进制数 A57.04 转换为十进制数

$$(A57.4)_{16} = 10 \times 16^2 + 5 \times 16^1 + 7 \times 16^0 + 4 \times 16^{-1} = (343.0625)_{10}$$

（2）将十进制数转换为 N 进制数

十进制数转换为 N 进制数，整数部分和小数部分的转换规则不一样。

整数部分用除 N 取余法。整数部分除 N 取余，所得的商继续除 N 取余，一直除到商为零为止，按计算顺序逆序取余数，最后得到的余数为转换后的最高位，计算得到的第一位余数为转换后的最低位。

小数部分用乘 N 取整数法。小数部分乘以 N，把得到的整数部分作为转换后的小数部分的最高位，把上一步得到的小数部分再乘以 N，把整数部分作为转换后的小数部分的次高位，重复这个过程，直到小数部分变为零，或者达到预定的小数位数为止。

例 1-8 将十进制数 34.82 转换为二进制数、八进制数、十六进制数。

转换为二进制的过程如下：

整数部分：

```
  3 4
 └─ 1 7  …… 转换后最低位
    └─ 8  ……
       └─ 4  ……
          └─ 2  ……
             └─ 1  ……
                └─ 0  …… 转换后最高位
```
余数 ↑

小数部分：

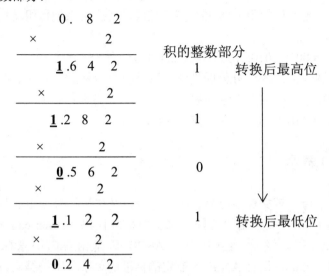

结果：$(34.82)_{10}=(100010.11)_2$

八进制数、十六进制数结果的转换过程与二进制数类似，转换后得到的结果如下：

$(34.82)_{10}=(42.64)_8$ $(34.82)_{10}=(22.D2)_{16}$

（3）二进制数与八进制数、十六进制数的相互转换

1）二进制数与八进制数的相互转换

用三位二进制数表示一位八进制数码，对应关系如表1-2-1所示。

表1-2-1 八进制数码与二进制数对应关系

八进制	0	1	2	3	4	5	6	7
二进制	000	001	010	011	100	101	110	111

二进制数转换为八进制数：采用"三位一并"法。以小数点为基点，向左右两个方向将每三位二进制数并为一组，不足三位的用0补齐，然后按表的对应关系把每组转换为一位八进制数码即可得到结果。

例1-9　$(100010.11)_2=(100\ 010.110)_2=(42.6)_8$

八进制转换为二进制：采用"一分为三"法。以小数点为基点，向左右两个方向按表的对应关系用三位二进制数替换一位八进制数码。

例1-10　$(42.6)_8=(100\ 010.110)_2=(100010.11)_2$

2）二进制数与十六进制数的相互转换

用四位二进制数表示一位十六进制数码，对应关系如表1-2-2所示。

表1-2-2 十六进制数码与二进制数对应关系

十六进制	0	1	2	3	4	5	6	7
二进制	0000	0001	0010	0011	0100	0101	0110	0111
十六进制	8	9	A	B	C	D	E	F
二进制	1000	1001	1010	1011	1100	1101	1110	1111

二进制数转换为十六进制数：采用"四位一并"法。以小数点为基点，向左右两个方向将每四位二进制数并为一组，不足四位的用 0 补齐，然后按表的对应关系把每组转换为一位十六进制数码即可得到结果。

例 1-11　$(100010.11)_2=(0010\ 0010.1100)_2=(22.C)_{16}$

十六进制数转换为二进制数：采用"一分为四"法。以小数点为基点，向左右两个方向按表的对应关系用四位二进制数替换一位十六进制数码。

例 1-12　$(22.C)_{16}=(0010\ 0010.1100)_2=(100010.11)_2$

1.2.2　英文符号信息的表示

英文符号包括大小写英文字母、英文标点符号、特殊符号以及作为符号使用的数字。英文符号在计算机内的编码在国际上一般采用"美国信息交换标准代码（American Standard Code Of Information Interchange）"，简称 ASCII 码。ASCII 码是由美国国家标准学会（American National Standard Institute，简称 ANSI）制定的标准的单字节字符编码方案，用于基于文本的数据。这种编码方法规定一个英文符号在计算机内部用 7 位指定的二进制代码串表示，比如大写字母"A"规定用"1000001"表示，实际存储时一个英文符号的二进制编码是八位（1 个字节），最高（左）位为 0。

ASCII 码规定了 0~9 十个数码、52 个大小写英文字母、32 个通用符号、34 个动作控制符共 128 个英文符号的二进制编码，这 128 个英文符号的二进制编码对应的十进制数范围是 0~127。计算机对英文符号进行排序，即是按照 ASCII 值大小进行比较。按 ASCII 值比较，数码符号小于大写英文字母，大写英文字母小于小写英文字母。英文字母按字母表中的顺序排列，ASCII 值由小到大。

ASCII 码中的数码只作符号使用，非数值，其二进制编码是指定的，不是用数制转换规则转换得到。

1.2.3　汉字信息的表示

计算机内汉字信息的表示最早出现在 IBM、富士通、日立等计算机生产厂家的计算机中，各厂家采用的编码形式并不相同。为了提高其通用性，国际标准组织（ISO）、国际电子电气工程师协会（IEEE），以及各个使用汉字的国家和地区，在计算机技术的发展过程中，制定了各种各样的汉字编码规则。

ISO 2022，全称 ISO/IEC 2022，是一个由国际标准化组织（ISO）及国际电工委员会（IEC）联合制定，使用 7 位编码表示汉语文字、日语文字或朝鲜文字的方法。在 ISO/IEC 2022 的基础上，中国国家标准总局在 1980 年发布了《信息交换用汉字编码字符集》，标准号是 GB 2312—1980，简称 GB 2312。GB 2312 给出了汉字字符编码的国家标准，其基本字符集收入一级汉字 3755 个、二级汉字 3008 个共 6763 个汉字，还有 682 个非汉字图形字符。整个字符集分成 94 个区，用 1~94 进行编号，称为区号；每区有 94 个位，用 1~94 编号，称为位号。每个区每位上只有一个汉字字符，因此可用区号和位号来对汉字字符进行编码，称为区位码。把换算成十六进制的区位码加上 2020H，得到国标码，国标码加上 8080H，就得到了常用的计算机机内码。

GB 2312 于 1981 年 5 月 1 日开始实施，通行于中国大陆，新加坡等地也采用此编码。中国大陆几乎所有的中文系统和国际化的软件都支持 GB 2312。GB 2312 基本满足了汉字的计算机处理需要，它所收录的汉字已经覆盖中国大陆 99.75%的使用频率。

在使用 GB 2312 的程序中，为了便于兼容 ASCII 码，每个汉字及符号在计算机内的表示用两个字节来存储，第一个字节称为"高位字节"（也称"区字节"），第二个字节称为"低位字节"（也称"位字节"），每个字节的最高位为 1。

1995 年又颁布了《汉字编码扩展规范》（GBK）。GBK 与 GB 2312—1980 国家标准所对应的内码标准兼容，同时在字汇一级支持 ISO/IEC10646—1 和 GB 13000—1 的全部中、日、韩（CJK）汉字，共计 20902 字。

1.3　计算机系统

计算机系统由硬件系统和软件系统组成。前者是借助电、磁、光、机械等原理构成的各种物理部件的有机组合，是系统赖以工作的实体。后者是各种程序和数据文件，用于指挥全系统按指定的要求进行工作，如图 1-3-1 所示。

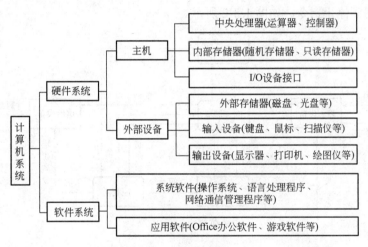

图 1-3-1　计算机系统组成

1.3.1　冯·诺依曼型计算机

从 20 世纪初开始，物理学家和电子学家们就在争论制造可以进行数值计算的机器应该采用什么样的结构。人们被十进制这个人类习惯的计数方法所困扰。1945 年，美籍匈牙利数学家冯·诺依曼所在的 ENIAC 机研制小组发表了一个全新的存储程序通用电子计算机方案——EDVAC，在这过程中，诺伊曼以"关于 EDVAC 的报告草案"为题，起草了长达 101 页的总结报告。报告广泛而具体地介绍了制造电子计算机和程序设计的新思想。这份报告是计算机发展史上一个划时代的文献，它向世界宣告——电子计算机的时代开始了。

冯·诺依曼大胆提出抛弃十进制，采用二进制作为数字计算机的数制基础并预先编制计算程序，由计算机按照人们事前制定的计算顺序来执行数值计算的工作思路。冯·诺依曼的思想被成功地运用在计算机的设计之中，根据这一原理制造的计算机被称为冯·诺依曼型计算机,世界上第一台冯·诺依曼式计算机是 1949 年研制的 EDVAC。

冯·诺依曼开创了现代计算机理论,其体系结构沿用至今,目前我们所用的计算机都是冯·诺依曼型计算机。因为冯·诺依曼对现代计算机技术的突出贡献,所以他又被称为"现代计算机之父"。

1.3.2 计算机工作原理

冯·诺依曼型计算机的硬件系统主要由运算器、控制器、存储器、输入设备和输出设备五大部件组成。存储器分为外部存储器和内部存储器。程序和数据通过输入设备输入到计算机中后以二进制编码方式先被存放到内部存储器中,运行或处理后会被长期存储在外部存储器中或通过输出设备输出,再次需要运行和处理时又会被放到内部存储器中。

计算机在运行时,先从内部存储器中取出第一条程序指令,通过控制器的译码,按指令的要求,从存储器中取出数据进行指定的运算和逻辑操作等加工,然后再按地址把结果送到内部存储器中。接下来,再取出第二条程序指令,在控制器的指挥下完成规定操作。依此进行下去,直至遇到停止指令,如图 1-3-2 所示。

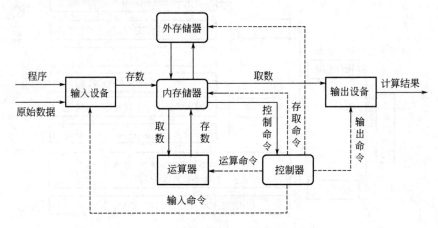

图 1-3-2 计算机基本结构和工作流程

1.3.3 计算机硬件系统

计算机硬件是指计算机系统中由电子、机械和光电元件等组成的各种物理装置的总称。这些物理装置按系统结构的要求构成一个有机整体,为计算机软件运行提供物质基础。其功能是输入并存储程序和数据,以及执行程序把数据加工成可以利用的形式并输出或存储起来。

从常用的微型计算机(图 1-3-3)的外观上来看,计算机硬件由主机箱和外部设备组成。主机箱内主要包括 CPU、内存、主板、硬盘驱动器、光盘驱动器、各种扩展卡、连接线、电源等;外部设备包括鼠标、键盘、音箱等。

图 1-3-3　微型计算机常见外观

1. CPU

CPU 是中央处理器（Central Processing Unit）的英文缩写，它是一块超大规模的集成电路，主要由运算器、控制器和寄存器及实现它们之间联系的数据、控制及状态的总线等组成。CPU 是一台计算机的运算核心和控制核心，其主要功能是解释计算机指令及处理计算机软件中的数据。CPU 中的控制器是计算机硬件系统的指挥和控制中心，负责在系统运行时，发出各种控制信号，指挥系统的各个部分有条不紊地协调工作；运算器负责执行加、减、乘、除算术运算，以及与、非、或、移位等逻辑运算。

CPU 的技术指标：

主频：也叫时钟频率，单位是兆赫（MHz）或千兆赫（GHz），表示在 CPU 内数字脉冲信号震荡的速度，即 CPU 内核工作的时钟频率。通常主频越高，CPU 处理数据的速度就越快。

字长：指 CPU 一次处理的二进制数的位数。一般有 32 位和 64 位。字长决定运算精度。同时，字长越大，意味着同样的时间计算机可以处理的数据量就更多，速度也就越快。

外频：是 CPU 与主板之间同步运行的速度，单位是兆赫（MHz）。CPU 的外频决定着整块主板的运行速度。

倍频系数：指 CPU 主频与外频之间的相对比例关系。在相同的外频下，倍频越高 CPU 的频率也越高。

总线频率：指数据传输的速度，即 CPU 与内存数据交换的速度。

缓存大小：CPU 中的缓存是一个数据存储的缓冲区，它的运行一般和处理器同频，工作效率远远大于系统内存和硬盘。实际工作时，CPU 往往需要重复读取同样的数据块，而缓存容量的增大，可以大幅度提升 CPU 内部读取数据的命中率，而不用再到内存或者硬盘上寻找，可以提高系统性能。

说明：主频和实际的运算速度存在一定的关系，但并不是一个简单的线性关系。CPU 的运算速度还要看 CPU 的流水线、总线等各方面的性能指标。

2. 存储器

存储器是实现计算机记忆功能的部件，分为内部存储器和外部存储器，用于存放程序和数据。存储器的存储空间由存储单元组成，每个单元存放 8 位（bit）二进制数，称为一个字节（Byte）。

存储器的全部存储单元按一定顺序编号，这种编号称为存储器的地址。当访问内存时，来自地址总线的存储器地址经地址译码后，选中制定的存储单元，而读写控制电路根据读写命令实施对于存储器的读写操作，数据总线则用于传送进出内存的信息。

存储器的主要技术指标：

存储容量：指存储器存储单元的数量，单位有 B（字节）、KB（千字节）、MB（兆字节）、GB（吉字节）、TB（太字节）等。

存储单位换算：

1B=8bit   1KB=1024B   1MB=1024KB
1GB=1024MB   1TB=1024GB

（1）内部存储器

内部存储器简称内存或主存，是 CPU 能直接寻址的存储空间，由半导体器件制成，包括随机存储器（RAM）、只读存储器（ROM），以及高速缓存存储器（Cache）。

随机存储器（Random Access Memory，简称 RAM），是既可以从中读取数据也可以写入数据的内存，是最重要的内存。当计算机电源关闭时，存于 RAM 中的数据就会丢失。通常所说的计算机的内存如不特别说明一般是指 RAM。内存条是将 RAM 集成块集中在一起的一小块电路板，它插在计算机中的内存插槽上。目前市场上常见的内存条容量有 4GB、8GB 等。

只读存储器（Read Only Memory，简称 ROM），在制造的时候，信息（数据或程序）就被存入并永久保存。这些信息只能读出，一般不能写入，即使机器停电，这些数据也不会丢失。ROM 一般用于存放计算机的基本程序和数据，如 BIOS ROM。其物理外形一般是双列直插式的集成块。

缓冲存储器（Cache），简称缓存，是数据交换的缓冲区，当某一硬件要读取数据时，会首先从缓存中查找需要的数据，如果找到了则直接执行，找不到的话则从内存中找。缓存的运行速度比内存快得多，故缓存的作用就是帮助硬件更快地运行。最快的缓存是 CPU 上的 L1 和 L2 缓存，显卡的显存是给显卡运算芯片用的缓存，硬盘上也有 16M 或者 32M 的缓存。

（2）外部存储器

外部存储器，简称外存，用于长期或永久保存程序和数据信息。外存与内存相比容量要大得多，但外存的访问速度远比内存要慢，所以计算机的硬件设计都是规定 CPU 只从内存取出指令执行，并对内存中的数据进行处理，以确保指令的执行速度。当需要时，系统将外存中的程序或数据成批地传送到内存，或将内存中的数据成批地传送到外存。外存上的信息主要由操作系统进行管理，外存一般只和内存进行信息交换。

常见的外存有硬盘、光盘、U 盘等。

1）硬盘。硬盘是计算机主要的存储器。传统的硬盘由一组表面涂有磁性物质的圆盘片组成，圆盘片表面被划分为若干个同心圆，这些同心圆称为磁道并被用数字编号，每个磁道又被等分为若干个扇区，每个扇区可以存放 512 个字节的信息。对硬盘上信息的读写需要通过硬盘驱动器，硬盘被永久性地密封固定在硬盘驱动器中，通常我们所说的硬盘是包含硬盘驱动器在内的。硬盘驱动器中对于硬盘的每张盘片的两个记录面都有相应的读写磁头，盘片高速旋转时，磁头从盘片的扇区中读写信息。

硬盘的主要技术指标：

存储容量：硬盘存储容量=单张圆盘片容量×圆盘片数。硬盘容量越大越好，可以装下更多的数据。

转速：指硬盘片在主轴带动下每分钟的旋转速度。转速越大，硬盘的数据传输率越高。但转速太高的时候，硬盘发热量增加，会影响工作的稳定性。所以应该是在技术成熟的情况下，硬盘的转速越高越好。

2）光盘。光盘是以光信息做为存储载体的一种计算机辅助存储器，可以存放各种文字、声音、图形、图像和动画等多媒体数字信息。对光盘上信息的读写需要通过光盘驱动器（简称光驱），光盘驱动器利用激光原理对光盘的信息进行读写。光盘分不可擦写光盘（如CD-ROM、DVD-ROM等）和可擦写光盘（如CD-RW、DVD-RAM等）。

光驱的主要技术指标：

倍速：指光驱的数据传输速度。在制定CD-ROM标准时，把150K字节/秒的传输率定为标准，后来驱动器的传输速率越来越快，就出现了倍速、四倍速直至现在的24倍速、32倍速或者更高，32倍速CD-ROM驱动器理论上的传输率是：150×32=4800K字节/秒。

（3）U盘。U盘，全称USB闪存驱动器（USB flash drive），其外观如图1-3-4所示。它是一种使用USB接口（一种新型的外设连接技术，带有USB插头的外部设备可以即插即用），无需物理驱动器的微型高容量移动存储产品，通过USB接口与电脑连接，实现即插即用。U盘连接到电脑的USB接口后，U盘的资料可与电脑交换。而之后生产的类似技术的设备由于朗科已进行专利注册，而不能再称之为"优盘"，而改称谐音的"U盘"。后来，U盘这个称呼因其简单易记而广为人知，是移动存储设备之一。

图1-3-4　U盘

3．主板

CPU和内存合称为主机，主机及其附属电路都装在主板上。主板又叫主机板、系统板或母板，它安装在机箱内，是微机最基本的、也是最重要的部件之一。主板一般为矩形电路板，上面安装了组成计算机的主要电路系统，一般有BIOS芯片、I/O控制芯片、键和面板控制开关接口、指示灯插接件、扩充插槽、主板及插卡的直流电源供电接插件等元件。如图1-3-5（a）和图1-3-5（b）所示。

主板采用了开放式结构。主板上大都有6～15个扩展插槽，供微机外围设备的控制卡（适配器）插接。通过更换这些控制卡，可以对微机的相应子系统进行局部升级，使厂家和用户在配置机型方面有更大的灵活性。主板在整个微机系统中扮演着举足轻重的角色，它的类型和档次决定着整个微机系统的类型和档次。它的性能影响着整个微机系统的性能。

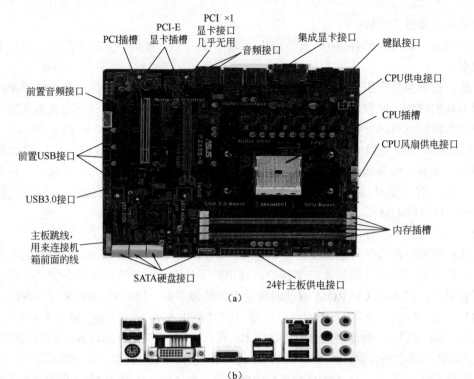

图 1-3-5 主板
（a）主板结构图；（b）主板侧边接口示意图

4．接口卡

当要对微机的硬件设备进行扩充时，通常要在主板的扩充插槽上插入对应接口卡，通过接口卡把新设备连到主板上。接口卡内置有适配器。计算机中的适配器就是一个接口转换器，它是一个独立的硬件接口设备，允许硬件或电子接口与其他硬件或电子接口相连。

微机中常见的接口卡有网卡、声卡、显卡等。现在的主板上一般内置有常见设备的接口卡，不需再另外购买和安装。接口卡外观如图 1-3-6 所示。

图 1-3-6 接口卡

5．输入设备

输入设备接收用户输入的各种数据、程序或指令，然后将它们经设备接口传送到计算机的存储器中。常见的输入设备有键盘、鼠标、扫描仪、摄像头、数码相机、话筒等。

（1）键盘

键盘是最常用也是最主要的输入设备，通过敲击键盘的按键可以将英文字母、数字、标点符号等输入到计算机中，从而实现向计算机发出指令、输入数据等。标准键盘一般有 101 个按键或 104 个按键。键盘上的按键布局是按人类的英文使用习惯和按键功能进行设计的，分为多个区，一般有主键盘区、功能键区、编辑键区、辅助键区（也称数字键区），如图 1-3-7 所示键盘按键的敲击需按一定的指法进行。

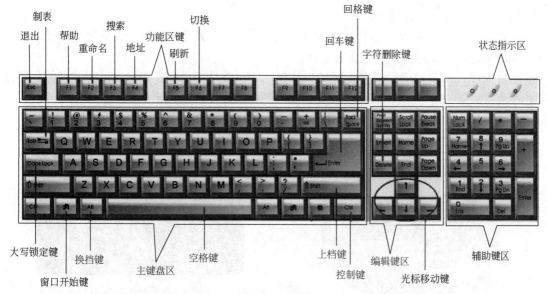

图 1-3-7　键盘

（2）鼠标器

鼠标器是一种很常用的输入设备，用户可以通过移动鼠标器对当前屏幕上的鼠标箭头进行定位，并通过鼠标器上的按键和滑轮对鼠标箭头所经过位置的屏幕元素进行操作。鼠标按工作原理的不同可分为机械鼠标和光电鼠标。图 1-3-8 为两种不同的鼠标。

鼠标有移动、单击、双击和拖动四种基本操作。

图 1-3-8　鼠标器

6．输出设备

输出设备将主存储器中的信息或程序运行结果传送到计算机外部，提供给用户查看。常见的输出设备有显示器、打印机、绘图仪、音箱等。

（1）显示器

显示器通常也被称为监视器，它可以将我们通过输入设备输入到主存中的信息或是经过计算机处理的结果显示在屏幕上。

按成像原理分，计算机的显示器可以分为 CRT（阴极射线管显示器）和 LCD（液晶显示器）两大类，如图 1-3-9（a）和图 1-3-9（b）所示。CRT 分辨率高，色彩丰富，技术成熟，使用寿命长，但是体积大、耗电大、辐射大，已逐渐被淘汰。LCD 体积小、质量轻、图像清晰、成像稳定、辐射小，是主流显示器。

显示器的主要技术指标如下：

分辨率：指单位距离显示像素的数量。单位：像素/英寸（ppi）。屏幕尺寸一样的情况下，分辨率越高，显示效果就越细腻。

色彩深度：简单说就是最多支持多少种颜色。一般是用"位"来描述。显示器的色彩深度一般有 16 位、24 位。色彩深度位数越高，颜色就越多，所显示的画面色彩就逼真。但是颜色深度增加时，它也加大了图形加速卡所要处理的数据量。

　(a)
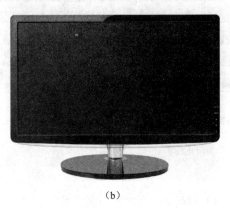
　(b)

图 1-3-9　显示器

（a）CRT 显示器；（b）LCD 显示器

（2）打印机

打印机是计算机的输出设备之一，用于将计算机处理结果打印在纸张介质上。按工作方式分，打印机分为针式打印机、喷墨打印机、激光打印机。如图 1-3-10（a）、1-3-10（b）和 1-3-10（c）所示。

针式打印机通过打印机针头和纸张的物理接触来打印字符图形，噪声大、速度慢、质量差，现在已逐渐被淘汰，只有在银行、超市等用于票单打印，很少有地方还可以看见它的踪迹。

喷墨打印机将字符或图形分解为点阵，用打印头上许多精细的喷嘴直接将墨水喷射到打印纸上。喷墨打印机价格较低，打印时噪声小，打印的质量接近激光打印机，但打印耗材价格高，是中低端市场的主流。

激光打印机利用激光扫描技术将计算机输出的字符、图形转换为点阵信息，再利用类似静电复印原理的电子照相技术将墨粉中的树脂融化并固定在打印纸上。激光打印机打印时噪声小，打印质量高，速度快，但设备价格高，在中高端市场使用较多。

　(a)

　(b)

　(c)

图 1-3-10　打印机

（a）针式打印机；（b）彩色喷墨打印机；（c）激光打印机

1.3.4 计算机软件系统

仅由硬件组成、没有安装任何软件的计算机被称为裸机。裸机安装上所需的软件后才能工作,这时才构成一个完整的计算机系统。

计算机软件是指计算机系统中的程序及数据文件。软件是用户与硬件之间的接口界面。用户主要是通过软件与计算机进行交流。

1. 与软件有关的基本概念

(1) 指令与指令系统

计算机指令就是指挥机器工作的指示和命令,控制器靠指令指挥计算机工作。

一台计算机所能执行的各种不同指令的全体,叫做计算机的指令系统,每一台计算机均有自己的特定的指令系统,其指令内容和格式有所不同。

通常一条指令包括两方面的内容:操作码和操作数,操作码决定要完成的操作,操作数指参加运算的数据及其所在的单元地址。

(2) 程序与程序设计

程序就是一系列按一定顺序排列的指令,执行程序的过程就是计算机的工作过程。

程序设计是给出解决特定问题程序的过程。程序设计过程包括分析、设计、编码、测试、排错等不同阶段。程序设计往往以某种程序设计语言为工具,给出这种语言下的程序。

(3) 程序设计语言

人类相互之间交流用人类的语言,人类和计算机交流用计算机语言,计算机语言也称程序设计语言,是用于编写计算机程序的规则。程序设计语言分为机器语言、汇编语言和高级语言三大类。

1) 机器语言。机器语言编写的程序是二进制 0、1 代码指令集合,也称目标程序,可以被计算机直接执行。不同的 CPU 具有不同的机器语言指令系统。机器语言程序难编写、难修改、难维护,需要用户直接对存储空间进行分配,编程效率极低。这种语言已经被逐渐淘汰。

2) 汇编语言。汇编语言指令是机器指令的符号化,需转换为二进制代码后才能被计算机执行。汇编语言指令与机器指令存在着直接的对应关系,所以同样存在着难学难用、容易出错、维护困难等缺点。优点是可直接访问系统接口、翻译成的机器语言程序的效率高。一般来说,只有在高级语言不能满足设计要求,或不具备支持某种特定功能的技术性能(如特殊的输入输出)时,才会使用汇编语言。

3) 高级语言。高级语言是面向用户、基本上独立于计算机种类和结构的语言。其最大的优点是形式上接近于算术语言和自然语言,概念上接近于人们通常使用的概念。高级语言的一个命令可以代替几条、几十条甚至几百条汇编语言的指令。因此,高级语言易学易用,通用性强,应用广泛。高级语言指令也必需转换为二进制代码后才能被计算机执行。高级语言的种类非常多,各高校理工科专业常开设的高级语言课程有 C 语言、C++语言、C#语言、Java 语言等。

2. 计算机软件分类

计算机软件总体上分为系统软件和应用软件两大类。

（1）系统软件

系统软件是指控制和协调计算机各部分设备工作、支持应用软件开发和运行的软件，是无需用户干预的各种程序的集合。系统软件使得计算机使用者和其他软件将计算机当作一个整体而不需要顾及到底层每个硬件是如何工作的。

系统软件主要包括操作系统、语言处理程序和实用程序。

1）操作系统。操作系统是最重要、最基本的系统软件，是计算机工作必不可少的软件。一台计算机必须安装有最少一种操作系统才能工作。操作系统是最底层的软件，它控制所有计算机运行的程序并管理整个计算机的资源，是计算机裸机与应用程序及用户之间的桥梁。没有它，用户就无法使用某种软件或程序。

常用的操作系统有 DOS 操作系统、Windows 操作系统、UNIX 操作系统和 Linux 操作系统、Netware 操作系统等。

2）语言处理程序。计算机只能直接识别和执行机器语言的指令，语言处理程序的作用是把用汇编语言或高级语言编写的指令转换为用二进制代码表示的机器语言指令。语言处理程序包括汇编程序、解释程序和编译程序。

汇编程序：用于把用汇编语言书写的源程序转换为二进制代码的目标程序。

解释程序：用于把用高级语言书写的源程序转换为二进制代码，转换一句，执行一句，不产生目标程序。

编译程序：用于把用高级语言书写的源程序转换为二进制代码的目标程序。

3）实用程序。实用程序是机器维护、软件开发所必需的软件工具。实用程序主要包括编辑程序、连接装配程序、调试程序、诊断程序和程序库等。

2．应用软件

应用软件是为了某种特定的用途而被开发的软件。计算机的应用领域很广，所以应用软件的种类非常繁多，同一用途的应用软件往往会有很多个。

较常见的应用软件有：

文字处理软件，如 Word、WPS 等。

聊天软件，如腾讯 QQ 等。

网页浏览软件，如 Internet Explorer 浏览器、Chrome 浏览器等。

作图软件，如 Auto CAD 等。

1.3.5　计算机性能评价指标

一个完整的计算机系统由硬件系统和软件系统两个子系统组成，各个子系统又由多个部分组成，每个组成部分都有自己的技术指标。评价一台计算机性能的好坏，必须综合各个组成部分的性能参数，才能得到客观的结论。

评价计算机的性能指标主要有以下几方面：

1）运算速度：是一项综合性指标，单位为 MIPS（百万条指令/秒）。影响运算速度的因素，主要是 CPU 主频和存储器存取周期（存储器连续两次独立地"读"或"写"操作所需的最短时间），CPU 字长和存储容量也有影响。

2）机器的兼容性：包括数据和文件的兼容、程序兼容、系统兼容和设备兼容。
3）系统的可靠性：用平均无故障工作时间 MTBF 衡量。
4）系统的可维护性：用平均修复时间 MTTR 衡量。
5）机器允许配置的外部设备的最大数目。
6）计算机系统的图形图像处理能力。
7）音频输入、输出质量。
8）数据库管理系统及网络功能。
9）性能/价格比：是一项综合性评价指标。

1.3.6 图灵机

图灵机，又称图灵计算、图灵计算机，是由数学家阿兰·麦席森·图灵（1912 年—1954 年）在 1936 年提出的一种抽象计算模型。阿兰·麦席森·图灵，1912 年 6 月 23 日生于英国伦敦，是英国著名的数学家和逻辑学家，被称为计算机科学之父、人工智能之父，是计算机逻辑的奠基者，提出了"图灵机"和"图灵测试"等重要概念。美国计算机协会（ACM）于 1966 年为纪念其在计算机领域的卓越贡献而设立了图灵奖，专门奖励那些对计算机事业作出重要贡献的个人。图灵奖是计算机界最负盛名、最崇高的一个奖项。

图灵的基本思想是用一个虚拟的机器来模拟人们用纸笔进行数学运算的过程，他把这样的过程看作两种简单的动作：在纸上写上或擦除某个符号；把注意力从纸的一个位置移动到另一个位置。在每个阶段，人要决定下一步的动作，依赖于（a）此人当前所关注的纸上某个位置的符号和（b）此人当前思维的状态。如图 1-3-11 所示。

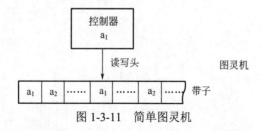

图 1-3-11 简单图灵机

为了模拟人的这种运算过程，图灵构造出一台假想的机器，该机器由以下几个部分组成：
1）一条无限长的纸带。纸带被划分为一个接一个的小格子，每个格子上包含一个来自有限字母表的符号，字母表中有一个特殊的符号表示空白。纸带上的格子从左到右依次被编号为：0，1，2，……。纸带的右端可以无限伸展。
2）一个读写头。该读写头可以在纸带上左右移动，它能读出当前所指的格子上的符号，并能改变当前格子上的符号。
3）一套控制规则。它根据当前机器所处的状态以及当前读写头所指的格子上的符号来确定读写头下一步的动作，并改变状态寄存器的值，令机器进入一个新的状态。
4）一个状态寄存器。它用来保存图灵机当前所处的状态。图灵机的所有可能状态的数目是有限的，并且有一个特殊的状态，称为停机状态。

这个机器的每一部分都是有限的，但它有一个潜在的无限长的纸带，因此这种机器只是一个理想的设备。图灵认为这样的一台机器就能模拟人类所能进行的任何计算过程。

图灵机是假想的"计算机",完全没有考虑硬件状态,考虑的焦点是逻辑结构。图灵后来在他的著作里,进一步设计出被人们称为"通用图灵机"的模型,让图灵机可以模拟其他任何一台解决某个特定数学问题的图灵机的工作状态。图灵甚至还想象在带子上存储数据和程序。通用图灵机实际上就是现代通用计算机的最原始的模型。我们可以隐约看到现代计算机主要构成(其实就是冯·诺依曼理论的主要构成):存储器(相当于纸带),中央处理器(控制器及其状态,并且其字母表可以仅有 0 和 1 两个符号),IO 系统(相当于纸带的预先输入)。

图灵机的意义与思想内涵:

1)肯定了计算机实现的可能性,并给出了计算机应有的主要结构。

2)引入了读写、算法与程序语言的概念。

3)图灵机模型理论是计算学科最核心的理论,因为计算机的极限计算能力就是通用图灵机的计算能力,很多问题可以转化到图灵机这个简单的模型来考虑。

思 考 题

1)简述计算机发展的四个阶段。

2)简述计算机的特点。

3)简述计算机的应用领域有哪些。

4)简述计算机的工作原理。

第 2 章 操作系统

操作系统（Operating System，OS）是用户使用计算机接触到的第一个软件，它合理地组织计算机软硬件资源，使得计算机可以按照用户的意愿去工作。

本章首先介绍操作系统的概念和功能，接着简单介绍几种常见的操作系统，然后以 Windows 7 为例，从文件及文件夹的管理、个性化定制和控制面板设置三个方面讲解操作系统的使用，最后介绍了四个常用软件的使用。

2.1 操作系统概述

最早的计算机使用 0、1 组成的指令来操作计算机，使得非计算机专业人员使用计算机异常困难，也限制了计算机的发展。随着计算机应用领域的不断扩展，不同行业都要使用计算机，为了适应各个行业的需要，需要提供方便易用的使用计算机的方式。于是研究人员开发出一种易于计算机使用的软件，称为操作系统。这样，只要经过简单的培训，普通人通过操作系统提供的简单实用的界面，就可以很方便地使用计算机了。

2.1.1 操作系统的概念

操作系统是最基本的系统软件，用来管理计算机软硬件资源，控制和协调并发活动，实现信息的存储和保护，为用户提供使用计算机的便捷形式。操作系统是计算机系统的核心，任何软件都必须在操作系统支持下才能运行。

2.1.2 操作系统的功能

操作系统是计算机硬件与其他软件的接口，也是用户和计算机之间的桥梁，其目的是合理组织计算机资源，提高资源利用率，同时方便用户使用计算机。它的主要功能如下：

1. 处理机管理

处理机管理是操作系统最核心的部分，主要任务是把处理机时间有效、合理地分配给运行的软硬件，协调不同程序在运行时发生的冲突，提高处理机资源利用率。

2．存储管理

存储管理指的是内存管理，主要任务是给要运行的程序分配内存，回收运行结束的程序占用的内存空间，还提供程序正常运行所需的内存保护、地址映射和内存扩充等。

3．设备管理

设备管理指的是管理外部设备，主要任务有：外围设备的分配和回收、设备的控制、信息传输和故障处理等。

4．文件管理

计算机是以文件形式存储信息的，文件是由文件管理系统进行管理的。文件管理的主要任务是管理文件的存储、检索和修改等操作及保护文件的功能。

5．用户接口

操作系统还提供了用户使用计算机的接口。普通用户通过操作系统的图形界面使用计算机。

2.1.3　常用操作系统简介

1．Windows 操作系统

Windows 系列操作系统是微软公司 1985 年研发的桌面操作系统，可以运行在不同类型的平台上，如个人计算机、服务器和嵌入式系统等，其中在个人计算机上应用最为普遍。Windows 操作系统采用图形化界面，版本经历了 30 多年的历史演变，从最初的 Windows 1.0、Windows 95、Windows xp、Windows 7、Windows 8 到最新的 Windows 10，并一直在持续更新，系统架构也从 16 位到 32 位，再到 64 位。

2．UNIX 操作系统

UNIX 由 Kenneth Lane Thompson 和 Dennis MacAlistair Ritchie 于 1969 年在 AT&T 公司的贝尔实验室开发，美国 AT&T 公司于 1971 年在 PDP-11 上运行的操作系统，具有多用户多任务的特点，支持多种处理器架构。最初由于简洁易移植等特点，得到迅速发展，成为跨越微型机到巨型机范围的操作系统。

3．Linux 操作系统

Linux 最初由芬兰赫尔辛基大学计算机系学生 Linus Benedict Torvalds 于 1991 年开发的一个操作系统内核程序。该操作系统是一个多用户多任务支持多线程的类 UNIX 系统，其最大特点是开源性，因而吸引了越来越多的商业软件公司和爱好者加盟到 Linux 系统的开发行队伍中，使 Linux 不断快速向高水平高性能发展。常见的 Linux 系统有 Red Hat，红旗 Linux 等。

4. Mac OS 操作系统

Mac 系统是 1984 年美国的苹果公司率先采用了图形界面，基于 UNIX 内核为 Macintosh 计算机专门设计的操作系统，是首个在商业里面取得成功的图形用户界面操作系统。2011 年 7 月，Mac OS X 更名为 OS X。

5. 手机操作系统

智能手机和平板电脑的迅速普及，与其易用便捷的操作系统密不可分。目前应用在手机上的操作系统主要有 Android（谷歌）、iOS（苹果）。

2007 年 6 月，苹果公司的 iOS 登上了历史的舞台，将创新的移动电话、可触摸宽屏、网页浏览、手机游戏、手机地图等几种功能完美地融合为一体。谷歌则于 2007 年 11 月推出了基于 Linux 2.6 标准内核的开源手机操作系统，命名为 Android，是首个为移动终端开发的、真正的、开放的和完整的移动软件。Android 平台最大优势是开源性，允许众多的厂商推出功能各具特色的应用产品。在我国，小米是做的比较成功的基于 Android 的应用系统。小米手机的 MIUI 系统是小米公司旗下基于 Android 系统深度优化、定制、开发的第三方手机操作系统，它大幅修改了 Android 本地的用户接口，并加入了大量 iOS 的设计元素。

2.2　Windows 7 使用基础

Windows 7 是微软公司 2009 年 10 月发布的操作系统，桌面更加人性化，访问常用程序更加方便，对无线互联网支持更加优化，功能更加完善。分为家庭基础版、家庭高级版、专业版和旗舰版等几个版本，不同版本的功能与特性不同，用户界面也会有所差别。

2.2.1　计算机的启动与关闭

计算机的启动和关闭是最基本的操作，与操作系统有密切联系。

1. 启动计算机

安装了 Windows 7 操作系统的计算机，在计算机启动时会引导 Windows 7 操作系统的启动。计算机的启动分为：热启动、重新启动和复位启动三种，如表 2-2-1，可以根据不同情况选择启动方式。

表 2-2-1　操作系统的三种启动方式

启动方式	含义	适用情况
冷启动（电启动）	计算机在断电情况下加电开机启动，需要经过硬件自检，然后再完成 Windows 7 的启动	打开电源时
重新启动	计算机在使用过程中，在开机状态下重新引导操作系统，不再进行硬件自检	遭遇到某些故障，设置改动，安装更新等情况时
复位启动	开机时按下主机箱面板上的复位（RESET）按钮，或长按机箱面板上的开关按钮。启动过程与冷启动相同	一般在计算机的运行状态出现异常而重新启动无效时使用，如死机

重新启动操作步骤如下：

1)单击"开始"按钮,打开"开始"菜单。

2)单击"关机"按钮(见图 2-2-1)旁的 ▶ 按钮打开关机子菜单(见图 2-2-2),选择"重新启动"即可。

2. 关闭计算机

要关闭计算机,需要先退出 Windows 7 操作系统,由操作系统将计算机安全关闭,各退出项见图 2-2-2,具体操作如下:

1)单击"开始"按钮,打开开始菜单。

2)单击"关机"按钮,如图 2-2-1 所示,即可关闭计算机。

退出系统还包括"切换用户"、"注销"、"睡眠"、"休眠"的选项,说明如表 2-2-2 所示。

图 2-2-1 重新启动和退出系统命令

图 2-2-2 关机子菜单

表 2-2-2 退出系统其他选项

退出系统其他选项	含义
切换用户	在不关闭当前运行程序的情况下,退出当前用户,返回登录界面
注销	将当前使用的程序关闭,不关闭计算机,回到登录界面
睡眠	以最小能耗保证计算机处于锁定状态。此时,会切断内存以外其他配件的电源,工作状态的数据保存在内存中。若要唤醒计算机,可按下机箱上的电源按钮,计算机将在数秒内恢复到睡眠前的状态
休眠	此时能将打开的文档和程序保存到硬盘的一个文件中,下次开机时则从该文件读取数据到内存。进入休眠状态后,所有配件均不通电。若要唤醒计算机,可按下电源键,部分计算机按键盘上的任意键或单击鼠标

2.2.2 Windows 7 桌面

启动 Windows 7 后,用户首先看到的屏幕界面就是桌面,如图 2-2-3 所示,桌面由桌面背景、桌面图标、"开始"按钮、任务栏等组成。

图 2-2-3 Windows 7 桌面

1. 桌面背景

桌面背景俗称墙纸,是桌面系统的背景图案,Windows 7 提供了多幅精美的图片,用户可以选择自己喜欢的系统图片作为背景图案,也可以根据自己喜好自定义。

(1)桌面图标

图标:代表文件、文件夹和其他项目的小图片,由文字和图片组成。图标实质上是对应的实际对象的快捷方式,可以双击启动或打开它代表的对象。

桌面图标分为两种:系统图标和用户自定义图标。系统图标由 Windows 7 提供,用户可以根据自己的喜好,决定是否将它们添加到桌面,也可以更改系统程序对应的图标。用户自定义图标指的是用户在桌面上添加和创建的图标,是用户自定义的快捷方式。

用户对桌面图标的操作包括:创建、移动、排序和删除等。

(2)创建快捷方式

快捷方式的作用是用户不需要找到文件本身就可以快速启动文件。快捷方式是指向文件在磁盘中的实际存储位置。用户为对象创建桌面快捷方式时,只是将其所在位置的文件路径放到桌面,并没有将对象放在桌面。

用户可以通过"发送到"或"创建"两种方式来为桌面添加自定义快捷方式,如表 2-2-3。

表 2-2-3 创建快捷方式的两种方式

快捷方式	实现	位置
发送到	选择对象,右击鼠标,弹出的快捷菜单中选择"发送到→桌面快捷方式",如图 2-2-4 所示	桌面创建该项目的快捷方式
创建快捷方式	选择对象,右击鼠标,弹出的快捷菜单中选择"创建快捷方式"	当前文件夹下

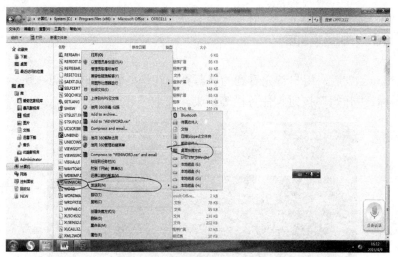

图 2-2-4　创建发送到快捷方式

（3）移动图标

为了使常用的图标位置容易查找，可以将其移动位置。通过选中图标按住鼠标左键拖动，将其移到桌面上的新位置。

（4）排序桌面上的图标

桌面图标过多时，为便于查找，可按一定的要求对图标排序，排序图标方法如下：

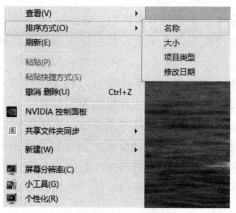

图 2-2-5　排序图标

1）在桌面空白处右击，弹出快捷菜单。
2）在弹出的快捷菜单中选择"排序方式"，如图 2-2-5 所示。
3）从子菜单中选择一种排序方式。
也可以不采用排序，而直接拖动桌面上的图标，将它移动到想要的位置。

（4）删除桌面上的图标

右击该图标，在弹出的快捷菜单中选择"删除"命令。如果该图标是快捷方式，只会删除该快捷方式，不会删除原始项目。

2."开始"按钮

用户绝大部分的工作都是从"开始"菜单开始的，用户单击"开始"按钮可打开"开始"菜单,"开始"菜单如图 2-2-6 所示。

(1)"开始"菜单的组成

分为常用程序列表、搜索框、系统控制区三大部分,其位置与功能如表 2-2-4 所示。

表 2-2-4 "开始"菜单的组成

"开始"菜单组成	位置	功能
常用程序列表	左边的窗格显示的是常用程序列表	计算机制造商可以自定义列表,所以其具体外观会有所不同,单击所有程序按钮,以显示程序的完整列
搜索框	左边窗口的底部是搜索框	通过输入搜索项可在计算机中查找程序和文件
系统控制区	右边窗格部分	提供了对常用文件夹文件设置的功能访问,在这里还可以注销 Windows 或关闭计算机

(2)"开始"菜单的功能

用户利用"开始"菜单可以打开程序、搜索文件和管理计算机系统。

1)从"开始"菜单中打开程序:"开始"→常用程序列表→打开程序或"开始"→"所有程序"→找到对应的文件夹里的程序图标。

2)利用搜索框搜索文件:打开"开始"→搜索框,在搜索框里输入文件名,遍历计算机上的所有文件夹。搜索结果显示在搜索框上面。

3)系统控制区:右边窗格部分如图 2-2-7 所示,提供了对常用文件夹或文件设置的访问,通过这里可以注销 Windows 或关闭计算机。

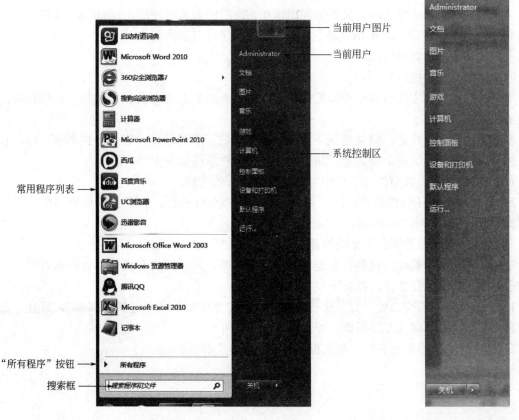

图 2-2-6 开始菜单　　　　　　图 2-2-7 系统控制区

3. 任务栏

任务栏是屏幕底部的长条，如图 2-2-8 所示，一般任务栏总是可见的。

（1）任务栏的组成

任务栏主要由程序锁定区、活动任务区和通知区组成，具体位置与功能如图 2-2-8 和表 2-2-5 所示。

图 2-2-8　任务栏

表 2-2-5　任务栏的组成含义

任务栏组成	功能
程序锁定区	程序锁定区的图标等同于快捷方式，集成桌面的资源在不显示桌面情况下快速启动程序
活动任务区	图标代表了一个正在运行的任务，可以通过单击图标来进行任意窗口的快速切换
通知区	位于任务栏最右侧，包含一个时钟和一组图标，这些图标表示计算机上某个程序的状态，或提供访问特定设置的路径，图标集取决于安装的服务或程序及计算机制造商设置计算机的方式

为了保持任务栏的整洁，如果通知区图标在一段时间内未被使用，Windows 会将其隐藏在通知区。当图标被隐藏，单击任务栏右边的　按钮可以显示隐藏的图标。如果单击这些图标中的某一个，它将再次显示。

（2）任务栏相关操作

对任务栏的操作主要有移动和锁定任务栏、隐藏任务栏、在任务栏上添加工具栏和锁定到任务栏。

任务栏的移动与锁定：默认情况下任务栏是锁定的，不可移动，当任务栏不锁定时，它可以被移动到屏幕边的某个位置上，如果要移动任务栏，按如下步骤：

1）右击任务栏，取消快捷菜单中"锁定任务栏"的选择。

2）鼠标移动到任务栏的空白区，按住鼠标左键拖动任务栏，移动到要放置的位置时释放鼠标左键。

3）右击任务栏，重新在弹出的快捷菜单中选择 "锁定任务栏"。

隐藏任务栏：一般地，任务栏总是显示在屏幕下方，随时可见和操作。有时需要把任务栏隐藏起来，要隐藏任务栏，按如下步骤：

1）右击任务栏的空白处，打开快捷菜单，如图 2-2-9（a）所示选择"属性"，打开"任务栏和「开始」菜单属性"对话框，如图 2-2-9（b）所示。

2）选中"自动隐藏任务栏"复选框，单击"确定"按钮。

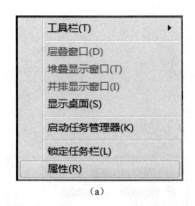

图 2-2-9 快捷菜单和任务栏开始菜单属性对话框
（a）快捷菜单；（b）"任务栏「开始」菜单属性"对话框

此时，打开其他窗口时，任务栏会自动隐藏，如果任务栏处于屏幕底部，则将鼠标指针移动到屏幕底部停留一会儿，隐藏的任务栏就会重新显示。

添加工具栏：任务栏中有许多为了提高使用效率而设置的工具栏。添加工具栏，按如下步骤：

1）右击任务栏的空白处，选择弹出的快捷菜单中的"工具栏"。

2）打开有地址、链接和桌面等命令的级联菜单，如图 2-2-10 所示，选择某一项就可以将相应的工具栏添加到任务栏中。

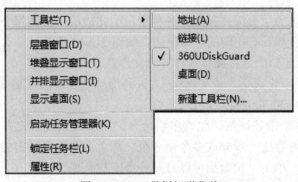

图 2-2-10 工具栏级联菜单

把程序锁定到任务栏：可以把经常使用的程序锁定到任务栏，通过单击可以对其进行快速访问。

如果想把"开始"菜单或桌面上或活动任务中的程序固定到任务栏，可以右击该程序，在弹出的快捷菜单中选择"锁定到任务栏"，如图 2-2-11（a）所示。如果想要把锁定在任务栏上的程序从任务栏上去掉，可以右击该程序，从弹出的快捷菜单中选择"将此程序从任务栏解锁"，如图 2-2-11（b）所示。

图 2-2-11　任务栏的锁定与解锁
（a）锁定到任务栏；（b）从任务栏解锁

2.2.3　窗口的组成与操作

每当用户打开一个文件或启动一个程序，系统就会打开一个窗口供用户管理和使用。

1. 窗口的组成

大部分使用计算机的主要操作都是在各种窗口中完成的，虽然每个窗口的内容和外观各不相同，但是窗口一般都具有相同的基本组成，如图 2-2-12 所示。

1）标题栏：显示窗口的名称或正在打开的文件名。

2）控制按钮：最小化、最大化（或还原）和关闭按钮。用于隐藏窗口、最大化（或还原）窗口、关闭窗口。

3）功能区：是一个带状区域，包含多组命令，是多个围绕特定方向或对象功能处理的选项卡，选项卡中的内容进一步分成多个命令组，每个命令执行特定的功能。功能区中大部分区域都有下拉箭头，单击下拉箭头可以打开一个下拉菜单，区域有一种按钮，单击该按钮可以打开一个对话框。

4）窗口工作区：窗口中最大的区域，完成该程序功能的主要区域。

5）滚动条：当窗口太小，以及窗口主体不能显示所有信息时，工作区的右侧、底部就会出现滚动条，拖动滚动条，单击其上下左右方向三角形图标，即可实现屏幕上下左右滚动，查看被隐藏的内容。

6）状态栏：显示程序当前的状态，对应不同的程序显示不同的信息。

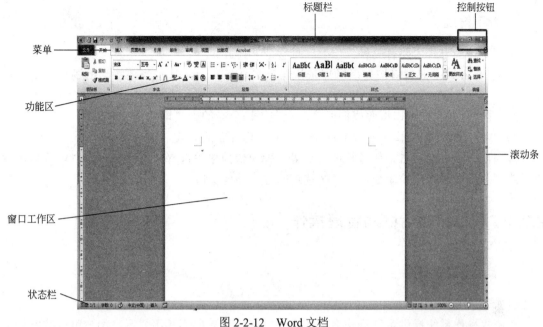

图 2-2-12　Word 文档

2．对窗口的操作

1）移动窗口：指针指向窗口标题栏按着鼠标左键拖动即可随意改变窗口位置。

2）更改窗口尺寸。

最大化：单击"最大化"按钮或双击该窗口的标题栏可以使窗口铺满整个桌面。此时最大化按钮变为还原按钮。

最小化：单击"最小化"按钮可以隐藏窗口，但是只是临时消失，而不是将其关闭，通过单击任务栏上的活动应用程序图标可以重新显示窗口。

其他尺寸：鼠标移动到窗口的四个边框或四个角处，光标变成双向箭头形状时，拖动边框就能改变相应尺寸。

还原到最大化之前大小：单击"还原"按钮可以使窗口恢复到最大化之前的窗口尺寸，此时"还原"按钮变为"最大化"按钮。

3）关闭窗口：单击关闭按钮可以关闭窗口。

3．激活窗口的方法

窗口之间的切换：应用程序一般以窗口的形式打开，运行多个应用程序后，桌面就会出现多个窗口。但是不管打开多少窗口只有一个窗口是当前活动窗口，处于其他窗口之上，其他被覆盖的窗口称为后台窗口，用户经常需要进行窗口切换操作，将后台窗口和活动窗口互相转换。

1）单击要激活窗口的任何部位即可切换窗口。

2）在任务栏中显示的固定或活动的按钮就是已经打开的程序，单击要激活的程序的按钮就能切换到相应窗口。

3）缩略图预览，若要轻松地识别窗口，可将鼠标指针指向其任务栏按钮，无论窗口的内容是文档、照片，还是运行的视频，都会看到一个缩略图大小的窗口预览。如果无法通过其标题切换窗口，就单击需要切换窗口的缩略图即可。

4. 排列窗口

排列窗口的方式主要有三种：层叠、堆叠或并排。

1）层叠方式：把窗口按先后顺序依次排列到任务栏上，其中当前激活的窗口是完全可见的。

2）堆叠方式：把窗口按照横向两个，纵向平均分布的方式堆叠排列起来。

3）并排方式：把窗口按照纵向两个，横向平均分布的方式，排列起来。

排列窗口的方法：右击任务栏的空白处，弹出快捷菜单选择"层叠窗口"、"堆叠显示窗口"或"并排显示窗口"命令，即可按选定的方式排列窗口。

2.2.4　菜单和对话框的管理操作

1. 菜单的管理操作

（1）显示菜单栏

菜单式操作系统提供各种操作命令的集合。在默认情况下并不显示，用户可以按照如下方法显示出来：

1）打开"计算机"窗口。

2）单击"组织"选项，在打开的菜单中选择"文件夹和搜索选项"命令，如图 2-2-13（a）所示。

3）在打开的"文件夹选项"对话框中切换至"查看"选项卡，选中"始终显示菜单"复选框，如图 2-2-13（b）所示，单击"应用"按钮即可完成。菜单栏显示这个菜单的名称，单击可以打开菜单，快速选择菜单命令。

(a)　　　　　　　　　　　　　　　　　　(b)

图 2-2-13　"组织"菜单和"文件夹选项"对话框

（a）组织菜单；（b）"文件夹选项"对话框

（2）下拉式菜单

菜单栏中菜单名下所对应的一种菜单命令组成的菜单称为下拉式菜单，如图 2-2-14 所示：

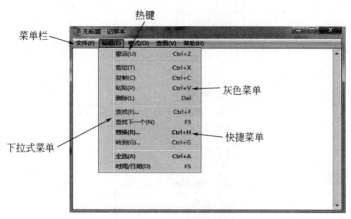

图 2-2-14　下拉式菜单

菜单的约定：

1）在菜单中命令用灰色缝线进行分割表示菜单的功能分组。

2）颜色为灰色的表示目前不可用。

3）菜单旁边括号内下划线的字母是热键。

4）菜单项右边带有"Ctrl+字母"的组合键是快捷键，用户可以不打开菜单在编辑状态下直接按快捷键来执行该菜单命令。

5）菜单后面的"…"表示执行这个菜单项命令后会出现一个对话框来询问执行该命令所需的一些信息。

6）菜单名后带 ▼ 标记时，表示这条命令还有子菜单，并不是所有的菜单控件外观都一样，有些菜单不显示在菜单栏上。如工具栏上的菜单这时在单词或图片的旁边有箭头 ▼ 、▼ 和 ▶ ，如图 2-2-15 所示。

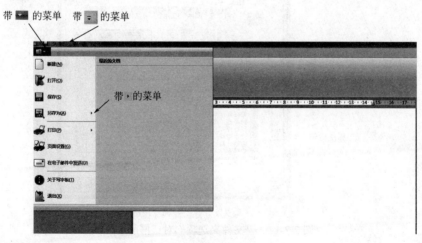

图 2-2-15　带箭头标记的菜单

7）菜单名前带有"√"或"·"点标记，表示该菜单项选中有效状态，"√"为多项选择，"·"为单项选择。

（3）快捷菜单

快捷菜单是右击对象时弹出的菜单，包含了该对象常用的操作命令，如图 2-2-16 所示，根据对象的不同，快捷菜单中的菜单命令也有所不同。

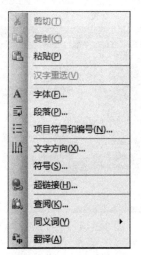

图 2-2-16　快捷菜单

2．对话框的管理

对话框：是一种特殊的窗口，用来进行用户和系统之间的信息交互，如图 2-2-17 所示为"文件夹选项"对话框。对话框没有菜单栏，多数对话框无法最大化、最小化或调整大小，可以被移动，主要用来完成一些系统设置功能，对话框有不同形式，彼此外观相差也较大，对话框的主要组成元素如图 2-2-17 所示。

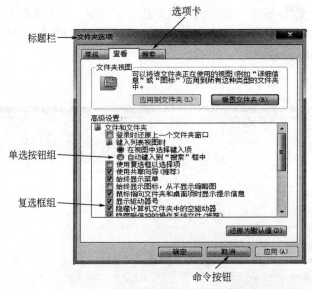

图 2-2-17　"文件夹选项"对话框的组成

1）标题栏：标明对话框的名称，有"关闭"按钮。

2）选项卡：选项卡式对话框中叠放的页，用来完成一组相关的功能，每项功能放在一个选项卡上，如图 2-2-17 所示有"常规"选项卡、"查看"选项卡和"搜索"选项卡。

3）命令按钮：命令按钮一般为上面有文字的矩形按钮。单击命令按钮时执行一个命令，如图所示，如果单击"确定"按钮就会使选项卡的设置生效，如果按钮呈现淡灰色则表示当前按钮不能使用。

4）单选按钮组：单选按钮组让用户在某一选项的一组单选按钮中，一次只能选一个，选中之后的单选按钮左侧为 ◉，未选中的为 ○。

5）复选框组：在某一选项一组复选框中，一次可以选择 1 个或者多个，当选项选中后，复选框为 ☑，未选中的为 ☐。

6）文本框组：在文本框中可以输入内容如文字或号码，如图 2-2-18 所示，当将鼠标指针移到文本框时，光标将变 I 状，单击文本框出现闪烁垂直线"|"，表示当前输入文本的位置，如果在文本框中没有看到光标则表示，该文本框无法输入内容，首先需确定光标出现在文本框中，然后才能输入。

7）下拉列表框：下拉列表框类似菜单，但它不是单击命令，而是选择选项，下拉列表关闭后只显示当前选中的选项，其他可用的选项都会被隐藏，如图 2-2-18 所示。

8）数值框：数值框用来调整或输入数据，当要改变数据时单击上下按钮可以增加或减少数值，也可以直接在框中输入数值。

图 2-2-18　带有下拉列表框、文本框和数值框的对话框

2.3　管理文件和文件夹

Windows 7 是一个面向对象的文件管理系统，它可以把所有的软硬件资源按照文件或文件夹的形式来表示与处理，所以管理文件和文件夹就是管理整个计算机系统。通常可以通过 Windows 的资源管理器来对计算机进行统一的管理和操作。

2.3.1　文件和文件夹的概念

1．文件

计算机文件是存储在存储介质中的指令或数据的集合，是计算机系统中最小的数据构成单位。Windows 7 基本的存储单位、用户使用和创建的文档都是文件，文件一般具有以下属性：

1）文件可以存放文本、声音、图像、视频和数据等信息。

2）文件名的唯一性，同一个磁盘的同一个目录下不允许有重复的文件名。

3）文件具有可转移性，文件可以从一个磁盘复制到另一个磁盘上或者从一台计算机复制转移到另一台计算机上。

4）文件在磁盘中要有固定的位置，用户和应用程序要写文件时必须提供文件的路径来告诉计算机文件的位置和路径，一般由存放文件的驱动名、文件夹名和文件名组成。

（1）文件名

为了识别文件，在计算机系统中每个文件都有一个文件名，整个文件名由主文件名和扩展名两部分组成，中间用"."分隔，有些文件名的扩展名可以省略，主文件名一般表示文件的内容，扩展名表示文件的类型，例如文件名 readme.txt 的主文件名为 readme，表示需要用户在操作前阅读此文件，扩展名为 txt，表示此文件是文本文件。

1）主文件名：文件命名时要尽量做到知名达意。

2）主文件名使用的字符不能超过 255 个。

3）文件名开头不能由空格、小数点开头，中间位置可以有空格、多个小数点。

4）文件名中不能包含，"*，?，/，\，<，>"等符号。

5）文件名可以包含大小写字母，但计算机将同一字母的大小写视为相同，如 README.TXT 和 readme.txt 被认为是同一文件。

（2）文件的扩展名

文件的扩展名用来表示文件的类型，不同类型的文件在 Windows 7 中对应不同的文件图标。

一般情况下用户在将文件存盘时，应用程序会自动给文件添加扩展名，用户也可以根据自己的特定需要，指出文件的扩展名以帮助用户识别管理文件，表 2-3-1 列出了常见的文件类型及其对应的扩展名。

表 2-3-1 常见文件类型和扩展名

文件类型	扩展名
影像文件	avi
波形文件	wav
位图文件	bmp
Word 文档	doc，docx
Excel 电子表格	xls，xlsx
PowerPoint 文件	ppt，pptx
图标文件	ico
设备驱动程序文件	drv
文本文件	txt
可执行的程序文件	com，exe
超文本文件	htm，hmtl
屏幕保护程序	scr

2. 文件夹

Windows 7 中的文件夹是存储程序、文档、快捷方式和其他文件夹的容器，文件夹中的文件夹称为子文件夹。计算机上的文件夹有两种：标准文件夹和特殊文件夹。

（1）标准文件夹

标准文件夹中可以存放程序、文档、快捷方式和其他文件夹，当打开时它是以窗口的形式呈现文件夹中的内容，用户可以将自己的文件存入其中，如图 2-3-1 所示。

图 2-3-1　标准文件夹

（2）特殊文件夹

特殊文件夹不对应磁盘上的某个文件夹，这种文件夹实际上是程序，如控制面板，拨号网络，打印机等，在这些文件夹中不能存储文件，但是可以通过资源管理器来查看和管理其中的内容，如图 2-3-2 所示。

图 2-3-2　特殊文件夹

2.3.2 使用资源管理器

在 Windows 7 中通常用资源管理器来管理资源，使用回收站管理被删除的文件。资源管理器是 Windows 7 专门用来管理计算机资源的应用程序。用户的程序、文档、数据文件都可以用资源管理器来进行管理。

1. 打开资源管理器

打开 Windows 7 资源管理器有如下几种方法：
1）单击锁定到任务栏左侧的资源管理器按钮。
2）右击"开始"按钮在弹出的快捷菜单中选择打开"Windows 资源管理器"。
3）单击"开始"按钮选择"所有程序"→"附件"→"Windows 资源管理器"。
4）按键盘上的"徽标键+E"组合键。

以上几种方法都能打开资源管理器，但前三种都显示是空文件夹，第四种显示"计算机"文件夹，如图 2-3-3 所示，它们都是资源管理器的打开形式。

图 2-3-3 "计算机"文件夹

2. 资源管理器窗口的组成

Windows 资源管理器可帮助用户进行导航，使用户更轻松地使用文件、文件夹和库，Windows 7 资源管理器窗口，如图 2-3-4 所示。

Windows 资源管理器的常见组成部分，有"地址栏"、"搜索栏"、"菜单栏"、"工具栏"、"导航窗格"、"工作区"和"细节窗格"等。

（1）地址栏

地址栏中显示是用户当前浏览的文件夹的路径，在进行网络浏览时地址栏显示的是网址，用户可以单击选择磁盘或文件夹名，从而改变当前窗口地址栏显示内容。

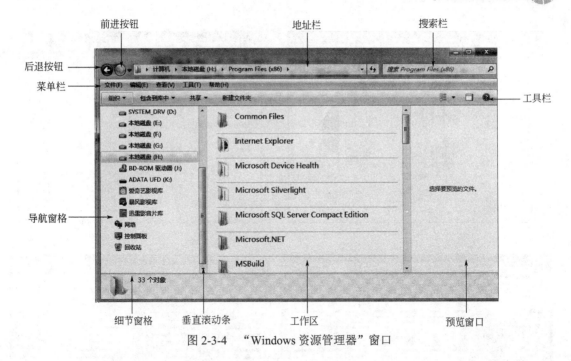

图 2-3-4 "Windows 资源管理器"窗口

（2）搜索栏

在搜索栏中输入搜索词可以在当前文件夹或库中查找文件名中包含这个词的文件，并将搜索结果显示在工作区。

（3）菜单栏

包括"文件"、"编辑"、"查看"、"工具"和"帮助"菜单每个菜单里都包含了与其相应功能相关的多个菜单命令。

（4）工具栏

工具栏可为用户提供一键按钮，如"组织"、"更改视图"、"显示预览窗格"、"帮助"按钮等，还有一种可变的应用程序按钮，如"系统属性"、"打开控制面板"等。

图 2-3-5 视图的显示方式

工具栏右侧的更改系统按钮可以将工作区的文件和文件夹按不同的方式进行显示，单击下拉按钮，在弹出的下拉菜单中列出了所有的显示方式，如图 2-3-5 所示。

1）图标显示方式：选择自动方式系统将窗口中的所有对象在工作区域以图标形式进行显示，只列出文件或文件夹的图标和名称，不列出其他相关信息，对于几种不同的图标方式只是列出的图标大小有差别，图 2-3-6 所示的"超大图标"、"大图标"、"中等图标"、"小图标"四种不同显示方式效果。

2）列表显示方式：列表显示方式将窗口中的所有对象按字母顺序排列，一目了然，方便查找，如图 2-3-7 所示。

3）详细信息显示方式：这种方式下，对象以小图标的方式显示，同时在窗口中显示每个文件和文件夹的相关信息，包括文件夹和文件的名称、大小、类型和修改时间等内容。对驱动器则显示其类型、大小和可用空间，如图 2-3-8 所示。

4）平铺显示方式：平铺视图以图标方式显示文件和文件夹，将所选的分类信息显示，在文件或文件名下面，如图 2-3-9 所示。

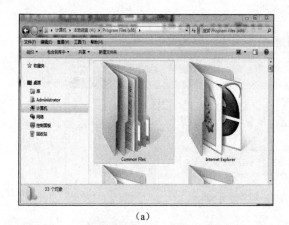
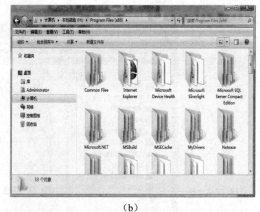

图 2-3-6 "文件与文件夹的图标"显示方式
（a）超大图标；（b）大图标；（c）中等图标；（d）小图标

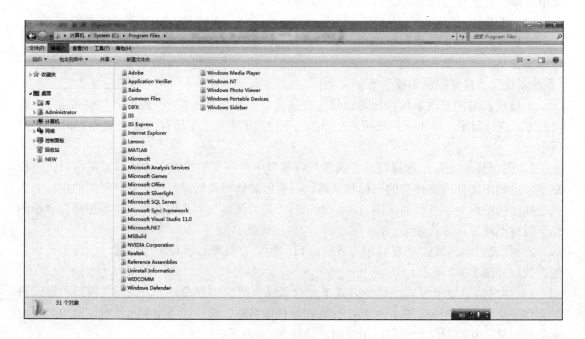

图 2-3-7 "列表"显示方式

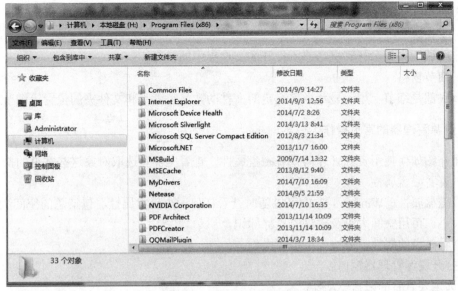

图 2-3-8 "详细信息"显示方式

5）内容显示方式：内容显示方式会显示文件中的部分内容，如图 2-3-10 所示。

图 2-3-9 "平铺"显示方式

图 2-3-10 "内容"显示方式

当窗口中的图标太多时，可以利用查看菜单中的级联菜单命令按名称、类型、大小、修改时间或自动排列等将图标排序，以便查找，排列图标的菜单如图 2-3-11 所示。

（5）导航窗格

使用导航窗格可以访问库文件夹保存的搜索结果，甚至可以访问整个硬盘，选择"收藏夹"选项可以打开最常用的文件搜索；选择"库"选项可以防护选择"计算机"选项可以浏览整个硬盘中的文件夹，子文件夹和文件，还可以在导航窗格中将项目直接移动或复制到目标位置。

如果在打开的窗口左侧没有看到导航窗格，就可以选择"组织"→"布局"→"导航

图 2-3-11 "查看"菜单中"排列方式"的子菜单

窗格命令"将其显示出来。

（6）工作区

工作区域用来显示计算机当前所打开的文件夹中的资源。

（7）细节窗格

窗口底部是细节上用于显示当前选定的文件的数目、大小和文件夹的位置等细节。

3. 资源管理器的常见操作

下面介绍如何使用资源管理器查看磁盘属性、查看文件和选取对象这些常见的操作。

（1）查看磁盘属性

查看磁盘属性：Windows 7 中可以随时查看任何一个磁盘属性，包括总的空间大小、已用空间大小、可用空间大小及磁盘的卷标标识。

要查看磁盘的属性，需按如下步骤操作：

1）打开资源管理器窗口。

2）选定要查看的磁盘驱动器。

3）选择"文件"菜单中的"属性"命令打开"磁盘属性"对话框，如图 2-3-12（a）所示。

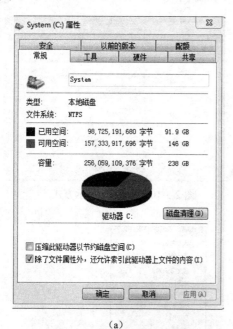
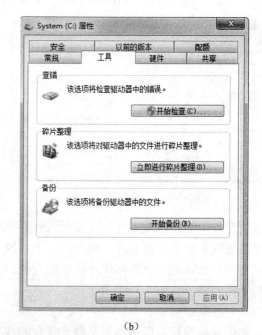

（a）　　　　　　　　　　　　　　　　（b）

图 2-3-12　"磁盘属性"对话框

（a）"磁盘属性"对话框；（b）"工具"选项卡

在"常规"选项卡中显示当前驱动器卷标类型文件系统，已用空间和可用空间如图所示，中间的圆饼标出了用户可用磁盘空间的比例，"工具"选项卡中包含查处这片整理备份三部分，如图 2-3-12（b）所示，用户可以利用他们对磁盘进行优化重组。

（2）查看文件

资源管理器窗口的工具栏中的查看菜单可按显示方式和排序方式改查看工作区的文件或文件夹。

（3）选取多个对象

在业务操作时有时需要对多个对象执行相应操作，如果能同时选取多个文件或文件夹，然后再进行操作将会大大减少用户操作时间。同时选取多个对象的方法有如表 2-3-2 列出的四种。

表 2-3-2　选取对象与操作

序号	选取对象范围	操作
1	连续选取多个对象	可以单击需要选举第一个对象，再按住 Shift 键，然后单击要选取的最后一个对象
2	选取的对象不连续	可以按住 Ctrl 键，然后依次单击要选取的对象
3	选取的对象在一个矩形区域内	那么在选取第一个对象的左上方按下鼠标左键之后，鼠标在拖动过程中会出现一个虚框盖住要选择的对象，当该虚框盖住了所有要选择的对象，松开鼠标左键
4	选中当前文件夹下的所有对象	选择"编辑"菜单中的"全选"命令，或按 Ctrl 键+A 组合键

2.3.3　文件和文件夹的基本操作

文件和文件夹的基本操作，包括对文件或文件夹选择、复制、移动、删除、重命名、搜索操作以及查看文件内容和属性的操作，下面利用资源管理器来完成这个操作。

1．选择文件或文件夹

在 Windows 7 中，无论打开软件运行程序、删除文件还是复制文件，用户都需要先选定对象然后才能进行相应操作，选择文件或文件夹的操作步骤如下：

1）运行 Windows 7 资源管理器。

2）在导航窗格中单击包含选择对象的文件夹，资源管理器右边的工作区会显示选中文件夹的内容，如图 2-3-13 所示。

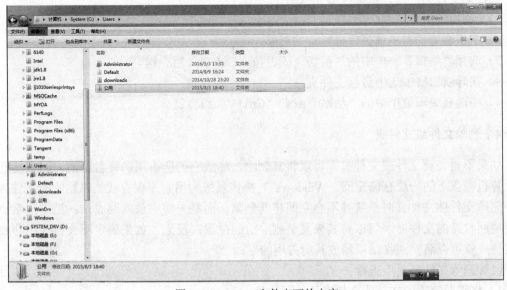

图 2-3-13　User 文件夹下的内容

3）如果选取的是单个文件，按"End"键可选定当前文件夹末尾的文件或文件夹，按"Home"键可选定当前文件夹开头的文件或文件夹，按字母键可选定第一个以该字母为文件名或文件夹名首字母的文件或文件夹。

2．复制文件夹或文件

复制文件或文件夹是用户经常进行的操作，复制方法有多种，可以通过鼠标拖放来进行复制，也可以通过菜单和工具栏进行复制。

（1）利用鼠标拖放

1）运行资源管理器在导航窗格中展开文件要复制到的文件夹，又称为目标文件夹。

2）在导航窗格中选中要复制对象所在的文件夹。

3）选择要复制的对象或按住"Ctrl"键的同时，按下鼠标左键并拖动鼠标，指向导航窗格中的目标文件夹，这时文件夹会反白显示表示已经被选中，松开鼠标左键完成操作。

（2）利用"编辑"菜单或快捷键

1）在资源管理器中选择需要复制的对象。

2）选择"编辑"菜单中的"复制"命令或者按"Ctrl+C"组合键。

3）在导航窗格中选中目标文件夹。

4）选择"编辑"菜单中的"粘贴"命令或者按"Ctrl+V"组合键，执行粘贴操作后即可完成。

3．移动文件或文件夹

移动文件或文件夹是指首先要在资源管理器中选中需要移动的文件或文件夹，再在执行移动操作，移动文件和文件夹的方法，有以下几种：

（1）利用鼠标拖放

1）在资源管理器中选中需要移动的对象。

2）在导航窗格中选择目标文件夹，即要移动到的位置。

3）在按住"Shift"键的同时，再选中的对象上按下鼠标左键，并拖动鼠标指向导航窗格中的目标文件夹，松开鼠标左键完成操作。

（2）利用编辑菜单和快捷键

1）在资源管理器中选择需要移动的对象。

2）选择"编辑"菜单中的"剪切"或者按"Ctrl+X"组合键。

3）在导航窗格中选中目标文件夹。

4）在选择编辑菜单中的"粘贴"或者"Ctrl+V"组合键。

4．删除文件或文件夹

如果不再需要文件或文件夹，可以将其删除，释放它们所占用的硬盘空间。回收站其实是计算机硬盘上的一块存储空间，Windows 7 操作系统利用它来保存被临时删除的文件。当用户删除文件或文件夹时系统并不会立即将其删除，而是先将它放入回收站；当用户希望再次使用回收站的文件时，可以将其恢复至删除前的位置；反之，如果确定不会再使用回收站的文件，就可以清空回收站以释放其所占用的空间。

（1）删除文件分两步进行

1）将需要删除的文件或文件夹放入回收站。

2）在回收站里彻底清除。

（2）在执行删除操作的方法

1）在选中的文件或文件夹上右击，在弹出的快捷菜单中选择"删除"。

2）按"Delete"键。

3）直接拖动选中的对象到回收站。

4）打开资源管理器中的"文件"菜单→选择"删除"。

执行上述操作后，将提示"确定要把文件或文件夹放入回收站吗？"，单击"是"按钮将选中对象移入回收站。按上述方法删除网络文件或 U 盘上的文件时，不会将其放入回收站，而是直接删除；如果在选择"删除"命令时，按"Shift"键，则文件或文件夹会直接彻底被删除，不会放入回收站。

5．重命名文件或文件夹

用户能够方便地改变文件或文件夹的名称的方法为：右击需要更改名称的文件或文件夹，在弹出的快捷菜单中选择"重命名"，在文件名位置输入新的文件名。

无论移动、删除还是重命名都需要在文件没有使用的情况下进行。例如 Word 正在编辑的文档文件，就不能进行移动、删除或重命名操作。

6．文件搜索操作

Windows 7 操作系统文件搜索方法如下：

1）利用"开始"菜单中的搜索框输入查找关键词后，将在计算机中存储的已经建立索引的文件、文件夹或程序中进行搜索，在搜索框上显示搜索结果。

2）利用资源管理器顶部的搜索框，如果已经知道要查找的文件在某个特定的文件夹中，就可以使用资源管理器窗口顶部的搜索框。

在搜索框中输入关键字，Windows 7 操作系统会根据输入的关键字动态筛选，匹配出的每个关键字越完整，符合条件的文件或文件夹也越少，直到看到需要的文件或文件夹后即可停止搜索，如图 2-3-14 所示。

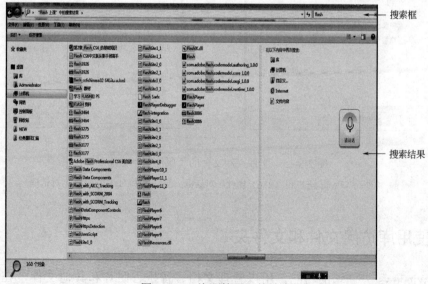

图 2-3-14　资源管理器的搜索

7. 查看文件或文件夹属性

无论文件还是文件夹，都有各自属性。属性包括类型、位置、大小、名称、创建时间、只读、隐藏、存档、系统属性等，这些属性对文件和文件夹的管理十分重要。

（1）查看文件夹的属性

1）在资源管理器中右击要查看属性的文件夹。

2）在弹出的快捷菜单中选择"属性"命令，打开文件夹的"属性"对话框，如图 2-3-15（a）所示为文件夹"Program File（x86）"的"属性"对话框。

文件夹属性中，有些是可以设定的，设定的属性有以下几种：

只读属性：具有该属性的文件夹或者文件，不能读取。

隐藏属性：将文件隐藏起来，除非知道文件夹的名称；否则，无法看到和使用它。

存档属性：用来控制哪些文件应该备份。

（2）查看文件的属性

1）在资源管理器中右击要查看属性的文件。

2）在弹出的快捷菜单中选择"属性"命令，打开"文件属性"对话框，如图 2-3-15（b）所示为文件"DTLite.exe"的"属性"对话框。看到除了具有与文件夹一样的属性之外，文件属性还有修改时间和访问时间信息等。

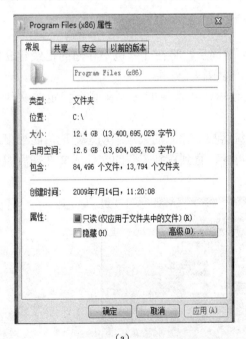
（a）

（b）

图 2-3-15　文件夹和文件的"属性"对话框

（a）文件夹"Program File；（x86）属性"对话框；（b）文件"DTlite 属性"对话框

2.3.4　使用库访问文件和文件夹

库是 Windows 7 新增的功能，用以管理文档、音乐、图片和其他文件，在有些方面类似文件夹。例如打开库时将看到一个或多个文件；但它与文件夹又不同，可以收集存储在多个位置上的文件，监视包含项目的文件夹，允许用户以不同方式排列这些项目。如果在硬盘和外部驱动器上的文件夹中有音乐文件，就可以使用音乐库同时访问所有的音乐文件。

1．库中支持的位置类型

库中可以包含来自很多不同位置的文件夹，但不能包含计算机上的其他项目（如保存、搜索和搜索连接器）和可移动媒体（如 CD 或 DVD）中的文件夹。

2．创建和更改库

Windows 7 有文档、音乐、图片和视频四个默认库，用户可以自己新建库。

修改现有库主要包括以下内容：

1）包含或删除文件夹：库包含的文件夹或库位置中的内容，一个库包含的文件夹最多五十个。

2）更改默认保存位置：默认保存位置确定将项目复制、移动或保存到库的存储位置。

3）更改优化库所针对的文件类型，可以针对特定文件类型优化哪个库。

3．删除库或库中项目

删除库时，将库移入回收站。若库访问的文件或文件夹存于其他位置，则不会被删除，若希望恢复删除的默认库，通过在导航窗格中将其还原为原始状态。方法如下：右击库，在快捷菜单中选择命令"还原默认库"。从库中删除文件或文件夹会同时删除包含该项目的文件夹，从库中删除文件时会同时删除该文件夹中的项目（但并未从存储位置删除该对象）

但若将文件夹先包含到库中，接着从原始位置删除该文件夹，以后就无法再在库中访问该文件夹。

2.4　控　制　面　板

控制面板是一个虚拟文件夹，其中放置 Windows 7 操作系统程序。利用这些程序用户可以完成对系统中硬件和软件的安装配置，设置自己的 Windows 7 操作系统，直接按照自己的喜好方式来运行、管理计算机。

2.4.1　打开控制面板

1）单击"开始"按钮，在打开的"开始"菜单中选择右侧的"控制面板"命令。

2）打开 Windows 资源管理器，在菜单栏上选择"打开控制面板"命令。控制面板打开后如图 2-4-1 所示。

图 2-4-1 控制面板窗口

2.4.2 使用控制面板

控制面板的类别查看方式是将控制面板中的程序按功能划分为不同类别，即在每个类别下执行相关的任务。本节通过这种查看方式详细介绍如何使用控制面板来完成系统的配置。

1．系统和安全

系统安全涉及系统的安全配置如图 2-4-2 所示。

图 2-4-2 系统和安全类别

系统和安全包括以下几种任务：

（1）操作中心

操作中心可以帮助用户查看当前计算机的防火墙设置，用杀毒软件及系统文件夹备份的状态，检查计算机存在的程序问题，并尝试解决所发现的问题。

（2）Windows 防火墙

利用 Windows 防火墙，用户可以设置不同网络位置中防火墙的打开与关闭，设置允许通过防火墙的程序，或者对防火墙进行更高级的配置，通过还原默认设置命令可以将防火墙的设置恢复到最初的位置。

（3）系统

系统部分中包含了一个重要的管理计算机硬件资源的工具——设备管理器，如图 2-4-3 所示，在设备管理器中可以查看到所有的硬件资源信息，并显示该硬件资源是否正确驱动、正确工作，右击某一硬件后会出现快捷菜单，可以更新该硬件的驱动程序、卸载硬件和检测硬件改动。

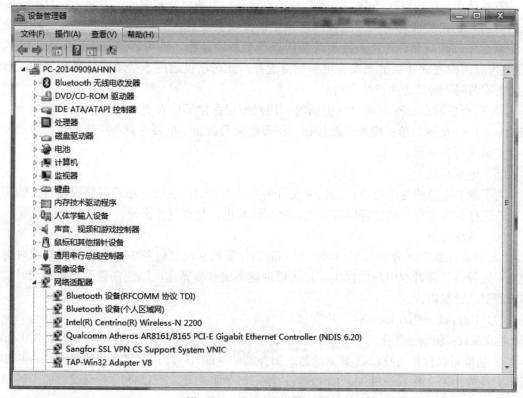

图 2-4-3 "设备管理器"窗口

如果计算机中有不能正常工作的硬件设备则可能需要更新驱动程序，有三种更新驱动程序的方法：

1）使用系统和安全部分中的 Windows Update，根据需要下载 Windows Update，并安装推荐的更新。

2）安装来自设备制造商的软件，例如设备附带的光盘可能包含用于安装设备驱动程序的软件。

3）自行下载并更新驱动程序，可以从制造商官网，网站上下载驱动程序，如果从

Windows Update 中找不到该设备的驱动程序，且设备未附带驱动程序的软件，则可执行此操作。

除此之外系统部分还显示了当前计算机中安装的操作系统的名称及版本号，列出了计算机的处理器与内存的相关信息，给出的计算机名及所处的域或工作组，允许用户对远程访问进行配置。

（4）Windows Update

只用来开启关闭操作系统的自动更新操作，用户还可以查看更新历史以及在更新失败后，还原操作系统。任何软件都可能有漏洞，包括 Windows 7 操作系统，在 Windows 10 操作系统发布后，微软公司还会对其进行后期的维护，在网上发布对其漏洞进行修复的程序，更新硬件驱动程序进行软件升级，用户需要开启 Windows 安装的功能才能完成相应的修复与更新。

1）设置更新：在 Windows Update 窗口下单击"更改设置"按钮，在"更改设置"窗口中单击"重要更新"下拉菜单，在其弹出的下拉菜单中进行选择设置。

若要设置，自动更新日期，只需要设置安装新的更新日期和时间，若要为计算机安装推荐的更新，则在"推荐更新"选项区选中"以接收重要更新的相同方式为我提供推荐的更新"复选框；若要允许任何人使用计算机进行更新，则在"谁可以安装更新"选项区选中"允许所有用户在此计算机上安装更新"复选框，此选项仅适用于手动安装更新软件，自动更新在安装时不会考虑用户的身份。

2）检查更新：没有启动自动更新时，用户应确保定期检查更新情况，操作方法为，在 Windows Update 窗口单击检查更新按钮，检查结束后会显示重要更新和可选更新，用户可选中要安装的重要更新。

（5）电源选项

为了延长电源的使用寿命，提供了设置电源使用计划的功能，用户可以根据自身的实际情况，进行相应设置，如设置屏幕亮度，唤醒计算机，是否需要密码，制定电源计划等。

（6）备份还原

"备份和还原"部分中，用户可以对当前的计算机系统进行备份，在计算机崩溃时对系统进行还原，尽量减少用户的损失，还可以创建系统修复光盘，以便在遇到严重错误时，能够重新启动计算机。

（7）BitLocker 驱动器加密

BitLocker 驱动器加密可以阻止对固定驱动器中所有文件的未授权访问，使用 BitLocker To Go 功能可以保护可移动数据驱动器（如外部硬盘或 U 盘）上存储的所有文件，与加密单个文件的加密文件系统不同，BitLocker 加密整个驱动器，可以使用密码或智能卡解锁加密的驱动器，或者设置驱动器在登录计算机时自动解锁。

（8）管理工具

管理工具部分主要完成磁盘驱动器的管理，有创建磁盘分区、格式化磁盘、清理空间、碎片整理和查看日志等操作。

2．网络和 Internet

通过网络和 Internet 功能用户可以查看网络连接设置宽带连接和无线连接，从而享用计算机上网的功能。

在"控制面板"窗口中单击"网络和 Internet"按钮,在打开的窗口中单击"网络和共享中心"按钮,打开如图 2-4-4 所示的"网络和共享中心"窗口。

 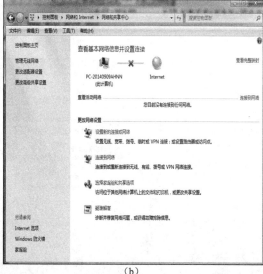

（a）　　　　　　　　　　　　　　　　　　（b）

图 2-4-4　网络和 Internet

（a）单击"网络和 Internet"按钮后的窗口；（b）"网络和共享中心"窗口

1）查看当前网络连接：单击左上方的"更改适配器设置"按钮会显示计算机系统中当前可用的网络连接，如图 2-4-5 所示。

图 2-4-5　当前可用的网络连接

2）创建新的网络连接：单击"设置新的连接或网络"按钮，打开如图 2-4-6 所示的"设置连接或网络"窗口。

选择"连接到 Internet"选项，单击"下一步"按钮，可以设置宽带连接。如果计算机已经设置了网络连接，则会提示用户选择是创建新连接还是使用已有连接，这里选择"仍要设置新连接"，如图 2-4-7 所示为可以创建新的网络连接的种类。

3）创建无线连接：在任务栏的任务通知区，单击"搜索到的无线连接"按步骤输入密码，即可通过此无线连接上网。

4）创建宽带连接：在图 2-4-7 中选择宽带命令，按提示输入 Internet 服务商提供的用户名和密码后，即可创建宽带连接。

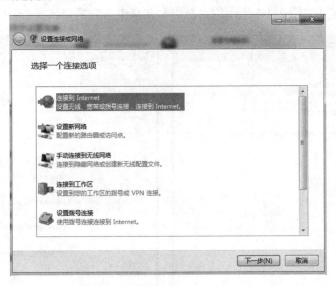

图 2-4-6 "设置连接或网络"窗口

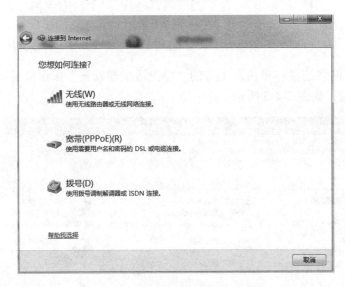

图 2-4-7 可创建的网络连接的种类

3．硬件和声音

硬件和声音部分包含了与设置常用的外围硬件，如打印机、显示器和电源等相关的程序，具体内容如图 2-4-8 所示。

1）设备和打印机：用户可以查看当前计算机中已安装的打印机，设置默认打印机，添加打印机、新的网络设备。具体的操作方法是，在硬件和声音窗口中、单击设备和打印机按钮打开设备和打印机窗口，如图 2-4-9 所示。

在图 2-4-9 的窗口工作区列出一台打印机，其中图标下带"√"的打印机是默认打印机，当用户选择打印功能时，默认打印机会执行打印操作。在窗口的菜单栏左下侧有"添加设备"和"添加打印机"两个命令。添加设备是为了检测新的设备被添加到计算机系统，添加打印机是为了正常完成文档的打印功能,当计算机连接打印机发生改变时,应为计算机添加新的本地打印机或网络打印机。

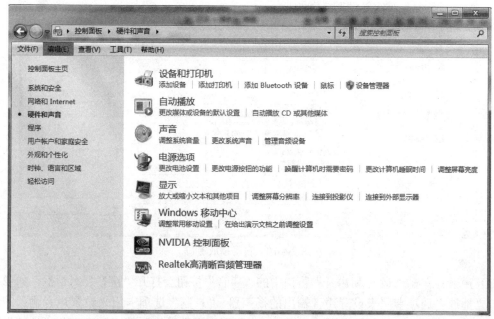

图 2-4-8 "硬件和声音"窗口

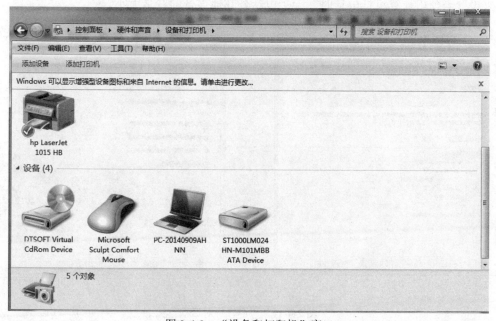

图 2-4-9 "设备和打印机"窗口

2）自动播放：当插入媒体或设备时，"自动播放"窗口用来设置媒体文件的后续动作，如图 2-4-10 所示，在每种媒体种类的旁边都有一个下拉列表框，其中有四个选项，第一个指定播放该媒体文件时播放器，第二个指定用 Windows 资源管理器来打开媒体文件，第三个设置为不自动打开，第四个是指插入媒体后打开一个对话框，让用户进行选择。

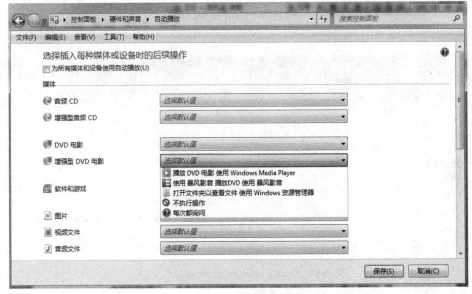

图 2-4-10　自动播放窗口

3）声音：单击"硬件和声音"窗口中的"声音"按钮会打开"声音"对话框，如 2-4-11 所示，"播放"选项卡用来设置声音输出的扬声器，"录制"选项卡用来设置声音输入的麦克风，"声音"选项卡用于配置和更改 Windows 和程序事件发生时的"声音"和"通信"选项卡用来设置当使用计算机打电话时，除了电话外其他声音的音量大小。

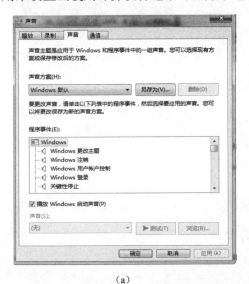
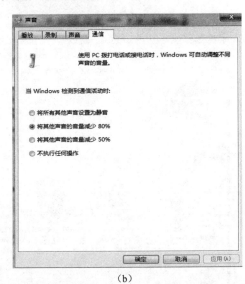

（a）　　　　　　　　　　　　　　　　　（b）

图 2-4-11　"声音"对话框

（a）"声音"选项卡；（b）"通信"选项卡

4）电源选项和显示：为了延长电源使用寿命，Windows 7 为用户提供了设置电源使用计划的功能，用户可以根据自身的实际应用情况，进行相应设置，如显示屏的亮度、唤醒计算机时是否需要密码、制定电源计划等。"显示"内容将在后续的"外观和个性化"部分学习。

4．程序

当用户希望查看安装信息写入注册表的程序或者卸载不再使用的程序时，选择"程序"选项会打开"程序"窗口，如图 2-4-12 所示。

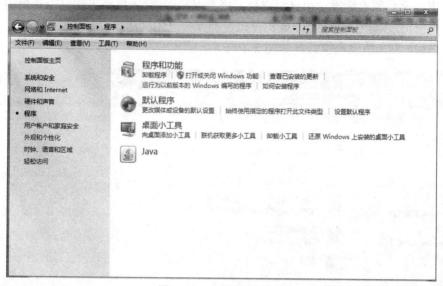

图 2-4-12　"程序"窗口

1）程序和功能：程序和功能部分用来帮助用户管理安装到计算机的软件，如对软件的卸载、更改或修复，如图 2-4-13 所示，该窗口中的工作区显示的是系统当前安装的软件，用户可以选定程序后，进行相应操作。

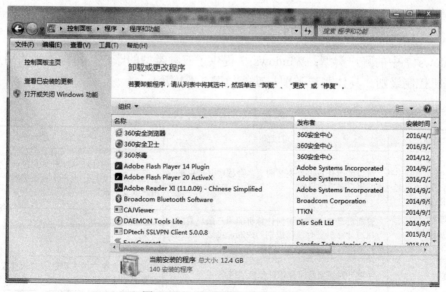

图 2-4-13　"程序和功能"窗口

2）默认程序：默认程序是指当用户打开软件时决定用哪类软件来打开该文件，一般文件的扩展名与该文件打开方式相关联，如.doc 和.docx 的文件由 Word 打开，通过设置新的默认程序可以改变打开该类文件的软件，但如果指定的软件不正确则不能正确打开该文件。

5. 用户账户和家庭安全

用户账户规定的 Windows 7 用户可以访问哪些文件和文件夹，可以对计算机进行哪些更改以及该用户账户的首选项（如桌面背景、屏幕保护程序）。每个人都可以使用用户名和密码访问各自的用户账户，通过用户账户可以在拥有自己的文件和设置情况下与多个人共用计算机，用户账户和家庭安全窗口，如图 2-4-14 所示。

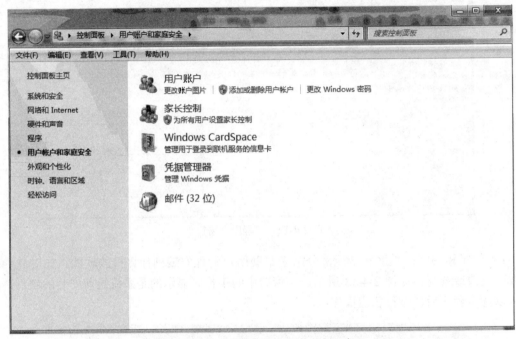

图 2-4-14 "用户账户和家庭安全"窗口

Windows 7 中的账户类型：Windows 7 提供了三种类型的账户，每种类型为用户提供不同的计算机控制级别。具体账户类别与功能如表 2-4-1 所示。

表 2-4-1 三种账户类型

账户类别	可以的	不可以的
标准用户账户 可能提示先提供管理员密码，然后才能执行某些任务	可以使用计算机上安装的大多数程序并可以更改影响用户账户的设置	无法安装或卸载某些软件和硬件，删除计算机工作所需的文件，也无法更改影响计算机的其他用户或安全设置
管理员账户	管理员是允许完全访问计算机的用户账户类型，可以对计算机进行最高级别的控制，可进行任何更改，建议只在必要时使用该账户	
来宾账户	主要针对需要临时使用计算机的用户	使用来宾账户的人无法安装软件或硬件，更改设置或创建密码

1) 创建用户账户：通过创建用户账户，多个用户可以共享同一台计算机，每个用户可以拥有自己的用户账户，该账户根据用户的喜好具有唯一的设置和收件箱，如桌面背景和屏幕保护程序。用户账户还可以控制用户访问的文件程序以及可以对计算机进行更改类型的操

作，单击"用户账户和家庭安全"窗口中的"用户账户"按钮，可以打开"用户账户"窗口，如图 2-4-15（a）图所示，再单击"管理其他账户"按钮，打开如图 2-4-15（b）图所示的"管理账户"窗口。需要注意的是，Windows 7 要求至少有一个管理员账户，如果计算机上只有一个账户则无法将其更改为标准账户。

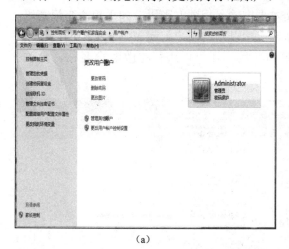
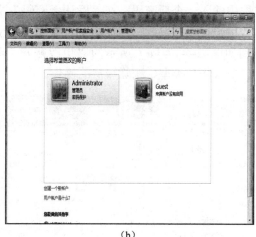

图 2-4-15　"账户"窗口
（a）"用户账户"窗口；（b）"管理账户"窗口

在"管理账户"窗口可以查看当前计算机中设置的所有用户账户还可以新建用户账户，单击"创建一个新账户"链接，"打开"创建新账户"窗口"，如图 2-4-16（a）所示，按提示输入要创建的用户账户的名称如"珊瑚"，然后单击"创建账户按钮"，计算机会显示创建账户之后的账户信息，如图 2-4-16（b）所示，用户单击账户图标可以切换到其他用户账户。

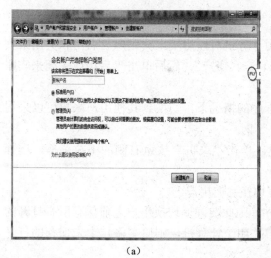
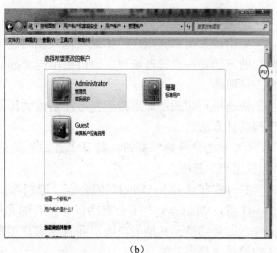

图 2-4-16　创建新账户"珊瑚"
（a）"创建新账户"窗口；（b）"管理账户"窗口

2）创建用户账户的密码：在 Windows 7 中密码包含字母数字符号和空格，并且区分大小写，为了确保用户文件安全用户应该创建密码，打开"用户账户"窗口，如果当前用户账户已经设有密码，那么可以单击"更改密码"命令来修改密码；如果当前用户账户是管理员则可以为所有用户账户创建密码。

下面新建的珊瑚用户账户创建密码，在用户账户窗口中单击"管理其他账户"或者在图 2-4-17（a）所示的窗口中单击"珊瑚账户"，打开"更改账户"窗口，再单击"创建密码"按钮打开如图 2-4-17（b）所示的"创建密码"窗口，按窗口提示信息在"新密码"文本框中输入一个新密码，在"确认新密码"文本框中输入相同的密码。如果担心忘记密码，那么用户可以在输入密码提示文本框中设定密码提示以帮助用户记起密码。密码创建结束后回到如图 2-4-17（a）所示的"更改账户"窗口，用户还可以进行更改账户名称、更改图片、更改账户类型、删除账户的操作。

（a）　　　　　　　　　　　　　　　（b）

图 2-4-17　设置账户的密码

（a）"更改账户"窗口；（b）"创建密码"窗口

启用或关闭来宾账户：如果有他人临时使用计算机可以启用来宾账户。启用和关闭来宾账户的方法是在"管理账户"窗口中单击"guest 来宾账户"，然后单击"启用或关闭来宾账户"按钮。

快速用户切换：如果希望在不注销或关闭程序的情况下，切换到其他用户账户可以采用下列两种方法之一：

1）单击"开始"按钮，打开"开始"菜单，单击"关机"按钮右侧的下拉菜单，选择"切换用户"选项。

2）按"Ctrl+Alt+Deltel"组合键，选择希望切换到的用户。

注意：Windows 7 不会自动保存打开的文件，因此要确保切换用户之前保存所有打开的文件，如果切换到其他用户账户并且该账户用户关闭了计算机，则原来账户上未保存的打开文件的修改都将丢失。

6．外观和个性化

如果用户希望自己的 Windows 系统体现自己的个性，可以利用"外观和个性化"设置完成。"外观和个性化"窗口如图 2-4-18 所示。

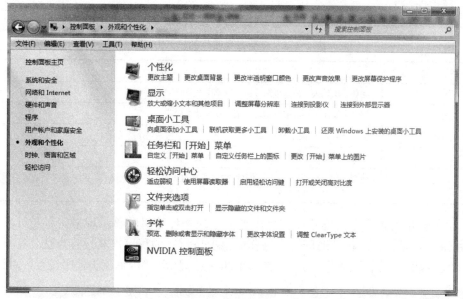

图 2-4-18 "外观和个性化"窗口

(1) 个性化

计算机系统运行时,独特的视觉效果和声音效果能彰显用户个性化。个性化设置包括设置桌面背景、设置屏幕保护程序、改变桌面图标、修改鼠标指针、重设账户照片和更换桌面主题来设置任务栏和"开始"菜单等。

1) 设置桌面背景:桌面背景也称为壁纸,可以是个人收集的图片、Windows 提供的图片、纯色或带有颜色框架的图片。可以选择一幅图片作为桌面背景,或者显示幻灯片中的图片。设置桌面显示,单击如图 2-4-19(a)所示窗口底部的桌面背景链接打开"桌面背景"窗口,如图 2-4-19(b)所示,接着从图片位置列表中选择背景图片;也可以通过单击"浏览"按钮,搜索计算机中的图片,找到所需图片后,双击该图片,它将成为桌面背景。

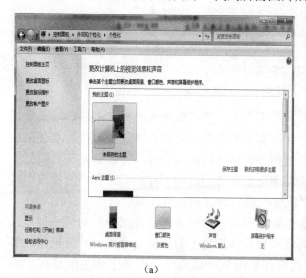
(a)

(b)

图 2-4-19 "个性化"窗口
(a)"个性化"窗口;(b)"桌面背景"窗口

桌面背景图片的显示方式有表 2-4-2 所示的五种。

表 2-4-2　桌面背景图片的显示方式

桌面背景图片的显示方式	含义
居中	将单个原始大小的壁纸图片至于屏幕中心位置
平铺	用多个原始大小的壁纸图片平铺，摆满整个屏幕
拉伸	将单个原始大小的壁纸图片横向和纵向拉伸以排满整个屏幕
填充	将图片按比例不变的方式拉伸拉的布满整个屏幕
适应	将图片按比例不变的拉伸使其纵向和横向有一方达到这种效果，横向尺寸，这时会因为图片没有铺满屏幕，屏幕有黑色的边框

2）设置屏幕保护程序：屏幕保护程序是为了保护计算机的显示屏幕，延长计算机显示器的使用寿命，是在计算机长时间没有操作的情况下启动的程序，其设置方法为：单击窗口底部的，"屏幕保护程序"按钮，打开如图 2-4-20（a）所示，"屏幕保护程序设置"对话框。

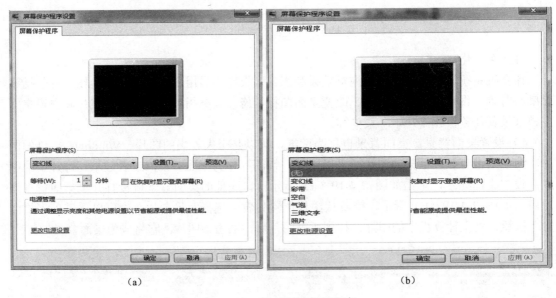

图 2-4-20　设置屏幕保护程序
（a）"屏幕保护程序设置"对话框；（b）设置屏幕保护程序

在没有设置屏幕保护程序之前，屏幕保护程序为无，显示器形状的窗口中仅显示桌面背景，同时"设置"和"预览"按钮不可用，在屏幕保护程序下拉列表中选择一个想要使用的屏幕保护程序，如变换线，再单击"等待"按钮来设定等待时间。等待时间是指计算机系统的用户没有进行任何操作后，启动屏幕保护程序需要等待的时间。在显示进行中的窗口中就会显示出这个屏幕保护程序的外貌，单击"确定"按钮即可完成屏幕保护程序的设置。

执行上述操作后，当用户停止操作到达指定的等待时间时操作系统就会自动启动屏幕保护程序，在运行屏幕保护程序的时候，只需移动鼠标或键盘上的任何一个键，计算机都能够立刻关闭屏幕保护程序，进入工作状态。同时如果用户希望选择三维文字作为屏幕保护程序。还可以单击"设置"按钮具体设置对应屏幕保护程序的细节。

如果想要使用个人图片作为屏幕保护程序，则在图 2-4-20（b）所示的屏幕保护程序下拉列表中选择"照片"，单击"设置"按钮而指定包含图片的文件夹再定义图片大小以及其他选项。有时候用户希望启动屏幕保护程序后,只有自己才能使计算机回到工作状态,这时就需要选中"在恢复时显示登录屏幕"复选框,当指定屏幕保护程序开始运行后,要恢复使用计算机就会显示登录窗口,需要输入用户账户密码,才能令计算机恢复工作。

(2)改变桌面图标

桌面图标有两种:系统图标和用户自定义图标。系统图标可以快速启动新程序,用户不能创建只能添加或隐藏,用户自定义图标是指用户自己在桌面上创建图标。

1)添加系统图标:单击如图 2-4-19(a)所示的"个性化"窗口左上侧的"更改桌面图标"按钮,打开"桌面图标设置"对话框,如图 2-4-21(a)所示,在"桌面图标"选项组中选中要在桌面显示的图标复选框,清除不想显示图标复选框,然后单击"确定"按钮。

 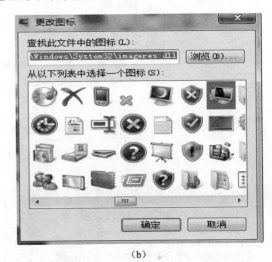

(a)   (b)

图 2-4-21 图标设置

(a)"桌面图标设置"对话框;(b)"更改图标"对话框

2)更改系统图标:不同类型的文件对应不同的图标许多应用程序还提供了自己独特的图标,用户可对这些图标进行改变,例如要改变回收站(满)图标,因执行如下操作:

在如图 2-4-21(a)所示的"桌面图标设置"的对话框中,先选择要更改图标的项目回收站(满),再单击"更改图标"按钮,打开"更改图标"对话框,如图 2-4-21(b)图所示,最后在列出的图标中选择用户想要的图标后,单击"确定"按钮,如果对修改后的图标不满意,想恢复之前的图标那么只需要在图所示的"桌面图标设置"对话框中选中该项目后,单击"还原默认值"按钮即可。

(3)改变鼠标指针和图片

鼠标在操作中使用频率很高,因此非常有必要设置鼠标使用的方式,使其操作满足用户的使用习惯。要进行鼠标的设置,在图 2-4-19(a)所示的"个性化"窗口中,单击左上侧的"更改鼠标指针"命令,打开如图 2-4-22 所示的"鼠标属性"对话框,对其中各选项卡说明如下:

1)鼠标键选项卡如图 2-4-23(a)所示:在"双击速度"选项区可设置用户适应的鼠标双击速度,可以在右侧的文件夹图标处检测当前的双击速度是否合适,在"单击锁定"选项区域设定"启用单击锁定",若启用则不按鼠标左键即可拖动对象。

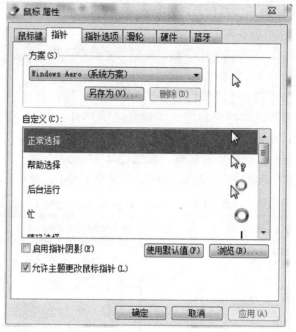

图 2-4-22 "鼠标属性"对话框

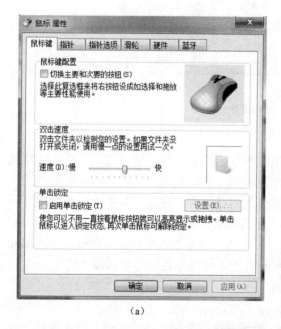
（a）

（b）

图 2-4-23 鼠标选项卡
（a）"鼠标键"选项卡；（b）"指针选项"选项卡

2）"指针"选项卡如图 2-4-22 所示，每个特殊事件都可以有不同的鼠标指针来代表并且这些类型也可以通过设置来调整。改变鼠标指针的方法有两种，第一种方法是单击方案下拉菜单的下拉按钮，从中选择一种现成方案；第二种方法是用户自定义个性化的鼠标指针，单击"自定义"列表框中的某项事件，然后单击"浏览"按钮，在弹出的浏览对话框中进行选择，最后单击"确定"按钮使设置生效。

3)"指针选项"选项卡:可设置鼠标指针的一些特殊型方式,调整鼠标移动速度,设置鼠标指针的显示轨迹等,如图 2-4-23(b)所示。

(4)更改桌面主题

主题是计算机中的图片窗口颜色声音方案和屏幕保护程序的主题,某些主题也可能包括桌面、图标和鼠标指针,为用户提供了一系列桌面主题。其中 Aero 主题是计算机更具个性化,但占用内存多。如果希望桌面主题不影响计算机的运行速度,则可以选择 Windows 7 基本主题,如果希望屏幕更易于查看,则可以选择对比度高的主题。在个性化窗口中单击主题图标,就可以使选中的主题立即生效,配套改变桌面的显示方案。Aero 主题是 Windows 7 配置的有高级视觉体验的主题,在透明的玻璃图案中带有精致的窗口动画,还有全新的"开始"菜单:任务栏和窗口边框颜色。

(5)显示

显示部分的程序功能包括:显示器分辨率、文本大小、连接到投影仪等方面的设置,如图 2-4-24(a)所示。

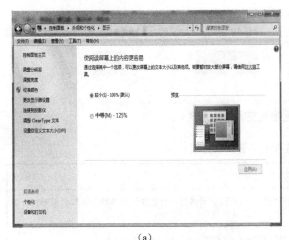
(a)

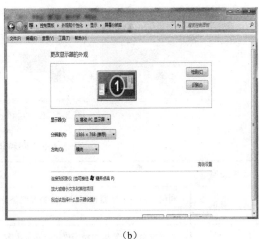
(b)

图 2-4-24　显示部分

(a)"显示"窗口;(b)"屏幕分辨率"窗口

1)更改显示器分辨率:屏幕分辨率是指屏幕上显示的像素个数,表示为横向像素个数 x 纵向像素,分辨率越高项目越清晰,同时屏幕上的项目越小,因此屏幕上可以容纳更多的项目。反之,分辨率越低,项目的尺寸越大,屏幕上显示的项目越少。

更改显示器分辨率的方法:单击如图 2-4-24(a)所示的"显示"窗口中的左侧的"调整分辨率"按钮,打开如图 2-4-24(b)图所示的"屏幕分辨率"窗口。从分辨率下拉列表中选择所需分辨率,然后单击"应用"按钮并保存更改,如果将显示器设置为不支持的分辨率那么该屏幕在几秒钟内将变为黑色显示器将还原为原始分辨率。

2)更改字体大小:Windows 7 提供了预设的几种选择,以原始大小为基础,按比例使屏幕上的文本图标,其他项目放大显示,用户还可以单击左侧下方的"设置自定义文本大小(DPI)"命令,打开如图 2-4-25 所示的是"设置自定义文本大小(DPI)"对话框,自定义每英寸的像素点数。

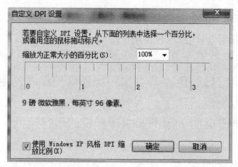

图 2-4-25 "设置自定义文本大小（DPI）"对话框

3）连接到投影仪：当用户希望多个人一起观看计算机的资源时，需要将该计算机连接到投影仪，通过投影仪来显示计算机中的资源。Windows 7 提供四种计算机连接到投影仪的方案，单机"显示"窗口左侧的"连接到投影仪"按钮，四种连接方案如图 2-4-26 和表 2-4-3 所示。

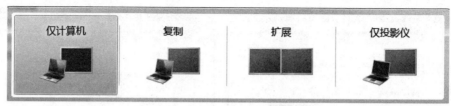

图 2-4-26 四种连接到投影仪的方案

表 2-4-3 四种连接到投影仪的方案

连接方案	含义
仅计算机	利用计算机显示器进行显示复制方案是计算机投影仪同时显示内容，投影显示的内容与计算机显示内容相同
复制	复制方案是计算机与投影仪同时显示内容，投影仪显示的内容与计算机显示内容相同
扩展	投影仪作为显示器扩展的一部分，使得显示器的显示区域变大，同一个显示器一起显示资源
仅投影仪	计算机显示器上黑屏不显示内容，只是在投影仪上显示内容

4）任务栏和"开始"菜单：任务栏和"开始"菜单是操作计算机经常用到的，根据用户个人需要对任务栏里"开始"菜单进行个性化设置，可以从很大程度上方便用户的使用，要进行任务，然后在"开始"菜单的"个性化"设置需要打开"外观和个性化"窗口，选择"任务栏和'开始'菜单"选项打开如图 2-4-27 所示的"任务栏和'开始'菜单属性"对话框。

"任务栏"选项卡任务栏设置可以通过"任务栏"选项卡来完成的，主要有如下设置：

锁定任务栏：任务栏锁定时，任务栏不能改变位置布局，但是用户可以将其移动到屏幕的四边。

自动隐藏任务栏：将任务栏自动隐藏时，当用户将鼠标指针移动到任务栏隐藏的位置时，右栏才会显示出来，有利于节省屏幕空间。

将任务栏保持在其他窗口的前端：使任务栏不会被其他显示窗口遮挡，永远显示在最前端。

始终合并、隐藏标签：在任务栏的同一区域进行相同程序打开的不同文件，该选项可以减少显示按钮。

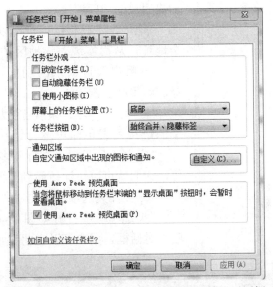

图 2-4-27　"任务栏和『开始』菜单属性"对话框

自定义通知区域：增加或删除将任务栏中显示图标设置某一项目的通知行为。

5）"'开始'菜单"选项卡：要设置"开始"菜单需要先单击"'开始'菜单"选项卡中的"自定义"按钮，打开如图 2-4-28（a）图所示的"自定义'开始'菜单"对话框，如图 2-4-28（b）所示，这个对话框的列表框中又不可以设置图片的大小，"开始"菜单上的菜单程序数目和在"开始"菜单上显示的 Internet 浏览器和电子邮件程序，还可以自定义"开始"菜单中的显示效果菜单项或清除最近新的文档。

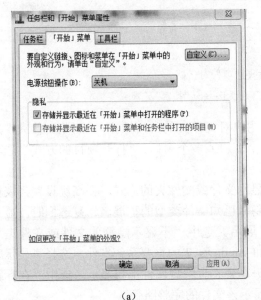
（a）

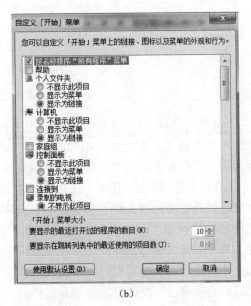
（b）

图 2-4-28　"自定义『开始』"菜单

（a）"『开始』菜单"选项卡；（b）"自定义『开始』'"菜单

6)"工具栏"选项卡：在"工具栏"选项卡中用户可以直接选择如图 2-4-29 所示的"工具栏"选项卡中的复选框，将工具栏添加到任务栏以加快用户的访问速度。

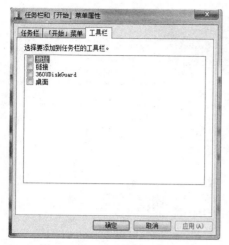

"地址"工具栏：用户可以在这一列表框中输入一个地址，从而实现对该地区的快速访问，该工具栏具有记录用户最近请求的功能，因此可以从中进行选择，而不必再次输入。

"链接工"具栏：显示已经为 Internet Explorer 未定义的链接列表单即可运行链接的网页。

"桌面工"具栏：在打开多个窗口时，不需要最小化，它们就可以快速访问到桌面上的资源。

7）文件夹选项：单击"外观和个性化"窗口中的"文件夹选项"会打开如图 2-4-30 所示的"文件夹选项"对话框，用户可以在此设置对文件夹进行操作。

图 2-4-29　"工具栏"选项卡

(a)

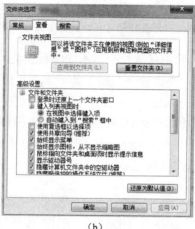
(b)

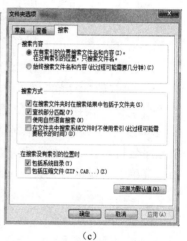
(c)

图 2-4-30　"文件夹选项"对话框
（a)"常规"选项卡；(b)"查看"选项卡；(c)"搜索"选项卡

"常规"选项卡："常规"选项卡用来设置用户对文件夹的常规操作，"浏览文件夹"选项区域用于指定是否为多个不同的文件打开一个窗口或多个窗口，"打开项目的方式"选项区为指定用户单击还是双击打开文件或文件夹。

"查看"选项卡，"查看"选项卡用来设置显示文件或文件夹的方式，在高级设置列表框中又可以确定文件或文件夹是否显示。选中"隐藏已知文件类型的扩展名"复选框时，显示文件名时只保留文件主文件名，而不显示其扩展名。选中"不显示隐藏的文件或文件夹"时，具有隐藏属性的文件或文件夹将不可见；如 windows 7 的重要系统文件。选择"显示所有文件和文件夹"复选框时，不论文件或文件夹是否具有隐藏属性都将显示。选中"在标题栏显示完整路径"复选框，在查看文件时，会显示该文件的完整路径。

"搜索"选项卡：这是用来设置对文件或文件夹的搜索方式，"搜索内容"选项区域用来指定是从文件名还是从文件内容中搜索输入的关键字，搜索方式选项区域用于设置是否适合当前文件夹的子文件夹及搜索是精确还是模糊搜索。

(6)时钟、语言和区域

微软公司的 Windows 7 操作系统面向全世界出售,所以它支持不同国家、不同地区、不同时期的用户使用,又可以是计算机系统时间日期语言输入法键盘的,其他们以自己所在国家或地区时区相匹配。

在"控制面板"窗口中双击"时钟、语言区域",打开如图 2-4-31 所示的"时钟、语言和区域"窗口。单击"时钟、语言和区域"窗口中的"时间和日期",打开如图 2-4-32（a）所示的"日期和时间"对话框,接着单击"更改日期和时间"按钮,在弹出的如图 2-4-32（b）所示的"日期和时间设置"对话框中修改计算系统时间、日期,在"日期和时间"对话框中单击"更改时区"按钮,可以在打开的对话框中选择不同的时区。

1）修改日期：修改日期时,用户需要按年、月、日的顺序来进行。单击左右箭头中间的文字可以扩大日历表示的日期范围,最大可以扩大到世纪；单击箭头下的文字可以使日历力表示日期范围缩小,最小可以精确至某一天,如果日历显示的是当月日期,那么单击左箭头会减少一月,单击右箭头会增加一月；如果日历显示为当年所有月份,那么单击左箭头,减少一年,单击右箭头增加一年。

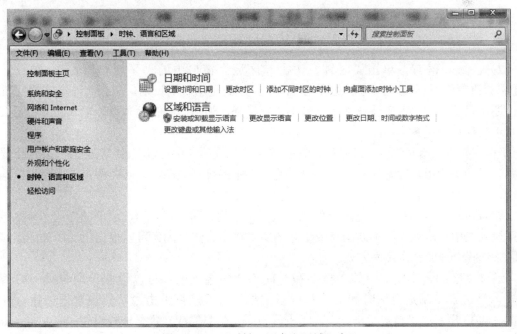

图 2-4-31 "时钟、语言和区域"窗口

修改时间：这个时间需要将小时、分钟和秒分开,先双击要修改的部分,然后单击箭头增加或减少该值。

用户可以使计算机的时间与 Internet 时间服务器同步,以较正本机时间,但要求计算机能连接到 Internet,具体方法为：打开"日期和时间"对话框,单击"Internet 时间"选项卡,然后单击"更改设置"按钮,选中"与 Internet 时间服务器同步"复选框,选择时间服务器后单击"确定"按钮。

图 2-4-32 "日期和时间"设置

(a)"日期和时间"对话框;(b)"日期和时间设置"对话框

2)区域和语言:单击"时钟、语言和区域"窗口中的"区域和语言",在打开的"区域和语言"对话框中,可以更改 Windows 7 的显示时间日期,货币带小数点数字的格式,还可以从多种输入语言和文字服务中进行选择,如不同的键盘布局,输入法编辑器及语音和手写体识别程序等。

"格式"选项卡和"管理"选项卡:在"格式"选项卡中可以更改 Windows 7 用于显示日期、时间、货币和度量的格式,也可以更改文本的排列顺序,以匹配特定国家或地区的排列规则。

Windows 7 在"格式"选项卡的"格式"下拉列表和"管理"选项卡的更改系统区域设置下拉列表中,均列出了不同国家或地区的文本排序方式,因为可以根据自己所处的国家或地区来选择合适的文本排序方式。

通过"格式"选项卡中的"日期和时间格式"选项区,可以设置日期与时间的长短格式,要进一步制定日期时间货币和度量的显示方式,可单击"其他设置"按钮,打开如图 2-4-33 所示的"自定义格式"对话框,按提示信息完成自定义格式设置。

"位置"选项卡:"位置"选项卡用来确定计算机所在的当前位置,以使用此位置提供的其他功能。设置方法为:单击当前位置下拉列表,在列表中选择合适的当前位置。

"键盘和语言"选项卡:"键盘和语言"选项卡可以完成输入法的键盘布局管理。

添加输入法,Windows 7 在安装时就预装了一些输入法,用户可以根据自己的需要安装或删除其他。输入法操作方法为先切换至"区域和语言"对话框中的"键盘和语言"选项卡,再单击"更改键盘"按钮打开"文本服务和输入语言"对话框如图 2-4-34 所示,接着单击"已安装的服务"选项区域中的"添加"按钮,打开"添加输入语言"对话框时,选择需要添加的输入方法,最后单击"确定"按钮即可添加该输入法。

切换输入法:不同的窗口可以使用不同的输入法,要切换输入法,可按"Ctrl+Space"

组合键，在英文和中文输入法之间进行切换，按"Shift+Ctrl"组合键可以一直在已安装的各种输入法之间进行切换。

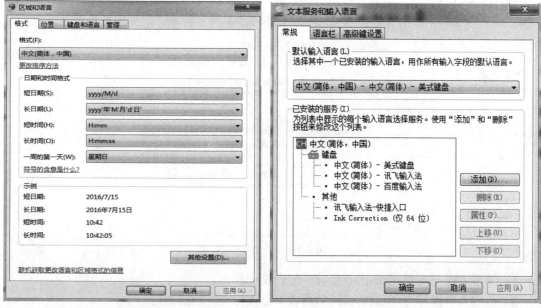

图 2-4-33　"自定义格式"对话框　　　　图 2-4-34　"文本服务和输入语言"对话框

删除输入法：单击"文本服务和输入语言"对话框中的"常规"选项卡，选择要删除的输入法，再次单击"删除"按钮即可删除。

2.5　Windows 7 常用程序的使用

Windows 7 为用户提供了多个功能丰富、实用的附件程序，包括计算器、记事本、写字板和截图工具等，本节将简要地介绍其中常用的三种附件工具和压缩工具的使用方法。

2.5.1　记事本

利用记事本可以创建没有格式的文档文件，其格式为 txt。

1．启动记事本

选择"开始→所有程序→附件→记事本"，即可启动记事本程序。

2．编辑和保存文档

在输入文档的过程中，输入结束后可以保存成文本文件，以便日后查看和修改。保存文件的方法如下：

选择"文件→保存"：第一次保存要选择存储的位置并给文件命名。

或者选择"文件→另存为"：每次保存要选择存储的位置和给文件命名，只有用户希望对当前文档的修改不覆盖以前的内容，存储位置时才会使用。

3．退出记事本

选择"文件→退出"或者直接单击标题栏的"关闭"按钮。关闭时如果当前记事本中的文档在编辑、修改后没有保存，那么将出现如图 2-5-1 所示的对话框提示是否保存。

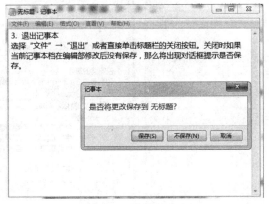

图 2-5-1　退出记事本

1）单击"保存"：与前面的"保存"的含义一样。
2）单击"不保存"：所编辑修改的内容不会被保存，然后退出。
3）单击"取消"：取消退出操作，返回到编辑状态。

2.5.2　画图

附件中的画图应用程序是一种绘图程序，用户利用它可以绘制编辑图片以及为图片着色，画图程序的图形编辑功能与专业的图形编辑软件相比功能相对简单，不能制作特殊效果的图片。

1．启动画图

选择"开始→所有程序→附件→画图"，即可启动如图 2-5-2 所示的画图应用程序。

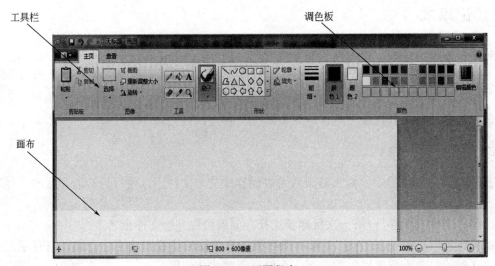

图 2-5-2　画图程序

2. 画图

使用画图应用程序中提供的绘图工具可以创建徒手画。作画步骤如下：
1）在调色板中选择一种颜色。
2）在工具组中选择作画的工具。
3）在粗细组中确定所画线条的宽度。
4）在形状组中，确定当前画的内容，如直线、曲线及其他各种形状的图形。
5）在画布区域作画。

如果画的是闭合形状图形，可以往里填充颜色，"颜色 1"是指图形边框，"颜色 2"是指填充颜色。

3. 添加文本

利用"文本工具"可以将文本添加到图片中。其方法为：单击工具处理的图标，然后单击要加入文本的位置，在出现的文本输入框中输入文本。

4. 擦除图片中的部分

如果图片有误时，用橡皮擦可以将其擦除，在默认情况下橡皮擦可以擦除画布中的任何区域的图形和文字。

5. 保存图画

单击"文件"菜单，在打开的菜单中选择"保存"或"另存为"命令来保存。保存时用户可以选择图画文件格式，Windows 7 画图程序的文件格式有".png"、".bmp"、".jpeg"、".gif"等。

6. 退出画图

选择"文件"菜单中的"退出"命令或标题栏上的"关闭"按钮，即可退出画图程序。

2.5.3 截图工具

附件中的截图工具是截取屏幕全部和部分内容的工具。功能简单，使用方便。

1. 启动截图工具

选择"开始→所有程序→附件→截图工具"，即可启动如图 2-5-3 所示的截图工具程序。

2. 截图

在打开的截图工具的窗口中，单击"新建"，此时整个屏幕就会变得灰暗，此时可以通过拖动鼠标，进行截图。在新建截图时，也可以通过如图 2-5-4 所示的"新建"菜单下的选项来选择合适区域截图。

图 2-5-3　截图工具

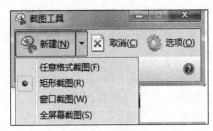

图 2-5-4　截图方式

3. 保存截图

完成截图后，所截的图片会自动放进截图工具窗口，可以单击"保存"，一般默认是"png"格式，也可以选择网络流行的"jpg"或者"gif"格式保存。还可以通过"编辑"菜单的"复制"命令，把截的图粘贴到其他程序中并使用该截图图片。

4. 退出截图工具

选择"文件"菜单中的退出命令，或标题栏上的"关闭"按钮就会退出截图程序。

2.5.4　文件压缩工具：WinRAR

WinRAR 是一款流行好用、界面友好、使用方便、功能强大的压缩、解压缩工具，内置程序可以解开多种压缩类型的文件、镜像文件和 rar 组合文件。WinRAR 3.x 以上版本采用了更先进的压缩算法，压缩率高、压缩速度快，还增加了扫描压缩文件病毒等功能。

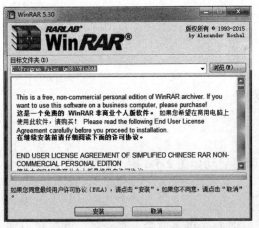

1. WinRAR 的下载和安装

可以从很多网站下载该软件，安装十分简单，只要双击下载后的压缩包就会出现如图 2-5-5 所示的安装界面，单击其中的"浏览"按钮选择安装路径，单击"安装"按钮，按提示操作很快就能完成安装。

2. WinRAR 的使用

图 2-5-5　WinRAR 的安装界面

对文件进行压缩和解压一般在压缩或解压的文件图标上单击右键，在弹出的快捷菜单中选择 WinRAR 对应的菜单项即可。

压缩文件：要压缩的文件上单击鼠标右键，在弹出的菜单中选择如图 2-5-6（a）所示，WinRAR 添加到压缩文件就会看到如图 2-5-6（b）所示的对话框。

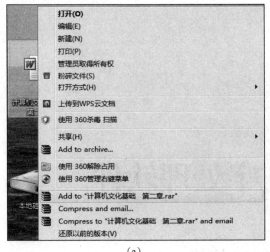 

(a) (b)

图 2-5-6 压缩的弹出菜单和压缩对话框

(a) 右击弹出的菜单；(b) 压缩对话框

在"压缩文件名"上的编辑框可以输入新的压缩文件，单击"浏览"按钮可以选择压缩文件保存位置，在"更新方式"下默认添加信息管理方式，可以单击其右侧下拉箭头选择其他的更新方式。压缩文件，格式默认是 rar 格式，但也可以选择 zip 格式，压缩方式采用默认的标准格式，单击"确定"按钮。即可将文件压缩并指定压缩文件保存到指定的位置。

解压文件：在压缩文件上单击鼠标右键，在弹出的菜单中选择，并会有三个选项，其名称与含义如表 2-4-4 所示。

表 2-4-4 解压文件的三个选项

解压文件	解压文件的位置由用户选择
解压到当前文件夹	解压文件保存在压缩文件所在的当前文件夹
解压到 XXX	这里 XXX 表示压缩文件，解压后将在当前文件夹下建立一个以 XXX 命名的文件夹，并将压缩文件保存在其中

思 考 题

1. 操作系统有什么用？什么是操作系统？操作系统的功能有哪些？
2. 操作系统可分为哪几类？各自特点有哪些？
3. 任务栏的主要作用是什么？
4. 简述计算机和资源管理器的组成及作用。
5. 库是用来做什么的？它分为哪几类？怎么使用库？
6. 控制面板包含哪些功能？通过实例说明它在实际操作中的应用。
7. 简述图标、属性和剪贴板的含义和作用。

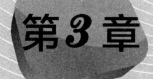

第3章 Word 2010 文字处理软件

3.1 Word 2010 概述

Word 2010 是"Microsoft"（微软）公司开发的 Office 2010 办公组件之一，主要用于文字处理工作。它的功能十分强大，可以用于日常办公文档、文字排版工作、数据处理、建立表格、制作简单网页、办公软件开发等。

3.1.1 Word 2010 的新增功能

1. 发现改进的搜索与导航体验

在 Word 2010 中，可以更加迅速、轻松地查找所需的信息。利用改进的新"查找"体验，可以在单个窗格中查看搜索结果的摘要，并单击以访问任何单独的结果。改进的导航窗格会提供文档的直观大纲，以便于对所需的内容进行快速浏览、排序和查找。

2. 向文本添加视觉效果

利用 Word 2010，可将很多用于图像的相同效果同时用于文本和形状中。可以像应用粗体和下划线那样，将诸如阴影、凹凸效果、发光、映像等格式效果轻松应用到文档文本中。可以对使用了可视化效果的文本执行拼写检查，并将文本效果添加到段落样式中。

3. 将文本转换为醒目的图表

Word 2010 提供用于使文档增加视觉效果的更多选项。从众多的附加 SmartArt 图形中进行选择，只需键入项目符号列表，即可构建精彩的图表。使用 SmartArt 可将基本的要点句文本转换为引人入胜的视觉画面，以更好地阐释观点。

4. 屏幕截图和图像处理功能

Word 2010 可以直接捕获屏幕截图，并将其插入文档中。利用 Word 2010 中提供的新型图片编辑工具，可在不使用其他图片编辑软件的情况下，添加特殊的图片效果。可以利用色彩饱和度和色温控件来轻松调整图片。还可以利用所提供的改进工具来更轻松、精确地对图像进行裁剪和更正。

3.1.2 Word 2010 的启动与退出

1. Word 2010 的启动

启动 Word 2010 有以下几种方式：

1）如果桌面上有 Microsoft Word 图标，则双击该图标，即可进入 Word 2010 窗口。

2）如果桌面上没有 Microsoft Word 图标，单击"开始→所有程序→Microsoft Office→Microsoft Word 2010"选项，即可启动 Word 2010。

3）双击已建立的 Word 2010 文档。

2. Word 2010 的退出

常见退出 Word 2010 的方式有以下几种：

1）单击 Word 2010 窗口右上角的"关闭"按钮。

2）单击"文件"菜单中的"退出"命令，即可退出 Word，同时关闭所有文档。

3）双击 Word 2010 窗口左上角的控制按钮，即可关闭当前的活动文档。

3.1.3 Word 2010 的工作窗口

成功启动 Word 2010 后，屏幕会出现如图 3-1-1 所示的窗口，这是用户进行文字处理的编辑环境。

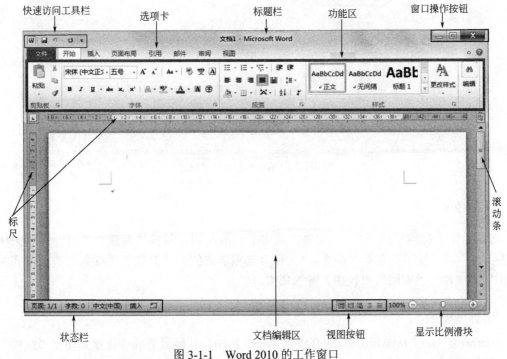

图 3-1-1　Word 2010 的工作窗口

1．标题栏

显示正在编辑的文档的文件名以及所使用的软件名。

2．快速访问工具栏

Word 2010 文档窗口中的"快速访问工具栏"用于放置命令按钮，使用户快速启动经常使用的命令。默认情况下，"快速访问工具栏"中只有数量较少的命令，用户可以根据需要添加多个自定义命令，具体方法如下：

单击"文件→选项"。在打开的"Word 选项"对话框中切换到"快速访问工具栏"选项卡，然后在"从下列位置选择命令"列表中单击需要添加的命令，并单击"添加"按钮即可，具体操作如图 3-1-2 所示。重复步骤可以向 Word 2010 快速访问工具栏添加多个命令。依次单击"重置→仅重置快速访问工具栏"按钮可将"快速访问工具栏"恢复到原始状态。

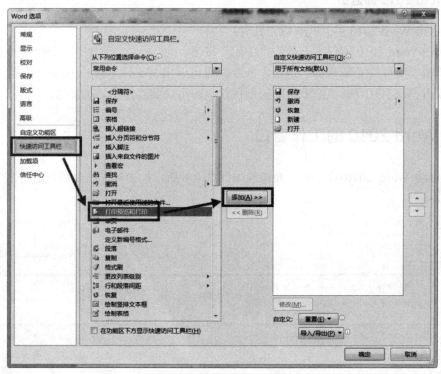

图 3-1-2 "Word 选项"对话框

3．选项卡

选项卡位于标题栏的下方。"文件"选项卡在最左侧，包含"新建"、"打开"、"关闭"、"另存为..."和"打印"等基本命令。"文件"选项卡右侧有"开始"、"插入"、"页面布局"、"引用"、"邮件"、"审阅"、"视图"等选项卡。

4．功能区

Microsoft Word 从 Word 2007 升级到 Word 2010，其最显著的变化就是使用"文件"按钮代替了 Word 2007 中的 Office 按钮，使用户更容易从旧版本中转移。另外，Word 2010 取消了传统的菜单操作方式，而代之于各种功能区。在 Word 2010 窗口上方看起来像菜单的名称其实是功能区的名称，当单击这些名称时并不会打开菜单，而是切换到与之相对应的功能区面板，工作时需要用到的命令位于此处。它与其他软件中的"菜单"或"工具栏"相同。

5．标尺

标尺位于编辑区的上方（水平标尺）和左侧（垂直标尺）。利用标尺可以查看或设置页边距、表格的行高、列宽及插入点所在的段落缩进等。

6．文档编辑区

显示正在编辑的文档。

7．滚动条

滚动条分为水平滚动条和垂直滚动条。可用于更改正在编辑的文档的显示位置。

8．状态栏

显示正在编辑的文档的相关信息，如当前页号、总页数和字数等。

9．视图按钮

用户可以在"视图"选项卡中选择需要的文档视图模式，也可以在 Word 2010 文档窗口的右下方单击"视图"按钮选择视图模式。

10．显示比例滑块

在 Word 2010 文档窗口中可以设置页面显示比例，从而用以调整 Word 2010 文档窗口的大小。显示比例仅仅调整文档窗口的显示大小，并不会影响实际的打印效果。

3.2 文档的基本操作和文本编辑

3.2.1 文档的基本操作

1．创建新的 Word 文档

（1）新建空白文档

默认情况下，Word 2010 程序在打开的同时会自动新建一个空白文档并命名为"文档1"。用户如果需要再次新建一个空白文档，则可以依次单击"文件→新建"命令，在打开的"新建"面板中选择"空白文档"，然后单击"创建"按钮，如图 3-2-1 所示。

（2）使用模板创建文档

除了通用型的空白文档模板之外，Word 2010 中还内置了多种文档模板，如博客文章模板、书法字帖模板等等。另外，Office.com 网站还提供了证书、奖状、名片、简历等特定功能模板。借助这些模板，用户可以创建比较专业的 Word 2010 文档。

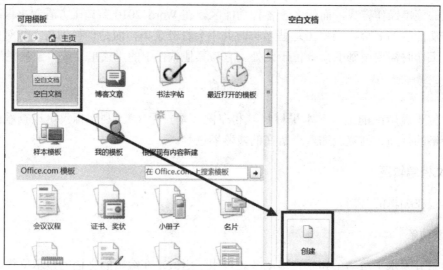

图 3-2-1 新建空白文档

打开 Word 2010 文档窗口，依次单击"文件→新建"按钮。在打开的"新建"面板中，用户可以单击"博客文章"、"书法字帖"等 Word 2010 自带的模板创建文档，还可以单击 Office.com 提供的"名片"、"日历"等在线模板。

例如单击如图 3-2-1 所示中"样本模板"选项，即可打开如图 3-2-2 所示"样本模板"列表页。选择合适的模板后（例如选中"基本简历"选项），在"新建"面板右侧选中"文档"或"模板"单选框，然后单击"创建"按钮，如图 3-2-3 所示，即可创建一个使用选中的模板创建的文档，用户可以在该文档中进行编辑。

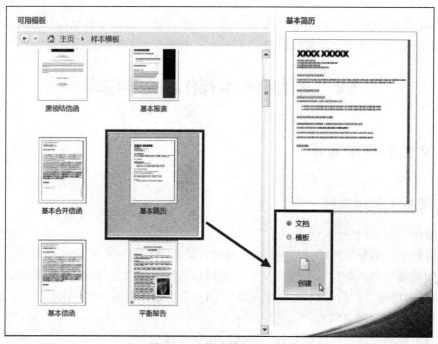

图 3-2-2 "样本模板"面板

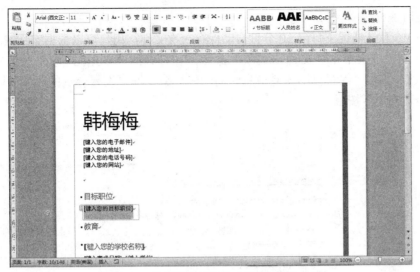

图 3-2-3 使用模板创建的"基本简历"文档

2．保存 Word 文档

（1）保存文档

在文档中输入内容后，要将其保存在磁盘上，便于以后查看文档或再次对文档进行编辑或打印。为了防止停电、死机等意外事件导致信息丢失，在文档的编辑过程中要经常保存文档。默认情况下，Word 2010 文档的保存类型为"Word 文档"，扩展名为".docx"。

在"文件"菜单下单击"保存"命令或单击快速访问工具栏上的"保存"按钮，或按"Ctrl+S"组合键，都可以保存当前的活动文档。如果是新的、未命名的 Word 文档，会打开"另存为"对话框，如图 3-2-4 所示。在弹出的对话框中选择保存的路径、修改文件名后单击"保存"按钮即可。如果用户保存文档时不想覆盖修改前的内容，也可利用"另存为"命令保存。

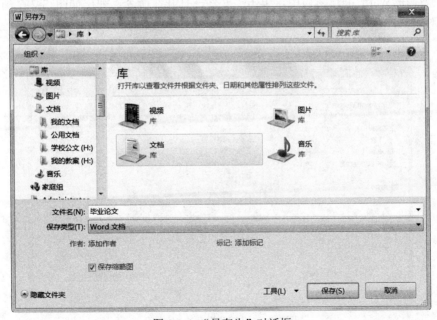

图 3-2-4 "另存为"对话框

（2）定时保存

Word 2010 默认情况下每隔 10 分钟自动保存一次文件，用户可以根据实际情况设置自动保存时间间隔。依次单击"文件→选项"命令。在打开的"Word 选项"对话框中切换到"保存"选项卡，在"保存自动恢复信息时间间隔"编辑框中设置合适的时间如图 3-2-5 所示，并单击"确定"按钮。

图 3-2-5 "Word 选项"对话框

3．打开文档

方法一：在 Word 编辑窗口中，单击"文件→打开"命令，弹出如图 3-2-6 所示的"打开"命令对话框，在对话框中选择文档所在的磁盘文件夹及文档，并单击"打开"按钮。

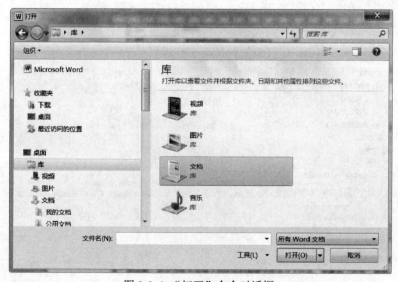

图 3-2-6 "打开"命令对话框

方法二:要打开最近使用过的文档,单击"文件→最近所用文件"命令,然后在右侧列出的最近使用过的文档列表中选择所需打开的文档。

4.关闭文档

单击"文件→关闭"命令,或单击窗口右上角的红色"关闭"按钮,都可关闭当前活动文档窗口。

单击"文件→退出"命令,可退出 Word 软件同时关闭所有文档。

3.2.2 文本编辑

1.文本的输入

进入 Word 文档编辑窗口后,就可以直接在空文档中输入文本,可以通过计算机当前所安装的任何一种输入法输入文字。当输入到行尾时系统会自动换行,不需要按"回车"键。输入到段落结尾时,应按"回车"键,表示段落结束,此时会产生一个段落标记"↵"。

在输入文本过程中,如果产生错误,可使用"Backspace"键删除插入点前面的字符,或使用"Delete"键删除插入点后面的字符。

在 Word 2010 文档中,用户可以使用"即点即输"功能将插入点光标移动到 Word 2010 文档页面可编辑区域的任意位置。即在 Word 2010 文档页面可编辑区域内任意位置双击左键,即可将插入点光标移动到当前位置。

(1)插入与改写

插入和改写是 Word 的两种编辑方式。打开 Word 2010 文档窗口后,默认的文本输入状态为"插入"状态,即在原有文本的左侧输入文本时原有文本将右移。另外还有一种文本输入状态为"改写"状态,即在原有文本的左侧输入文本时,原有文本将被替换。用户可以根据需要在 Word 2010 文档窗口中切换"插入"和"改写"两种状态,方法是在"状态栏"中单击"插入/改写"按钮。

(2)插入符号或特殊符号

单击"插入"选项卡"符号"分组中"符号"按钮。在打开的符号面板中可以看到一些最常用的符号,单击所需要的符号即可将其插入到 Word 2010 文档中。如果符号面板中没有所需要的符号,可以单击"其他符合"按钮,如图 3-2-7 所示。

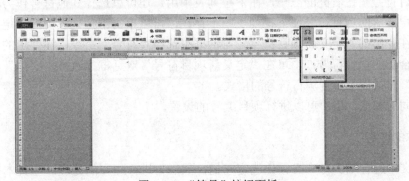

图 3-2-7 "符号"按钮面板

打开"符号"对话框,在"符号"选项卡中单击"子集"右侧的下拉三角按钮,在打开的下拉列表中选中合适的子集(如"箭头")。然后在符号表格中单击选中需要的符号,并单击"插入"按钮即可,如图3-2-8所示。

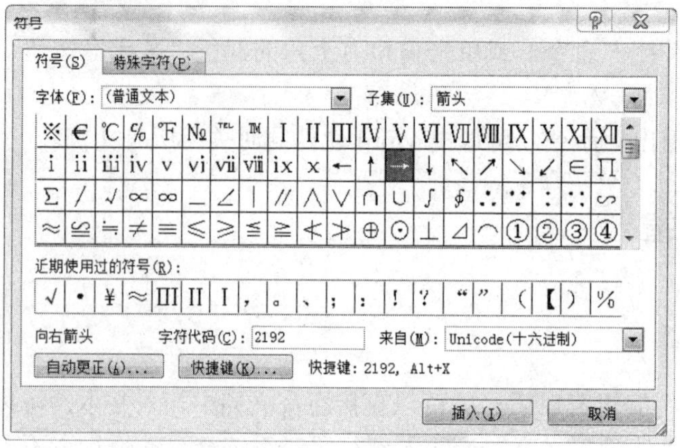

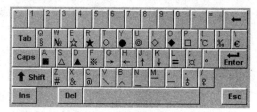

图 3-2-8 "符号"对话框

在Word 2010中使用软键盘输入特殊符号。

在Word 2010中也可以使用软键盘输入特殊符号,例如版权符号"©"、注册商标符号"®"等。如图3-2-9所示即为右击汉字输入法状态框上的"软键盘"按钮后打开的一种"软键盘"。

图 3-2-9 软键盘

(3)使用项目符号和编号

在文档中为了准确清楚地表达某些内容之间的并列关系、顺序关系,让文档内容变得层次鲜明,经常要用到项目符号和编号。创建项目符号和编号的一种简单的操作方法是选择需要添加项目符号或编号的若干段落,然后单击"开始"选项卡"段落"分组的项目符号按钮或编号按钮" ≡ · ≡ ·"。

单击项目符号按钮右侧的三角,在下拉列表中用户还可以选择其他符号作为项目符号使用。如果用户喜欢的项目符号在下拉列表中不存在,可以单击下拉列表中的"定义新项目符号"命令,在弹出的"定义新项目符号"对话框中选择"符号"命令,在弹出的"符号"对话框中选择合适的项目符号;也可在"定义新项目符号"对话框中选择"字体"命令,在弹出的"字体"对话框中设置项目符号的格式。

通过相同的方法,用户可以进行项目编号的设置。

2. 文本的选定

用户对文本进行编辑时,必须先选定它们,然后再进行相应的处理。当文本被选中后,所选文本呈反相显示。如果要取消选择,可以将鼠标移至选定文本之外的任何区域单击即可。选定文本的方式有以下几种:

1）先将光标定位在要选择内容的最前面，按住鼠标左键并拖拽至所选文本的末端，然后松开鼠标左键。所选文本可以是一个字符、一个句子、一行文字、一个段落、多行文字甚至是整篇文档。

2）选定单行：鼠标指向要选择的单行文本左侧空白处，直至鼠标变成向右上角的白色箭头时单击。

3）选定多行：鼠标指向要选择多行的第一行左侧空白处，直至鼠标变成向右上角的白色箭头时，按住鼠标左键向下拖拽至所选文字的最后一行，然后松开鼠标左键。

4）选定一个段落：鼠标指向段落最左侧空白处，直至鼠标变成向右上角的白色箭头时双击鼠标左键。

5）矩形文本的选择：鼠标移向要选择的矩形文本的开始处，按住"Alt"键的同时按住鼠标左键拖曳至所选文本的末端，然后松开鼠标和"Alt"键。

6）选择整个文档：鼠标指向文本内容左侧空白处，直至鼠标变为向右上角的白色箭头时，连续按三下鼠标左键。或者使用"Ctrl+A"组合键。

3．"复制"、"剪切"、"粘贴"和"选择性粘贴"

"复制"、"剪切"和"粘贴"操作是 Word 2010 中最常见的文本操作，其中"复制"操作是在原有文本保持不变的基础上，将所选中文本放入剪贴板；而"剪切"操作则是移动文本，是在删除原有文本的基础上将所选中文本放入剪贴板；"粘贴"操作则是将剪贴板的内容放到目标位置。

（1）基本操作

打开 Word 2010 文档窗口，选中需要剪切或复制的文本。然后在"开始"选项卡的"剪贴板"分组中单击"剪切"或"复制"按钮。

将插入点光标定位到需要粘贴的目标位置，然后单击"剪贴板"分组中的"粘贴"按钮即可。也可以使用键盘快捷键来完成"复制"、"剪切"和"粘贴"的操作。"剪切"命令的组合快捷键为"Ctrl+X"；"复制"命令的组合快捷键为"Ctrl+C"；"粘贴"命令的组合快捷键为"Ctrl+V"。

（2）"粘贴选项"

在 Word 2010 文档中，当执行"复制"或"剪切"操作后，"粘贴"中会出现三个选项，即"保留源格式"、"合并格式"、"仅保留文本"三个命令，如图 3-2-10 所示。

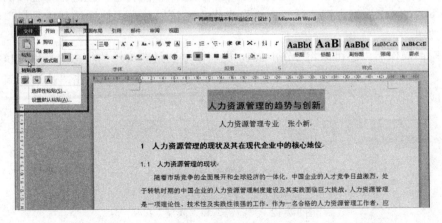

图 3-2-10 "粘贴"选项命令

"保留源格式"命令:被粘贴内容保留原始内容的格式。

"合并格式"命令:被粘贴内容保留原始内容的格式,并且合并应用目标位置的格式。

"仅保留文本"命令:被粘贴内容清除原始内容和目标位置的所有格式,仅保留文本。

(3)"选择性粘贴"功能

"选择性粘贴"功能可以帮助用户在 Word 2010 文档中有选择地粘贴"剪贴板"中的内容,例如可以将"剪贴板"中的内容以图片的形式粘贴到目标位置。使用"选择性粘贴"功能的具体方法如下:

选中需要复制或剪切的文本或对象,并执行"复制"或"剪切"操作。在"开始"功能区的"剪贴板"分组中单击"粘贴"按钮下方的下拉三角按钮,并单击下拉菜单中的"选择性粘贴"命令。

在打开的"选择性粘贴"对话框中选中"粘贴"单选框,然后在"形式"列表中选择一种粘贴格式,例如选中"图片(增强型图元文件)"选项,并单击"确定"按钮,如图 3-2-11 所示。剪贴板中的内容将以图片的形式被粘贴到目标位置。

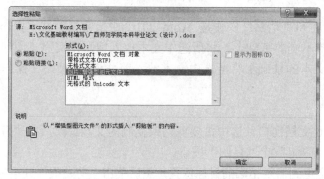

图 3-2-11 "选择性粘贴"对话框

4."撤销"和"恢复"

在编辑 Word 2010 文档时,如果所做的操作不合适,而想返回到当前结果之前的状态,则可以通过"撤销键入"或"恢复键入"功能实现。"撤销"功能可以保留最近执行的操作记录,用户可以按照从后到前的顺序撤销若干步骤,但不能有选择地撤销不连续的操作。用户可以按下"Ctrl+Z"组合键执行"撤销"操作,也可以单击"快速访问工具栏"中的"撤销键入"按钮。

执行撤销操作后,还可以将 Word 2010 文档恢复到最新编辑的状态。当用户执行一次撤销操作后,用户可以按下"Ctrl+Y"组合键执行恢复操作,也可以单击"快速访问工具栏"中已经变成可用状态的"恢复键入"按钮,如图 3-2-12 所示。

图 3-2-12 "撤销"和"恢复"按钮

5. "查找"、"替换"和"定位"

(1) "查找"功能

借助 Word 2010 提供的"查找"功能,用户可以在 Word 2010 文档中快速查找特定的字符。具体方法如下:

打开 Word 2010 文档窗口,将插入点光标移动到文档的开始位置。然后在"开始"选项卡的"编辑"分组中单击"查找"按钮,在文档编辑窗口左侧将打开"导航"窗格。在打开的"导航"窗格编辑框中输入需要查找的内容,并单击"搜索"按钮或按"回车键",在导航窗格中将以浏览方式显示所有包含查找到的内容的片段,如图 3-2-13 所示。同时查找到的匹配文字会在文章中以黄色底纹标识。

图 3-2-13 导航窗格

用户还可以在"开始"选项卡的"编辑"分组中单击"查找"按钮右侧的下拉三角,选择"高级查找"命令,即可弹出"查找和替换"对话框。也可以在"导航"窗格中单击"搜索"按钮右侧的下拉三角,在打开的菜单中选择"高级查找"命令,同样可以打开"查找和替换"对话框。在"查找内容"编辑框中输入要查找的字符,并单击"查找下一处"按钮。查找到的目标内容将以蓝色矩形底色标识,单击"查找下一处"按钮继续查找。如图 3-2-14 所示。

图 3-2-14 "查找"选项卡

(2) "替换"功能

打开 Word 2010 文档窗口,在"开始"功能区的"编辑"分组中单击"替换"按钮,弹出"查找和替换"对话框。在"替换"选项卡的"查找内容"编辑框中输入准备替换的内容,在"替换为"编辑框中输入替换后的内容。如果希望逐个替换,则单击"替换"按钮,如果希望全部替换查找到的内容,则单击"全部替换"按钮,完成替换单击"关闭"按钮关闭"查找和替换"对话框。如图 3-2-15 所示。

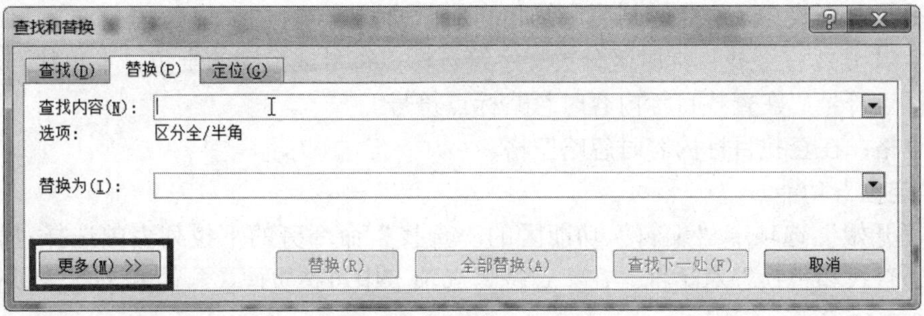

图 3-2-15 "替换"选项卡

(3)"查找和替换"字符格式

使用 Word 2010 的"查找和替换"功能,不仅可以查找和替换字符,还可以查找和替换字符格式(例如查找或替换字体、字号、字体颜色等格式)。用户可以在如图 3-2-16 所示的"查找和替换"对话框中通过单击"更多/更少"按钮进行更高级的自定义替换操作。

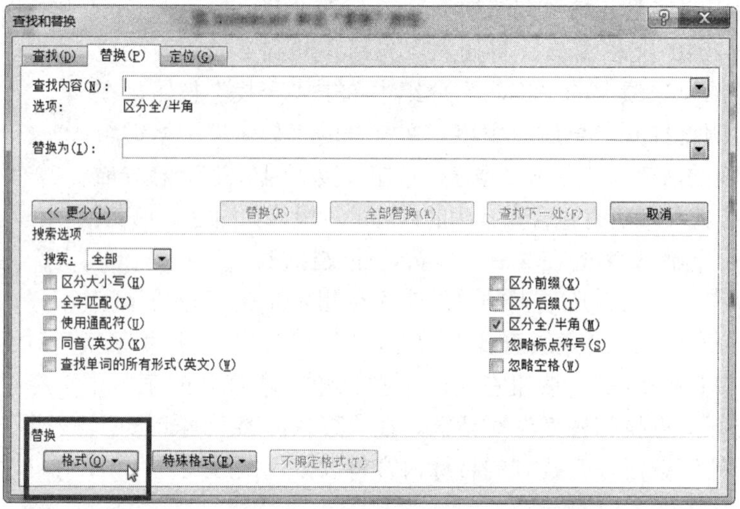

图 3-2-16 "查找和替换"选项卡的搜索选项

在"查找内容"或"替换为"编辑框中单击鼠标左键,使光标位于编辑框中,然后单击"格式"按钮。在打开的格式下拉菜单中单击相应的格式类型(例如"字体"、"段落"等),即可在打开的对话框中选择要查找的字体、段落等选项。完成设置后单击"替换"按钮或"全部替换"按钮即可完成替换。

"查找和替换"对话框"更多"扩展面板选项的含义如下所述:

搜索:在"搜索"下拉菜单中可以选择"向下"、"向上"和"全部"选项选择查找的开始位置。

区分大小写:查找与目标内容的英文字母大小写完全一致的字符。

全字匹配:查找与目标内容的拼写完全一致的字符或字符组合。

使用通配符:允许使用通配符或特殊字符等查找内容。

同音(英文):查找与目标内容发音相同的单词。

查找单词的所有形式(英文):查找与目标内容属于相同形式的单词,例如 is 的所有形式(Are、Were、Was、Am、Be)。

区分前缀:查找与目标内容开头字符相同的单词。

区分后缀:查找与目标内容结尾字符相同的单词。

区分全/半角:在查找目标时区分英文字符、标点符号或数字的全角、半角状态。

忽略标点符号:在查找目标内容时忽略标点符号。

忽略空格:在查找目标内容时忽略空格。

(4)"定位"功能

单击"开始"选项卡"编辑"功能区的"查找"命令旁的下拉列表中选择"转到"命令,弹出"查找和替换"对话框。在"定位"选项卡中可按页码、行号和书签等进行文本定位,如图 3-2-17 所示。

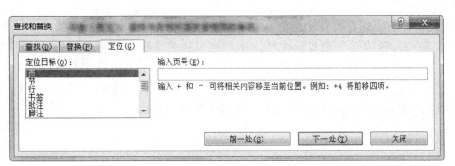

图 3-2-17 "定位"选项卡

3.3 文档格式的编排

3.3.1 视图

Word 是一套"所见即所得"的文字处理软件，用户从屏幕上所看到的文档效果，就和最终打印出来的效果完全一样，因而深受广大用户的青睐。为了满足用户在不同情况下编辑、查看文档效果的需要，Word 在"所见即所得"的基础上向用户提供了多种不同的 Word 文档的显示方式，称之为"视图方式"。它们各具特色，各有千秋，分别使用于不同的情况。用户可以在"视图"选项卡"文档视图"组中选择需要的"文档视图"模式，也可以在 Word 2010 文档窗口的右下方单击"视图"按钮选择不同的视图方式。

1．页面视图

页面视图方式即直接按照用户设置的页面大小进行显示，此时的显示效果与打印效果完全一致，用户可从中看到各种对象（包括页眉、页脚、水印和图形等）在页面中的实际打印位置，这对于编辑页眉和页脚，调整页边距，以及处理边框、图形对象及分栏都是很有用的。

2．阅读版式视图

阅读版式视图以图书的分栏样式显示 Word 2010 文档，"文件"按钮、功能区等窗口元素被隐藏起来。在阅读版式视图中，用户还可以单击"工具"按钮选择各种阅读工具。

3．Web 版式视图

Web 版式视图方式是 Word 几种视图方式中唯一的一种按照窗口大小进行折行显示的视图方式（其他几种视图方式均是按页面大小进行显示），这样就避免了 Word 窗口比文字宽度要窄，用户必须左右移动滚动条才能看到整排文字的尴尬局面，并且 Web 版式视图方式显示字体较大，方便了用户的联机阅读。Web 版式视图方式的排版效果与打印结果并不一致，它不便于用户查看 Word 文档内容时使用。

4．大纲视图

对于一个具有多重标题的文档而言，用户往往需要按照文档中标题的层次来查看文档

（如只查看某重标题或查看所有文档等），大纲视图方式则正好可解决这一问题。大纲视图方式是按照文档中标题的层次来显示文档，用户可以折叠文档，只查看主标题，或者扩展文档，查看整个文档的内容，从而使得用户查看文档的结构变得十分容易。在这种视图方式下，用户还可以通过拖动标题来移动、复制或重新组织正文，方便了用户对文档大纲的修改。大纲视图广泛用于 Word 2010 长文档的快速浏览和设置中。

5. 草稿视图

草稿视图取消了页面边距、分栏、页眉页脚和图片等元素，仅显示标题和正文，是最节省计算机系统硬件资源的视图方式。

3.3.2 字符格式

字符可以是一个汉字，也可以是一个字母、一个数字或一个单独的符号。常用的文字格式包括：字体、字号、粗体、斜体、加下划线等，灵活运用字符格式，可以使文档更加丰富多彩。设置字符格式的方法有三种，设置之前必须选择需要改变字符格式的文字范围，如果不选择文字范围，那么所设定的字符格式就只对插入点后所键入的文字生效。

1. 使用"开始"选项卡设置

在"开始"选项卡的"字体"分组中，有设置字符格式的很多按钮，单击这些按钮即可实现相应效果。

（1）设置字体

单击"字体"下拉箭头，可以看到在列表框中提供了许多种不同的字体，只要从中选择所需的字体即可。字体列表框中字体数量的多少取决于电脑中安装的字体数量。常用的中文字体有宋体、楷体、黑体等。

（2）设置字号

在 Word 文档中，表述字体大小的计量单位有两种，一种是汉字的字号，如初号、小初、一号……七号、八号；另一种是国际上通用的"磅"来表示，如 4、4.5、5、6、……48、72 等。中文字号中，数值越大，字就越小，所以八号字是最小的；在用"磅"表示字号时，数值越小，字符的尺寸越小，数值越大，字符的尺寸越大。

（3）设置其他字符格式

利用字体分组还可以设置字符的加粗、斜体、下划线、删除线和颜色等格式。

2. 使用"字体"对话框设置

单击"字体"分组右下角的"显示'字体'对话框"按钮，打开"字体"对话框。在"字体"选项卡中，可以设置字体、字形、字号、颜色、下划线、着重号和效果等，如图 3-3-1 所示。

在"高级"选项卡中，可以设置字符间距等，如图 3-3-2 所示。字符间距是指每行文字中字符之间的距离。单击该选项卡下方的"文字效果"按钮，还可以在弹出的"设置文本效果格式"对话框中进一步设置字符的轮廓等高级效果。

图 3-3-1 "字体"选项卡

图 3-3-2 "高级"选项卡

3．使用浮动工具栏进行设置

在选中文本后出现的浮动工具栏内直接进行字符的格式设置。

3.3.3　段落格式

段落指的是以按"回车键"为结束的内容。因此段落可以包括文字、图片、各种特殊字符等。段落的格式对文档的美观易读也是相当重要的。

1．段落的对齐方式

段落的对齐方式有"左对齐"、"居中对齐"、"右对齐"、"两端对齐"和"分散对齐"五种。

1）左对齐：文本左侧对齐，右侧不考虑。

2）右对齐：文本右侧对齐，左侧不考虑。

3）居中对齐：让文本或段落靠中间对齐，多用于标题或单行的段落。

4）两端对齐：是中文的习惯格式，即除段落最后一行外的其他行每行的文字都是左右两端对齐的。

5）分散对齐：让文本在一行内靠两侧进行对齐，字与字之间会均匀拉开一定的距离，将一行占满，距离的大小视文字多少而定。

用户设置段落对齐的方法有以下两种：

方法一：打开 Word 2010 文档页面，选中一个或多个段落。在"段落"分组中可以选择"左对齐"、"居中对齐"、"右对齐"、"两端对齐"和"分散对齐"选项之一，以设置段落对齐方式。

方法二：打开 Word 2010 文档页面，选中一个或多个段落。在"段落"分组中单击"显示'段落'对话框"按钮。在如图 3-3-3 所示的"段落"对话框中单击"对齐方式"下拉菜单，在列表中选择符合实际需求的段落对齐方式，并单击"确定"按钮使设置生效。

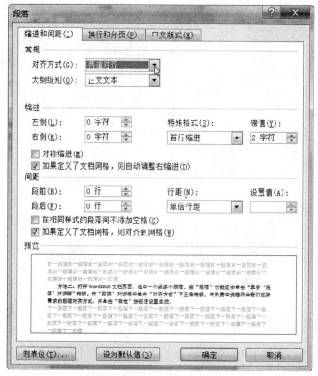

图 3-3-3 "段落"对话框

2．段落的缩进

在文本排版中，缩进是指段落中的文本与页面边界之间的距离，Word 中包括首行缩进、悬挂缩进、左缩进和右缩进四种方式。

1）左缩进：段落各行文字整体左端缩进。

2）右缩进：段落各行文字整体右端缩进。

3）首行缩进：是一种特殊的段落格式，也就是在段落的首行缩进两个字符。在 Word 中文版中，使用了一种字符测量单位，这样可以以字符为单位测量一些段落格式设置，如缩进、页边距、行距、字符间距等等。这对于中文文字的处理特别有用，因为在日常写作中中文有在段落起始处缩进两个字符的习惯。如果以字符为单位，就不必担心因改变了字体、字号等造成格式上的混乱。

4）悬挂缩进：也是一种特殊的段落格式，其与"首行缩进"正好相反，即段落中除首行外的其他行文字进行缩进。

用户设置段落缩进的方法有以下两种：

（1）使用"段落"对话框设置

选中要设置缩进的段落，打开"段落"对话框，在"缩进和间距"选项卡中设置段落缩进就可以了。

首行缩进与悬挂缩进可以在"缩进和间距"选项卡中"特殊格式"的下拉列表中选择。

（2）使用标尺设置

在水平标尺上，有四个段落缩进滑块："首行缩进"、"悬挂缩进"、"左缩进"及"右缩进"，具体分布如图 3-3-4 所示。按住鼠标左键拖动它们即可完成相应的缩进，如果要精确缩进，可在拖动的同时按住"Alt"键，此时标尺上会出现刻度。

图 3-3-4 水平标尺

3. 段落间距

段落间距包括行间距和段间距。行间距是指各行文字之间的距离；段间距是指段落之间的距离，即两个回车符所代表的文本之间的距离。一般情况下，文本行距取决于各行中文字的字体和字号。如果删除了段落标记，则标记后面的一段将与前一段合并，并采用该段的间距。段落间距的设置有两种方法。

图 3-3-5 "行和段落间距"按钮

1）选中要调整行间距的文字，在"段落"分组中单击"行和段落间距"按钮。在如图 3-3-5 所示的下拉列表中选择用户需要采用的行距，也可选择"增加段前间距"或"增加段后间距"命令之一，以使段落间距变大或变小。

2）选中要调整行间距的文字，在"段落"分组中单击"显示'段落'对话框"按钮。在弹出的"段落"对话框的"缩进和间距"选项卡中，可以设置"段前"和"段后"编辑框的数值以及选择"行距"，最后单击"确定"按钮即可设置段落间距。

"行距"中下拉列表各选项的含义如下：

1）单倍行距：将行距设置为该行最大字体的高度加上一小段额外间距。额外间距的大小取决于所用的字体。

2）1.5 倍行距：单倍行距的 1.5 倍。

3）双倍行距：单倍行距的两倍。

4）最小值：适应行上最大字体或图形所需的最小行距。

5）固定值：固定行距（以"磅"为单位）。如果设置的固定值行距小于字体大小，则文字将显示不完全。

6）多倍行距：可以用大于"1"的数字表示的行距。例如，将行距设置为"1.15"会使间距增加 15%，将行距设置为"3"会使间距增加 300%（三倍行距）。

4. 格式刷

"格式刷"工具可以将特定文本的格式复制到其他文本中，当用户需要为不同文本重复设置相同格式时，即可使用"格式刷"工具提高工作效率。具体使用方法如下：

选中已经设置好格式的文本块。在"开始"选项卡的"剪贴板"分组中双击"格式刷"按钮，如图 3-3-6 所示，此时鼠标指针已经变成刷子形状。按住鼠标左键拖选需要设置格式的文本，则格式刷刷过的文本将应用被复制的格式。松开鼠标左键，再次拖选其他文本即可实现同一种格式的多次复制。完成格式的复制后，再次单击"格式刷"按钮可以关闭格式刷。

如果单击"格式刷"按钮，则格式刷记录的文本格式只能被复制一次，不能将同一种格式进行多次复制。

5．样式

在编排一篇长文档或一本书时，需要对许多的文字和段落进行相同的排版工作，如果只是利用"字体格式"和"段落格式"的编排功能，不但很费时间，更重要的是，很难使文档格式一直保持一致。这时，就需要使用样式来实现这些功能。

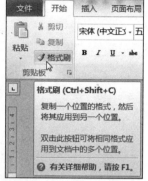

图 3-3-6 "格式刷"按钮

样式是应用于文档中的文本、表格和列表的一套格式特征，它是指一组已经命名的字符和段落格式。它规定了文档中标题、题注以及正文等各个文本元素的格式。用户可以将一种样式应用于某个段落，或者段落中选定的字符上。利用"样式"对这些相同的文档对象进行统一设置，以后就可以在文档中反复应用所设置的样式，从而极大地提高文档的编辑排版效率。此外，使用样式定义文档中的各级标题，如标题 1、标题 2、标题 3……标题 9，就可以智能化地制作出文档的标题目录。

Word 本身自带了许多样式，称为内置样式。但有时候这些样式不能满足用户的全部要求，这时可以创建新的样式，称为自定义样式。内置样式和自定义样式在使用和修改时没有任何区别。但是用户可以删除自定义样式，却不能删除内置样式。

（1）应用内置样式

选择需要应用样式的文本或段落，在"开始"选项卡"样式"分组的快速样式库中选择合适的样式，所选文本或段落就按照样式的格式重新排版，如图 3-3-7 所示。用户也可以单击"开始"选项卡"样式"分组右下角的按钮，在弹出的"样式"任务窗格中选择合适的样式，对文档的多级标题设置时可以直接选择列表框中的"标题1、标题2……"。

图 3-3-7 快速样式库

（2）创建新样式

单击如图 3-3-8 所示"样式"任务窗格下方的"新建样式"按钮，在弹出如图 3-3-9 所示的"创建新样式"对话框中可以设置样式的名称、类型、字符格式和段落格式等。

也可以选择已经设置好字符和段落格式的文本或段落，在如图 3-3-7 所示的快速样式库下拉列表中单击"将所选内容保存为新快速样式…"命令，在弹出的对话框中给样式命名保存。

图 3-3-8 "样式"任务窗格　　　　图 3-3-9 "创建新样式"对话框

3.3.4 页面版式设置

1．页面设置

页面设置包括文档的页大小、页边距、页眉和页脚、装订线等设置。单击"页面布局"选项卡"页面设置"分组右下角的"显示'页面设置'对话框"按钮，会弹出"页面设置"对话框，利用这个对话框可以全面地、精确地设置页边距、纸张等。

（1）页边距的设置

页边距是页面四周的空白区域，也就是正文与页边界的距离。在如图 3-3-10 所示的"页面设置"对话框"页边距"选项卡中可以设置文档正文距离纸张的上、下、左、右边界的大小，还可设置"纸张方向"等。当文档需要装订时，最好设置装订线的位置。装订线就是为了便于文档的装订而专门留下的宽度。如不需要装订则可以不设置此项。

对话框左下角有一个"应用于"选项，它表明当前设置的应用范围：整篇文档、所选取的文本或插入点之后，这将使一篇文档的不同部分产生不同的页面设置效果。

（2）纸张的设置

在如图 3-3-11 所示的"页面设置"对话框"纸张"选项卡中可以进行纸张的设置，包括纸张大小和纸张来源的设置。在"纸张大小"列表框中可以选择合适的纸张规格，也可在"宽度"和"高度"框中自定义设置精确的数值。

（3）版式的设置

在如图 3-3-12 所示的"页面设置"对话框"版式"选项卡中可以设置 Word 文档的节、页眉页脚、页面等参数。

（4）字符数/行数的设置

在如图 3-3-13 所示的"页面设置"对话框"文档网格"选项卡中可以设置文档的文字排

列、网格、字符数、行数等信息。

图 3-3-10 "页边距"选项卡

图 3-3-11 "纸张"选项卡

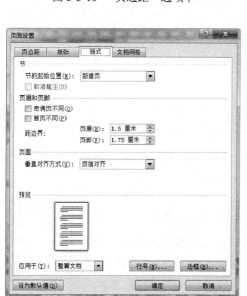

图 3-3-12 "版式"选项卡

图 3-3-13 "文档网格"选项卡

2. 页眉与页脚

页眉与页脚就是文档中每个页面的顶部、底部和两侧页边距中的区域，用户可以在页眉和页脚中插入文本或者图形，更加丰富页面的样式。

（1）"插入"和编辑"页眉和页脚"

单击"插入"选项卡的"页眉和页脚"组中的"页眉"按钮，在打开的下拉列表中有很多的样式可供选择，例如"空白"。这样，所选"页眉样式"就被应用到文档中的每一页了。如果下拉列表中没有所需样式，可以单击下拉列表中的"编辑页眉"命令，此时插入点将定位于页眉处等待用户输入自定义页眉内容，文档编辑区的内容将变灰不可编辑。同时在编辑窗口上方增加一个如图 3-3-14 所示的"页眉和页脚工具-设计"选项卡。

图 3-3-14 "页眉和页脚工具-设计"选项卡

在"页眉和页脚工具-设计"选项卡中可以选择相应工具按钮插入诸如页码、页数、当前日期等，也可单击"页脚"按钮，在打开的下拉列表中选择所需的页脚样式。当选择此下拉列表中的"编辑页脚"命令时，插入点将定位显示在页脚处等待用户输入，文档编辑区的内容也将变灰不可编辑。

单击"页眉和页脚工具-设计"选项卡中的"关闭"按钮，就可以退出页眉页脚编辑状态，插入点重新回到文档编辑区，而页眉页脚的内容将变灰。要重新编辑页面和页脚，也可双击页眉或页脚区域，将进入页眉和页脚的编辑状态。在设置页眉页脚时，Word 的部分功能菜单也依旧可以使用，例如左对齐、居中等。

要删除页眉页脚，可单击"插入"选项卡的"页眉和页脚"组中的"页眉"或"页脚"按钮，在下拉列表中选择"删除页眉"或"删除页脚"命令即可。

（2）不同页的页眉页脚设置

当版面设置为各页的页眉页脚均相同时，只需要设置某一页的页眉页脚，其余页的页眉页脚也随之设定。

如果需要各页的页眉页脚不同，可以在"页面设置"对话框的"版式"选项卡中勾选"奇偶页不同"、"首页不同"，还可根据需求选择应用于本节或者整篇文档。也可在"页眉和页脚工具-设计"选项卡"选项"组中勾选"奇偶页不同"、"首页不同"，这样设置以后即可分开编辑文档中不同页的页眉页脚。

（3）插入页码

将光标定位至页脚，在"插入"选项卡的"页眉和页脚"组中，单击"页码"命令，选择当前位置，再选择所需的页码格式即可。也可选择在页面顶端、页面底端或页边距等其他位置插入页码。如果已有的页码格式不满足用户需要，可以单击"设置页码格式"命令，打开"页码格式"对话框进行设置。如图 3-3-15 所示。

图 3-3-15 "页码格式"对话框

3. 首字下沉

所谓首字下沉，就是指文章或者段落的第一个字或前几个字比文章的其他字的字号要大，或者不同的字体。这样可以突出段落，更能吸引读者的注意。设置首字下沉的方法如下：

选择段落的第一个字，也就是要做"首字下沉"的文字。单击"插入"选项卡"文本"分组的"首字下沉"命令，在下拉列表中直接选择"下沉"或"悬挂"命令。一般使用"下沉"比较多，也比较适合中文的习惯。如果用户想修改首字下沉的参数，可以单击下拉列表中的"首字下沉选项"命令，在弹出的"首字下沉"对话框中设置即可。通常下沉行数不要太多，否则使文字太突出，反而影响文章的美观。

4．分栏

分栏指将文档中的文本分成两栏或多栏，是文档编辑中的一个基本方法，一般用于排版。设置分栏的方法如下：

选择需要设置分栏的文本，单击"页面布局"选项卡"页面设置"分组中"分栏"按钮，在下拉列表中有一栏、两栏、三栏、偏左和偏右，可以根据用户的需要来选择合适的栏数。如果下拉列表中没有符合需求的分栏数，可以单击"更多分栏"命令，在弹出的"分栏"对话框"栏数"中设定数目，最高上限为11。如果想要在分栏的效果中加上"分隔线"，可以在如图 3-3-16 所示的"分栏"对话框中勾选"分隔线"，单击"确定"按钮即可。

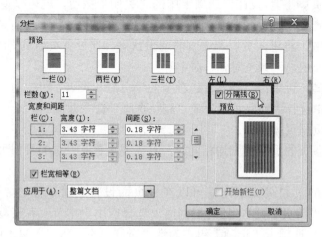

图 3-3-16 "分栏"对话框

5．设置页面边框

页面边框是指出现在页面周围的一条线、一组线或装饰性图形。页面边框在标题页、传单和小册子上十分常见。

单击"页面布局"选项卡"页面背景"分组的"页面边框"命令，打开"边框和底纹"对话框"页面边框"选项卡，如图 3-3-17 所示。在左侧的"设置"选择边框的位置及效果，然后在中侧的"样式"里设置边框线条的样式、颜色、宽度等参数，还可以设置艺术型页面边框。

6．设置页面背景

可以将纯色、渐变色、图案、图片或纹理作为页面背景。

在"页面布局"选项卡"页面背景"分组中单击"页面颜色"按钮，在下拉菜单中的颜色面板用户可以根据自己的需要选择页面颜色。还可以单击"填充效果"命令打开如图 3-3-18 所示的"填充效果"对话框，在该对话框中有"渐变"、"纹理"、"图案"和"图片"四个选项卡用于设置特殊的填充效果，设置完成后单击"确定"按钮即可。

图 3-3-17 "边框和底纹"对话框

图 3-3-18 "填充效果"对话框

3.4　表格的设计与制作

表格是一种简明、概要的表意方式，它由不同行、列的单元格组成，其结构严谨，效果直观，往往一张表格可以代替许多说明文字。Word 具有功能强大的表格制作功能。其"所见即所得"的工作方式使表格制作更加方便、快捷，可以满足制作中复杂表格的要求，并且能对表格中的数据进行较为复杂的计算。

3.4.1　插入并设置表格

1. 创建表格

创建表格的方法有以下三种：

(1) 拖动鼠标插入表格

将光标定位于需要插入表格的位置，单击"插入"选项卡"表格"组"表格"按钮，出现如图 3-4-1 所示的下拉列表，在下拉列表中表格区域拖动鼠标选中合适的行和列的数量，松开鼠标即可在页面中插入相应的表格。

(2) 使用"插入表格"对话框

将光标定位于需要插入表格的位置，单击"插入"选项卡"表格"组"表格"按钮，在出现的下拉列表中选择"插入表格"命令，在弹出如图 3-4-2 所示的"插入表格"对话框中"表格尺寸"区域分别设置表格行数和列数。在"'自动调整'操作"区域如果选中"固定列宽"单选框，则可以设置表格的固定列宽尺寸；如果选中"根据内容调整表格"单选框，则单元格宽度会根据输入的内容自动调整；如果选中"根据窗口调整表格"单选框，则所插入的表格将充满当前页面的宽度。选中"为新表格记忆此尺寸"复选框，则再次创建表格时将使用当前尺寸。设置完毕单击"确定"按钮即可。

图 3-4-1 "表格"下拉列表

图 3-4-2 "插入表格"对话框

(3) 绘制表格

使用"绘制表格"工具可以创建不规则的复杂表格，可以使用鼠标灵活地绘制不同高度或每行包含不同列数的表格。

将光标定位于需要插入表格的位置，单击"插入"选项卡→"表格"组→"表格"按钮，在出现的下拉列表中选择"绘制表格"命令，此时鼠标指针变为笔形，按住鼠标左键拖动鼠标即可绘制出表格。绘制完成后，单击表格以外的其他区域，指针恢复原状。

(4) 文本转换为表格

用户可以在文档中先输入文本，并在文本中插入制表符（如空格、逗号等）来划分列，以段落标记"回车"键来划分行，或直接利用已经存在的文本转换成表格。

选定要转换的文本。单击"插入"选项卡"表格"组"表格"按钮，在出现的下拉列表中选择"文字转换成表格"命令，弹出如图 3-4-3 所示的"将文字转换成表格"对话框。在"文字分隔位置"选项组中选择所需选项，如"逗号"，然后单击"确定"按钮，即可生成一个含有文本的表格。

注意：在文本中插入的制表符是要相对应的。如果是空格，那么在"文字分隔位置"选项组中就要选择以空格来划分表格的各个列。

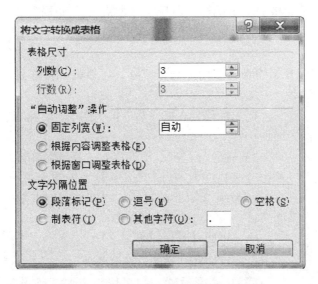

图 3-4-3 "将文字转换成表格"对话框

2．在表格中输入文字

创建好表格后，每一个单元格中会出现一个段落标记，将光标定位于单元格内，即可输入文本内容。

3．编辑表格

用户可以对已制作好的表格进行编辑修改，比如在表格中增加、删除表格的行、列及单元格，合并和拆分单元格等。

（1）选择单元格、行、列或表格

1）选择一个单元格：将鼠标放在单元格左侧，等指针变成指向右的黑色箭头时，单击鼠标即可。

2）选择一行或多行：将鼠标指向表格某一行的最左边，等指针变成指向右侧的白色箭头时，单击鼠标左键即可选中这一行。保持右指向的鼠标箭头状态，向上或向下拖动鼠标左键可以选中多行。

3）选择一列或多列：把鼠标指针移动到表格某一列的最上端，等指针变成向下指的黑色箭头时，单击鼠标左键即可选中整列。保持鼠标指针的黑色箭头状态，向左或向右拖动鼠标左键可以选中多列。

4）选择整个表格：用鼠标指向要选定表格的左上角，等鼠标图形变成⊞时，单击鼠标即可选中整个表格。

（2）表格中的插入和删除

1）插入行、列、单元格。在 Word 2010 文档表格中，用户可以根据实际需要插入行或列。在准备插入行或列的相邻单元格中单击鼠标右键，然后在打开的快捷菜单中指向"插入"命令，并在打开的下一级菜单中选择"在左侧插入列"、"在右侧插入列"、"在上方插入行"或"在下方插入行"命令。

用户还可以在"表格工具"功能区进行"插入行"或"插入列"的操作。在准备"插入行"或"列"的相邻单元格中单击鼠标,然后在"表格工具-布局"选项卡"行和列"分组中根据实际需要单击"在上方插入"、"在下方插入"、"在左侧插入"或"在右侧插入"按钮插入行或列。

如果要在位于文档开始的表格前增加一个空行,可以将光标移到第一行的第一个单元格,然后按下"回车"键。

图 3-4-4 "删除"下拉列表

把光标移到表格,然后按下回车键,可以在当前的单元格下面增加一行。

2)删除行、列、单元格。选择准备删除的行、列、单元格,单击"表格工具-布局"选项卡"行和列"分组中的"删除"命令,在如图 3-4-4 所示的下拉列表中根据实际需要选择相应命令即可。

(3)设置行高、列宽

设置行高和列宽的方法有两种:

1)功能区设置。如果用户需要精确设置行的高度和列的高度,可以在"表格工具"功能区设置精确数值。在表格中选中需要设置高度的行或需要设置宽度的列,在"表格工具-布局"选项卡"单元格大小"分组中调整"表格行高"数值或"表格列宽"数值,以设置表格行的高度或列的宽度。

2)鼠标法。将鼠标指针指向需要更改其宽度的列或行的边框上,直到指针变为双箭头形状,然后拖动边框,直至得到所需要的宽度为止。

(4)移动与缩放表格

将鼠标指针指向表格左上角的 图形,按住鼠标左键拖拽即可移动整个表格,拖拽过程中会有一个虚线框跟着移动。

缩放表格可以将表格整体进行放大或缩小。将鼠标指针指向表格右下角的方块,当指针变为双向箭头时,按住鼠标左键拖拽即可将整个表格进行大小缩放,拖拽过程中会有一个虚线框表示缩放尺寸。

(5)单元格的合并与拆分

在 Word 中,可以将表格中两个或两个以上的单元格合并成一个单元格,以便制作出的表格更符合用户的要求。合并单元格的方法如下:

选择需要合并的两个或两个以上单元格,单击"表格工具-布局"选项卡"合并"组中的"合并单元格"命令,或在右击弹出的快捷菜单中选择"合并单元格"命令,就可以合并单元格。

用户也可以根据需要将表格的一个单元格拆分成两个或多个单元格,从而制作较为复杂的表格。拆分单元格的方法如下:

选择要拆分的单元格,单击"表格工具-布局"选项卡"合并"组中的"拆分单元格"命令,打开"拆分单元格"对话框。在这个对话框中分别设置需要拆分成的"列数"和"行数",单击"确定"按钮,就可以得到拆分的单元格。

3.4.2 美化表格

1. 设置文字方向

Word 表格的每个单元格，都可以单独设置文字的方向，这大大丰富了表格的表现力。

先选中表格中的任一单元格，然后单击鼠标右键，在快捷菜单中选择"文字方向"，打开如图 3-4-5 所示的"文字方向-表格单元格"对话框。根据需要选择一种文字方向，可以在"预览"窗口中看到所选方向的式样，最后单击"确定"按钮，就可以将选中的方向应用于单元格的文字。

图 3-4-5 "文字方向-表格单元格"对话框

2. 文本对齐

要设置表格中内容对齐方式的办法有多种。首先选择要对齐内容的单元格，然后在"表格工具-布局"选项卡"对齐方式"组中单击需要的对齐方式即可。也可以使用右键快捷菜单"单元格对齐方式"命令，在下拉菜单中选择一种对齐方式即可。

3. 自动套用格式

使用"表格自动套用格式"命令可以快速地美化表格的设计。设置的方法如下：

选择需要自动套用格式的表格，在"表格工具-设计"选项卡"表格样式"组下拉列表框中选择相应的表格样式，即可自动套用表格样式。如果想修改已有样式，可以单击下拉列表中的"修改表格样式"命令，打开如图 3-4-6 所示的"修改样式"对话框即可设置。

4. 设置表格的边框与底纹

利用边框、底纹和图形填充功能可以增加表格的特定效果，以美化表格和页面，达到对文档不同部分的兴趣和注意程度。

要设置表格边框与底纹颜色有多种方法，但都是在选中表格的全部或部分单元格之后进行的，第一种方法是单击"表格工具-设计"选项卡"表格样式"组中的"边框"按钮，在下拉列表中选择"边框和底纹"命令；第二种方法是单击鼠标右键，在快捷菜单中选择"边框和底纹"菜单命令；第三种方法是单击"表格工具—布局"选项卡"表"组中的"属性"按钮打开"表格属性"对话框。在"表格属性"对话框"表格"选项卡中选择"边框和底纹"按钮。无使用哪一种方法，都将打开如图 3-4-7 所示"边框和底纹"对话框，可以多种方法都尝试一下。

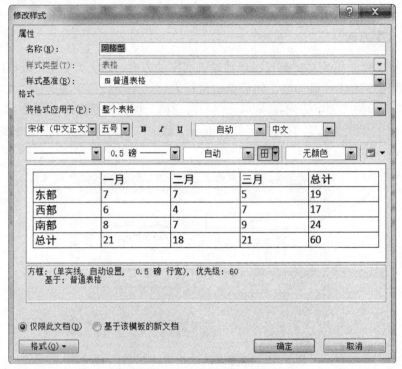

图 3-4-6 "修改样式"对话框

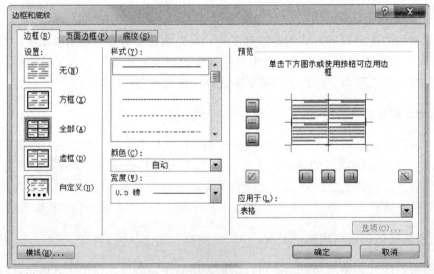

图 3-4-7 "边框和底纹"对话框

在打开的"边框和底纹"对话框中切换到"边框"选项卡，在"设置"区域选择边框显示位置。其中：

1）选择"无"选项表示被选中的单元格或整个表格不显示边框。
2）选中"方框"选项表示只显示被选中的单元格或整个表格的四周边框。
3）选中"全部"表示被选中的单元格或整个表格显示所有边框。

4）选中"虚框"选项，表示被选中的单元格或整个表格四周为粗边框，内部为细边框。

5）选中"自定义"选项，表示被选中的单元格或整个表格由用户根据实际需要自定义设置边框的显示状态，而不仅仅局限于上述四种显示状态。

在"样式"列表中选择边框的样式（例如双横线、点线等样式）；在"颜色"下拉菜单中选择边框使用的颜色；单击"宽度"下拉列表中选择边框的宽度尺寸。在"预览"区域，可以通过单击某个方向的边框按钮来确定是否显示该边框。设置完毕单击"确定"按钮。

5．绘制斜线表头

表格的斜线表头一般在表格的第一行的第一列，是复杂表格经常用到的一种格式。单击"表格工具-设计"选项卡"表格样式"组中的"边框"按钮，在下拉列表中选择某种斜线框线命令即可设置表格的斜线表头，如图 3-4-8 所示。也可通过单击"表格工具-设计"选项卡"绘制表格"组中的"绘制表格"按钮来绘制斜线表头。

图 3-4-8　"边框"下拉列表

6．表格中数据的计算与排序

（1）在表格中进行计算

单击要放置计算结果的单元格。然后选择"表格工具-布局"选项卡"数据"组中的"公式"命令，打开"公式"对话框。如图 3-4-9 所示。如果 Word 在"公式"框中建议的公式非用户所需，可以将其从"公式"框中删除。

图 3-4-9　"公式"对话框

从"粘贴函数"下拉列表框中选择所需的公式，选中的函数会出现在"公式"框中。例如，要进行求和可以单击"SUM"函数。在公式的括号中键入单元格引用，可引用单元格的内容。例如，需要计算单元格 A1 和 B4 中数值的和，应建立这样的公式："=SUM（A1，B4）"。在"编号格式"框中选择数字的格式。例如，要保留两位小数，则单击"0.00"。

注意：Word 是以域的形式将结果插入选定单元格的。如果所引用的单元格发生了更改，Word 不能自动更新计算结果，必须选定该域单击鼠标右键选择"更新域"命令，或按"F9"键，方可更新计算结果。

（2）在表格中进行排序

Word 提供了列数据排序功能，但是不能对行单元格的数据进行横向排序。排序的方法如下：

将插入光标定位到表格中欲排序的列上；单击"表格工具-布局"选项卡→"数据"组→"排序"命令，打开如图 3-4-10 所示的"排序"对话框。

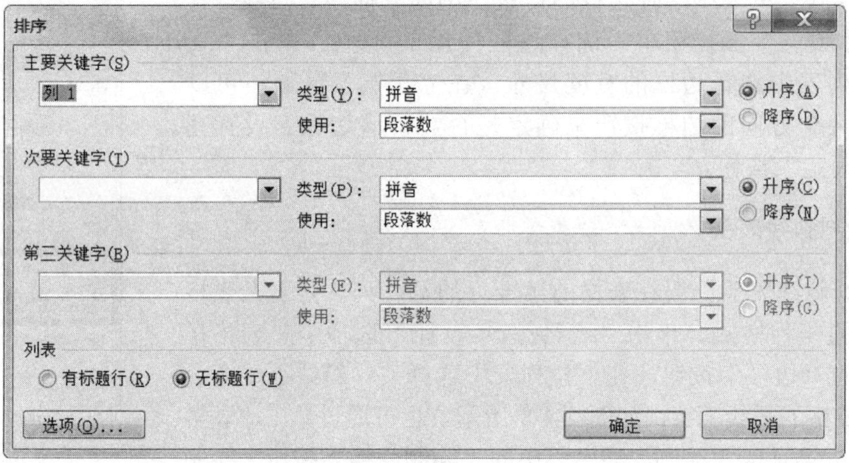

图 3-4-10 "排序"对话框

在"主要关键字"下边的下拉列表框中选择第一个排序的域名。在"类型"列表框中选定排序类型，如"笔画"、"拼音"、"数字"或"日期"。选择"升序"单选项，进行升序排序，选择"降序"单选项，进行降序排序。最后单击"确定"按钮。如果需要按多个关键字排序，还可以设置次要关键字和第三关键字排序参数。

3.5 图文混排

3.5.1 插入并设置文本框

在 Word 中，文本框是指一种可移动、可调大小的文字或图形容器。文本框与普通文本最大的区别就是其可随意移动到任何位置。通过使用文本框，用户可以将文本很方便地放置到文档页面的指定位置，而不必受到段落格式、页面设置等因素的影响。Word 2010 内置有多种样式的文本框供用户选择使用。插入文本框的步骤如下：

单击"插入"选项卡"文本"分组中的"文本框"按钮，在打开的内置"文本框"面板中选择合适的"文本框"类型，如图 3-5-1 所示。在文档编辑窗口，所插入的文本框处于编辑状态，直接输入用户的文本内容即可。如果内置的文本框样式不满足用户需要，可以选择该下拉列表中的"绘制文本框"命令，此时光标在文档编辑窗口变成"+"形，单击即可插入一个文本框。

对"文本框"中的内容同样可以进行插入、删除、修改、剪切和复制等操作，方法与文本内容相同。

选定"文本框",鼠标移动到"文本框"边框的八个控制点,当鼠标变成双向箭头时,按下鼠标左键并拖动,可以调整文本框的大小。

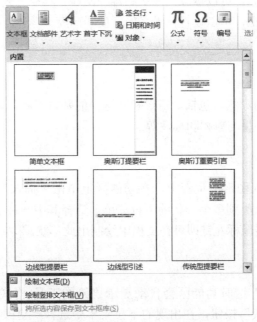

图 3-5-1 "文本框"下拉列表

当鼠标移动到"文本框"边框变成四向箭头形状时,按下鼠标拖动可以将"文本框"进行位置的移动。

当鼠标移动到"文本框"边框变成四向箭头形状时,右击鼠标在弹出的快捷菜单中选择"设置形状格式"命令,可以打开对话框进行文本框颜色和线条等属性的设置。

3.5.2 插入并设置艺术字

在 Word 2010 中,艺术字是一种包含特殊文本效果的绘图对象。用户可以利用这种修饰性文字,任意旋转角度、着色、拉伸或调整字间距,以达到文档的最佳效果。

1. 插入艺术字

将鼠标定位于要插入艺术字的位置上,单击"插入"选项卡→"文本"组"艺术字"按钮,在下拉列表中选择一种喜欢的 Word 2010 内置的艺术字样式,文档中将自动插入含有默认文字"请在此放置您的文字"和所选样式的艺术字,并且功能区将显示出"绘图工具"选项卡。

2. 修改艺术字效果

选择要修改的艺术字,单击功能区中"绘图工具-格式"选项卡,将显示艺术字的各类操作按钮。

1)在"形状样式"分组里,可以修改整个艺术字的样式,并可以设置艺术字形状的填充、轮廓及形状效果。

2）在"艺术字样式"分组里，可以对艺术字中的文字设置填充、轮廓及文字效果。
3）在"文本"分组里，可以对艺术字文字设置链接、文字方向、对齐文本等。
4）在"排列"分组里，可以修改艺术字的排列次序、环绕方式、旋转及组合。
5）在"大小"分组里，可以设置艺术字的宽度和高度。

3.5.3 绘制图形

图形是指一组现成的形状，包括如矩形和圆这样的基本形状，以及各种线条和连接符、箭头总汇、流程图符号、星与旗帜和标注等。

1．添加图形

将鼠标定位于要插入图形的位置上，在功能区上单击"插入"选项卡"插图"组"形状"按钮，弹出含有多个类别多个形状的下拉菜单，选择其中一种要绘制的形状，这时鼠标指针会变成十字形，单击鼠标左键即可在文档中绘制出此形状。

2．更改图形

选取要更改的形状，这时功能区会自动显示"绘图工具-格式"选项卡，在"插入形状"组中单击"编辑形状"按钮，在出现的下拉菜单中选择"更改形状"，然后选择其中一种形状即可更改。

3．重调图形的形状

选取图形，如果形状包含黄色的菱形调整控点，则可重调该形状。某些形状没有调整控点，因而只能调整大小。将鼠标指针置于黄色的菱形调整控点上，按住鼠标左键，然后拖动控点则可更改形状。

4．删除图形

在文档中选择要删除的图形，按键盘上的"Delete"键即可。

3.5.4 剪贴画

"剪贴画"是 Word 程序附带的一种矢量图片，包括人物、动植物、建筑、科技等各个领域，精美而且实用，有选择地在文档中使用它们，可以起到非常好的美化和点缀作用。插入"剪贴画"的方法如下：

单击"插入"选项卡"插图"分组中的"剪贴画"按钮，在文档编辑窗口右侧将打开"剪贴画"任务窗格，如图 3-5-2 所示，如果当前计算机处于联网状态，则可以选中"包括 Office.com 内容"复选框，单击"搜索"按钮，就会在下方列出所有的剪贴画。如果需要精确搜索内容，可在"搜索文字"编辑框中输入准备插入的"剪贴画"的关键字（例如"学生"），然后单击"搜索"按钮。在下方列出的"剪贴画"中单击所需的剪贴画，或单击"剪贴画"右侧的黑色三角，并在打开的菜单中单击"插入"按钮即可将该剪贴画插入到文档中。

图 3-5-2 "剪贴画"任务窗格

3.5.5 插入并设置图片

1. 插入图片文件

用户可以将多种格式的图片插入到 Word 2010 文档中，从而创建图文并茂的 Word 文档，操作步骤如下：

将光标定位于需要插入图片的位置，单击"插入"选项卡的"插图"分组中的"图片"按钮，打开如图 3-5-3 所示的"插入图片"对话框。找到并选中需要插入的图片，然后单击"插入"按钮即可。

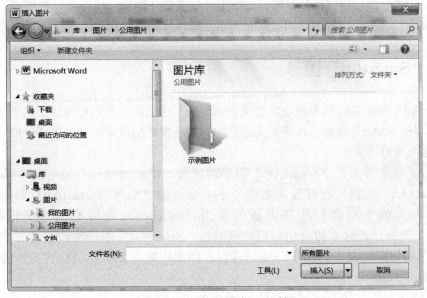

图 3-5-3 "插入图片"对话框

2. 图片的格式设置

（1）设置图片尺寸

在 Word 2010 文档中，用户可以通过多种方式设置图片尺寸。

1）拖动图片控制手柄。选中图片的时候，图片的周围会出现八个方向的控制手柄。拖动四角的控制手柄可以按照宽高比例放大或缩小图片的尺寸，拖动四边的控制手柄可以向对应方向放大或缩小图片，但图片宽高比例将发生变化，从而导致图片变形。

2）直接输入图片宽度和高度尺寸。如果用户需要精确控制图片在文档中的尺寸，则可以直接在"图片工具"功能区中输入图片的宽度和高度尺寸。选中需要设置尺寸的图片，在"图片工具-格式"选项卡的"大小"分组中，分别设置"宽度"和"高度"数值即可。

（2）设置图片样式

Word 2010 中新增了针对图形、图片、图表、艺术字、文本框等对象的样式设置，样式包括了渐变效果、颜色、边框、形状和底纹等多种效果，可以帮助用户快速设置上述对象的格式。

选中要设置的图片后，在"图片工具-格式"选项卡"图片样式"分组中，可以使用预置的样式快速设置图片的格式。当鼠标指针悬停在一个图片样式上方时，Word 2010 文档中的图片会即时预览实际效果。

除此之外，利用"图片样式"分组中的"图片边框"、"图片效果"等按钮还可以对图片进行更多自定义设置。

（3）"图片工具-格式"选项卡的具体功能

1）"调整"分组：调整图片的亮度、对比度和着色，"重设图片"可以从所选图片中删除裁剪，并返回初始设置的颜色、亮度和对比度。

2）"图片样式"分组：设置图片边框和效果，"图片版式"可以把图片转换成"SmartArt"图形，也可以打开"设置图片格式"对话框进行细节设置。

3）"排列"分组：设置图片位置、环绕方式以及图片旋转、组合和对齐等。

4）"大小"分组：设置图片的裁剪和大小，可以打开"布局"对话框进行细节设置。

3.5.6 "SmartArt"图形

"SmartArt"图形是信息和观点的视觉表示形式，也就是一系列已经成型的表示某种关系的逻辑图。"SmartArt"图形可以使得文字之间的关联性更加清晰，更加生动，能让用户以专业设计师水准来设计文档。

将光标定位于要插入"SmartArt"图形的位置，单击"插入"选项卡"插图"分组中的"SmartArt"按钮，在打开的如图 3-5-4 所示的"选择"SmartArt"图形"对话框中，单击左侧的类别名称选择合适的类别，然后在对话框右侧单击选择需要的"SmartArt"图形，此时右侧会出现用户选择的"SmartArt"图形的预览和介绍，最后单击"确定"按钮即可插入此图形。用户可以在图形中输入文字、调整各元素的位置、大小、颜色等。

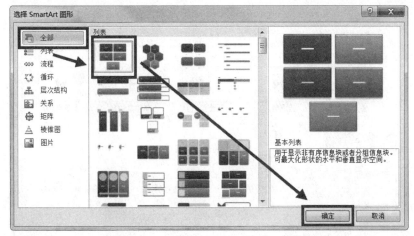

图 3-5-4 "选择 SmartArt 图形"对话框

3.5.7 图文混排技术

在编辑 Word 文档过程中，图文混排技术是常见的一类操作，合理的图文混排往往能使文档表现更有特色，同时使人读起来更易于理解。默认情况下，插入到 Word 2010 文档中的图片、艺术字等将作为字符插入到文档中，其位置随着其他字符的改变而改变，用户不能自由移动图片。而通过为图片设置文字环绕方式，则可以自由移动图片的位置。具体设置方法如下：

选中需要设置文字环绕的图片。在"图片工具→格式"选项卡中，单击"排列"分组中的"位置"按钮，则可在打开的预设位置列表中选择合适的文字环绕方式。这些文字环绕方式包括"顶端居左，四周型文字环绕"、"顶端居中，四周型文字环绕"、"中间居左，四周型文字环绕"、"中间居中，周型文字环绕"、"中间居右，四周型文字环绕"、"底端居左，四周型文字环绕"、"底端居中，四周型文字环绕"、"底端居右，四周型文字环绕"九种方式，如图 3-5-5 所示。

如果希望在 Word 2010 文档中设置更丰富的文字环绕方式，可以在"排列"分组中单击"自动换行"按钮，在打开的下拉列表中选择合适的文字环绕方式即可，如图 3-5-6 所示。如果需要设置其他文字环绕方式，可选择下拉列表中的"其他布局选项"命令，打开如图 3-5-7 所示的"布局"对话框设置。

图 3-5-5 "位置"按钮下拉列表

图 3-5-6 "自动换行"按钮下拉列表

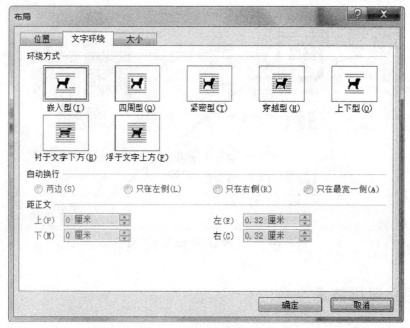

图 3-5-7 "布局"对话框

Word 2010 "自动换行"菜单中每种文字环绕方式的含义如下所述：

1）嵌入型：将图片嵌入到字里行间。这种环绕方式可以保证在文章前后修改内容时图片与文字的相对位置固定不变。除了嵌入型以外，其他文字环绕类型图片都是浮动存在，调整上下文内容可能会造成图片相对位置的改变。

2）四周型环绕：不管图片是否为矩形图片，文字以矩形方式环绕在图片四周。

3）紧密型环绕：如果图片是矩形，则文字以矩形方式环绕在图片周围，如果图片是不规则图形，则文字将紧密环绕在图片四周。

4）穿越型环绕：文字可以穿越不规则图片的空白区域环绕图片。

5）上下型环绕：文字环绕在图片上方和下方。

6）衬于文字下方：图片在下、文字在上分为两层，文字将覆盖图片，图片可以作为文字背景或者底纹存在。

7）浮于文字上方：图片在上、文字在下分为两层，图片将覆盖文字。

8）编辑环绕顶点：用户可以编辑文字环绕区域的顶点，实现更个性化的环绕效果。

3.6 打印文档

3.6.1 打印预览

在文档打印之前，可以先打印预览一下，以便有不满意的地方可以随时修改。打印预览的操作方法是：单击"文件"→"打印"命令，在屏幕最右侧即可预览打印效果，如图 3-6-1 所示。用户可以在底部调整显示的比例、显示的当前页面。

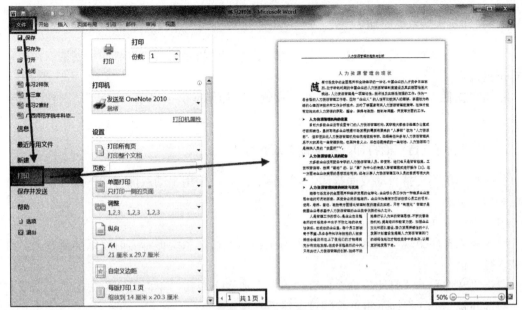

图 3-6-1　打印预览

3.6.2　打印设置

在 Word 2010 中，用户可以通过设置打印选项使打印设置更适合实际应用，且所做的设置适用于所有 Word 文档。打印设置的内容如下：

单击"文件"→"打印"命令。在面板左侧，单击"打印机"下拉列表，可以选择电脑中安装的打印机。可以根据需要修改"份数"数值以确定打印多少份文档。单击"调整"下拉列表，选中"调整"选项将完整打印第 1 份后再打印后续几份；选中"取消排序"选项则完成第一页打印后再打印后续页码。单击"打印所有页"下拉列表，可以在列表中选择下面几种打印范围：

1)"打印所有页"选项，就是打印当前文档的全部页面。

2)"打印当前页面"选项，就是打印光标所在的页面。

3)"打印所选内容"选项，则只打印选中的文档内容，但事先必须选中了一部分内容才能使用该选项。

4)"打印自定义范围"选项，则打印指定的页码。在下方"页数"栏中输入页码即可。

3.6.3　双面打印

在办公中打印耗材是非常昂贵的，所以为了尽量节省纸张，往往会将一张纸正面和反面都用上，即双面打印。毕业论文也经常要求进行双面打印。

某些打印机提供了自动在一张纸的两面上打印的选项（自动双面打印）。其他一些打印机提供了相应的说明，解释如何手动重新插入纸张，以便在另一面上打印（手动双面打印）。某些打印机根本不支持双面打印。

1. 打印机支持双面打印

若要检查打印机是否支持双面打印，可以查看打印机手册或咨询打印机制造商，也可以执行下列操作：

单击"文件"→"打印"命令。在"设置"下如果提供了"双面打印"，则打印机支持双面打印。

2. 打印机不支持双面打印，手动设置双面打印

如果打印机不支持自动双面打印，则有两种选择：使用手动双面打印，或分别打印奇数页面和偶数页面。

（1）手动双面打印

首先可以打印出现在纸张一面上的所有页面，然后在系统提示之时将纸叠翻过来，再重新装入打印机。

单击"文件"→"打印"命令。在"设置"命令下单击"单面打印"中的"手动双面打印"。打印时，Word 将提示将纸叠翻过来然后再重新装入打印机。

（2）分别打印奇数页和偶数页

单击"文件"→"打印"命令。在"设置"下单击"打印所有页"，在下拉列表中选择"仅打印奇数页"，然后单击"打印"按钮。打印完奇数页后，将纸叠翻转过来，然后在"设置"下单击"打印所有页"，在下拉列表中选择"仅打印偶数页"，然后单击"打印"按钮。

3.7 Word 高级应用

3.7.1 目录的创建与编辑

目录通常是文档不可缺少的部分，有了目录，用户就能很容易地知道文档中有什么内容，如何查找内容等。目录也是书籍和论文中必不可少的部分。Word 提供了自动创建目录的功能，使目录的制作变得非常简便，既不用费力地去手工制作目录、核对页码，也不必担心目录与正文不符。而且在文档发生了改变以后，还可以利用更新目录的功能来适应文档的变化。

1. 插入目录

Word 一般是利用标题或者大纲级别来创建目录的。因此，在创建目录之前，应把希望出现在目录中的标题应用内置标题样式（标题 1～标题 9）。也可以应用包含大纲级别的样式或者自定义的样式，如将章一级标题定为"一级标题"，节一级标题定为"二级标题"，小节一级标题定为"三级标题"。

一个文档的结构是否良好，可以从文章的"文档结构图"或者是"大纲视图"中看到。如果文档的结构性能比较好，创建出有条理的目录就会变得非常简单快速。

从标题样式创建目录的操作步骤如下：

1）把光标移到要插入目录的位置。一般是创建在该文档的开头或者结尾。

2）单击"引用"选项卡"目录"分组中"目录"按钮，在弹出的下拉列表中选择"插入目录"命令，打开如图 3-7-1 所示的"目录"对话框。

在"格式"列表框中选择目录的风格，选择的结果可以通过"打印预览"框来查看。如果选择"来自模板"选项，默认使用内置的目录样式（目录 1～目录 9）来格式化目录。如果要改变目录的样式，可以单击"修改"按钮，按更改样式的方法修改相应的目录样式。并且只有选择"来自模板"选项时，"修改"按钮才有效。

如果要在目录中每个标题后面显示页码，应选择"显示页码"复选框。

如果选中"页码右对齐"复选框，则可以让页码右对齐。

在"制表符前导符"列表框中指定标题与页码之间的制表位分隔符。

在"显示级别"列表框中指定目录中显示的标题层次。一般只显示三级目录比较恰当。

图 3-7-1 "目录"对话框

3）如果要使用自定义样式生成目录，可以单击"选项"按钮，打开如图 3-7-2 所示的"目录选项"对话框。先将"有效样式"对应的"目录级别"中的原有标题的目录级别删除，然后设置自定义样式的相应目录级别即可。设置完成后单击"确定"按钮。

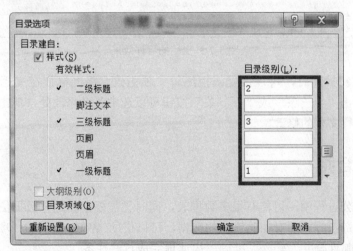

图 3-7-2 "目录选项"对话框

2. 更新目录

有时插入目录后，还需对文档内容（如正文、标题等）进行修改，这就会使部分章节的名称、页号发生变化，此时目录就需要进行更新，否则修改过的内容就无法正确显示。更新目录时，只需在文档内容修改后，在目录区域单击鼠标右键，在出现的快捷菜单中选择并单击"更新域"，在弹出的对话框中选择"更新整个目录"，目录立即被更新。

3.7.2 审阅修订

在一些文档完成之后，有时需要经过他人修改完善，使用审阅功能，修订者就可以留下自己的审阅痕迹，而文档作者也可以看到其他人的修改痕迹。

使用审阅修订功能的方法如下：单击"审阅"选项卡→"修订"组→"修订"命令，"修订"按钮此时处于选中状态。此时，分别对文档中文字进行修改、删除、插入等操作将出现修订的效果，如图 3-7-3 所示。

除此之外，还可以在文档中添加批注说明对文档的修改建议。首先选中要修改的文字，然后单击"审阅"选项卡→"批注"组→"新建批注"命令，文档右侧将出现灰色的标记区，此时就可以输入批注的内容。

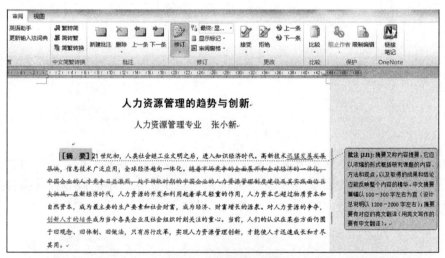

图 3-7-3 文档的修订效果

当审阅修订和批注时，可以接受或拒绝每一项更改。将光标放在文档开始处，在"审阅"选项卡中单击"上一条"或"下一条"按钮可以选中各个修改处，单击"接受"或"拒绝"按钮可以进行文档的修改。

3.7.3 邮件合并

在日常的办公过程中，可能有很多数据表，同时又需要根据这些数据信息制作出大量信函、信封或者工资条等。面对如此繁杂的数据，可以借助 Word 提供的一项功能强大的数据管理功能——"邮件合并"轻松、准确、快速地完成这些任务。

"邮件合并"这个名称最初是在批量处理"邮件文档"时提出的。具体地说就是在邮件文档（主文档）的固定内容中，合并与发送信息相关的一组通信资料（数据源：如 Excel 表、Access 数据表等），从而批量生成需要的邮件文档，大大提高工作的效率，"邮件合并"因此而得名。显然，"邮件合并"功能除了可以批量处理信函、信封等与邮件相关的文档外，一样可以轻松地批量制作标签、工资条、成绩单等。

邮件合并有三个基本过程：

1. 建立主文档

"主文档"就是前面提到的固定不变的主体内容，比如信封中的落款、信函中的对每个收信人都不变的内容等。以学生成绩通知单为例，主文档如图 3-7-4 所示。

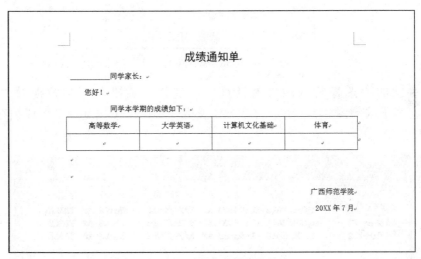

图 3-7-4　学生成绩通知单

2. 准备好数据源

数据源就是含有标题行的数据记录表，其中包含着相关的字段和记录内容。数据源表格可以是 Word、Excel、Access 或 Outlook 中的联系人记录表。如图 3-7-5 所示为学生的各科成绩表。

	A	B	C	D	E
	姓名	高等数学	大学英语	计算机文化基础	体育
	马文英	82	75	81	90
	陆　雅	73	83	72	85
	王明伟	64	70	66	87
	吴艳萍	89	83	93	85

图 3-7-5　学生的各科成绩表

3. 把数据源合并到主文档中

前面两个过程都做好之后，就可以将数据源中的相应字段合并到主文档的固定内容之中了，表格中的记录行数，决定着主文件生成的份数。整个合并操作过程就是邮件合并的过程。具体操作如下：

1）打开"学生成绩通知单.docx"。在 Word 窗口中选择"邮件"选项卡，单击"开始邮件合并"分组中的"开始邮件合并"按钮，并在打开的下拉菜单中选择"信函"命令。

2）在"开始邮件合并"分组中单击"选择收件人"，并在打开的下拉菜单中选择如图 3-7-6 所示的"使用现有列表"命令。

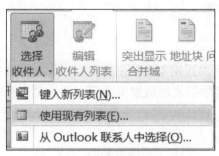

图 3-7-6 "使用现有列表"命令

3）在弹出的"选择数据源"对话框中，选择之前准备好的数据源"学生成绩表.xlsx"，在弹出的如图 3-7-7 所示的"选择表格"对话框中，选择学生成绩存放的工作表"Sheet1$"。

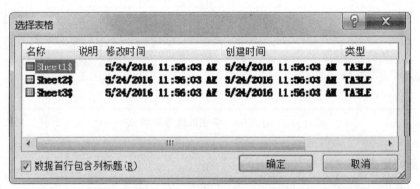

图 3-7-7 "选择表格"对话框

4）将光标定位于"学生成绩通知单"文档中"同学"前的空格位置，单击如图 3-7-8 所示的"编写和插入域"组中"插入合并域"按钮，并在打开的下拉菜单中选择"姓名"来插入姓名项。然后用同样的方法依次插入"高等数学"、"大学英语"、"计算机文化基础"、"体育"等其他项。完成后的结果如图 3-7-9 所示。

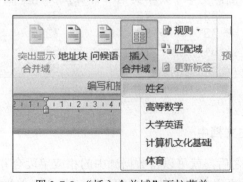

图 3-7-8 "插入合并域"下拉菜单

5）设置后，可以在"预览结果"组中单击"预览结果"按钮查看邮件合并的结果。如果对结果满意，就可以单击"完成并合并"按钮，并在打开的下拉菜单中选择"编辑单个文档"命令。在弹出的"合并到新文档"对话框中，选择合并的范围，如图 3-7-10 所示。单击"确定"后，将生成一个新文档"信函 1"，其中的每一页就是每个同学的成绩通知单，合并后的新文档如图 3-7-11 所示。

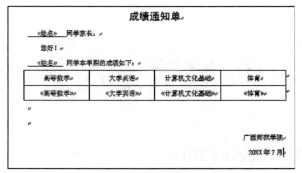

图 3-7-9　插入合并域后的文档

图 3-7-10　"合并到新文档"对话框

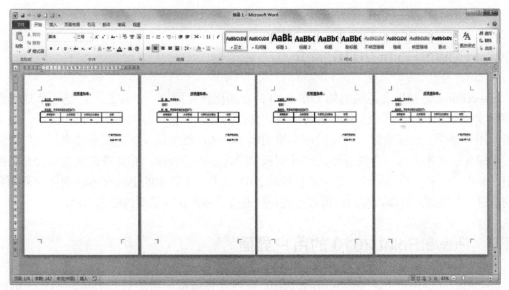

图 3-7-11　合并后的新文档

思 考 题

1．Word 2010 的视图方式有哪些？分别有什么特点？
2．举例说明，在 Word 2010 中如何选定文本。
3．字符格式和段落格式的区别是什么？
4．什么是样式？如何添加新样式？
5．如何删除表格中的文字？如何删除表格？
6．Word 2010 有哪些环绕方式？
7．如何给一篇文档自动添加目录？

第4章

PowerPoint 2010 演示文稿

4.1 认识 PowerPoint 2010

PowerPoint 是目前比较常用的演示文稿软件。本节将简单介绍 Microsoft PowerPoint 2010 的用户界面及其三个工作区域。

4.1.1 PowerPoint 2010 简介

PowerPoint 是微软公司推出的 Office 办公自动化软件的核心组件之一,是一个功能强大的演示文稿制作软件,演示文稿中的每一页叫做幻灯片。该软件界面简洁、操作简单,集文字排版、图片处理、动画设置、音视频使用等功能于一体,能达到较佳的演示效果。被广泛运用于教学培训、讲座汇报、会议总结、产品演示和广告宣传等领域,并具有记录生活、充当阅读笔记、制作海报和简历等用途。近年来新推出 2010 版及以上版本的 PowerPoint 对用户界面和部分功能进行了改进和升级,使用户可以更加便捷地查看和创建高品质的演示文稿。

4.1.2 PowerPoint 2010 的用户界面

PowerPoint 2010 采用了与 Office 2010 系列软件风格一致的操作界面,相比之前的版本,PowerPoint 2010 的界面更加简洁和模块化,也更便于操作。根据不同的使用目的,该界面可分为状态区、功能区和编辑区三个工作区域,每个工作区域含有不同的功能模块。Microsoft PowerPoint 2010 主界面如图 4-1-1 所示。

1. 状态区

状态区主要用于查看幻灯片的当前状态,包含快速访问工具栏、标题栏、状态栏三个部分。

(1)快速访问工具栏

"快速访问工具栏"位于界面左上角位置,通过它可以快速访问频繁使用的命令,如"保存"、"撤销"、"重复"等命令。若需要快速访问更多的命令,如"打开"命令,可通过以下三种方法将命令添加到"快速访问工具栏"。

图 4-1-1 Microsoft PowerPoint 2010 主界面

1）单击右侧的"自定义快速访问工具栏"按钮，在下拉菜单中选择"打开"命令。

2）单击右侧的"自定义快速访问工具栏"按钮，在下拉菜单中选择"其他命令"，在"PowerPoint 选项"对话框中点选左侧列表中的"打开"命令，单击"添加"按钮，然后单击"确定"，如图 4-1-2 所示。

3）单击"文件"菜单，选择"选项"，在弹出的"PowerPoint 选项"对话框中选择"快速访问工具栏"，在左侧列表中选择"打开"命令，单击"添加"按钮，单击"确定"。

若需要调整快速访问工具栏的位置，可在其右侧下拉菜单中选择"在功能区下方显示"命令，可将快速访问工具栏调整到功能区下方。

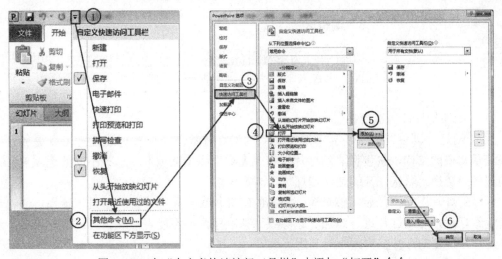

图 4-1-2 在"自定义快速访问工具栏"中添加"打开"命令

（2）标题栏

标题栏位于界面的最顶端，显示当前演示文稿的文件名。启动 PowerPoint 2010 后，系统自动建立一个空白的演示文稿，默认名称为"演示文稿 1"。界面右上角的三个按钮分别为"窗口最小化"、"最大化"和"关闭"按钮。

（3）状态栏

如图 4-1-3 所示的状态栏位于界面的最底端，主要用于显示当前演示文稿的常用参数及工作状态。状态栏左侧显示幻灯片的总页数、当前幻灯片是第几张、幻灯片采用的主题版式等。状态栏右侧放置了演示文稿的视图切换按钮及显示比例，单击不同的视图切换按钮，可切换到不同的视图模式；拖动显示比例栏中的滑块，可将幻灯片编辑窗口调整到相应的显示大小。

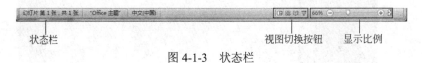

图 4-1-3　状态栏

2．功能区

标题栏的下方是功能区，功能区主要用于提供各种执行命令，主要包含"文件"菜单和功能选项卡两个部分。

图 4-1-4　"文件"菜单

（1）"文件"菜单

如图 4-1-4 所示的"文件"菜单位于功能区的左上角，单击"文件"按钮，在下拉菜单中可执行新建、打开、保存和打印等操作。

（2）"功能"选项卡

功能区中包含了多个"功能"选项卡，PowerPoint 2010 的各种操作基本都集成在各功能选项卡中，每个选项卡包含了许多不同类型的功能组块，不同的功能组块中又放置了与其相关的命令按钮或列表框，每一个选项卡都与一种类型的活动相关，而功能区中的某些选项卡只有在需要时才显示。例如，当单击 PowerPoint 中的图片时，功能区中才显示"图片工具"的"格式"选项卡。

3．编辑区

功能区的下方是编辑区，编辑区几乎占据了 PowerPoint 2010 界面 3/4 的位置，包含大纲/幻灯片浏览窗格、幻灯片编辑窗口、备注窗格三个部分。

（1）大纲/幻灯片浏览窗格

大纲/幻灯片浏览窗格用于显示演示文稿的幻灯片数量及位置，通过它可以更加方便地掌握演示文稿的结构，它包括"幻灯片"和"大纲"两个选项卡，选择不同的选项卡可在不同的窗格间切换。默认打开的是"幻灯片"浏览窗格。

1)"幻灯片"窗格：显示整个演示文稿的幻灯片编号和缩略图。通过该窗格可快速定位到指定幻灯片，对幻灯片进行添加、删除或调整顺序，但不能直接编辑其内容。可单击选定某张幻灯片，在幻灯片编辑区中对其进行编辑。

2)"大纲"窗格：显示当前演示文稿中各张幻灯片的文本内容。通过该窗格可快速定位到指定幻灯片，直接编辑其文本内容。

（2）幻灯片编辑窗口

幻灯片编辑窗口是编辑幻灯片内容的主要场所，是演示文稿的核心部分，在该区域中可以对幻灯片的内容进行编辑、查看和添加对象等操作。

（3）备注窗格

备注窗格位于编辑窗口的下方，主要用于添加提示内容、注释信息和相关说明。其内容并不对外播放，而是为了使演讲者更好地掌握和讲解幻灯片中的展示内容。

4.2 PowerPoint 2010 的基本操作

根据不同的内容需要，可在 PowerPoint 2010 中创建各种不同类型的演示文稿，演示文稿中的每一页叫做幻灯片。本节将介绍新建、打开、关闭和保存演示文稿的几种方法。

4.2.1 新建空白演示文稿

当 PowerPoint 2010 处于关闭或打开的状态时，其创建方法有所不同。

1．首次启动 PowerPoint 2010 会自动创建空白演示文稿

当软件处于关闭状态，首次打开 PowerPoint 2010 时，可单击桌面状态栏的"开始"按钮，在"所有程序"中找到 Microsoft PowerPoint 2010，单击打开软件；或者双击该软件在桌面的快捷图标，即可进入 PowerPoint 2010 的用户界面。此时软件自动新建一个演示文稿，临时文件名为"演示文稿 1"，如图 4-2-1 所示。

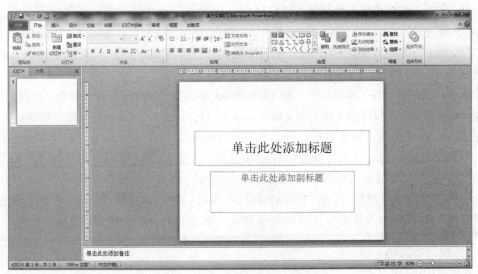

图 4-2-1　自动新建"演示文稿 1"

2．使用"文件"菜单或"快速访问工具栏"创建空白演示文稿

若软件在打开状态时需新建另一个演示文稿，可通过"文件"菜单或"快速访问工具栏"创建空白演示文稿。

1）通过"文件"菜单创建：在 PowerPoint 2010 中，单击"文件"选项卡下的"新建"按钮，在"可用的模板和主题"列表中选择一个模板，如"空白演示文稿"，单击右侧"创建"按钮，即可新建一个演示文稿。如图 4-2-2 所示。

2）通过"快速访问工具栏"创建：在 PowerPoint 2010 中，单击"自定义快速访问工具栏"按钮，在弹出的快捷菜单中选择"新建"命令，将"新建"命令添加到快速访问工具栏中，然后单击快速访问工具栏中的"新建"按钮，即可新建一个空白演示文稿。

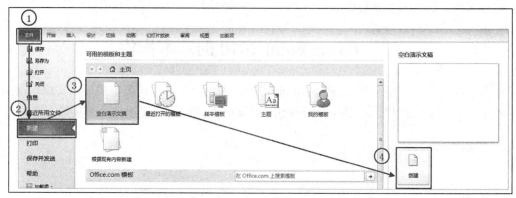

图 4-2-2　通过"文件"菜单创建空白演示文稿

4.2.2　打开和关闭演示文稿

1．打开演示文稿

在 PowerPoint 中可以通过四种方法打开已经创建的演示文稿进行编辑和浏览。

方法一：直接双击打开。Windows 操作系统会自动将".ppt"、".pptx"、".pot"、".pots"、".pps"、".ppsx"等格式的演示文稿、演示模板文件进行关联，用户只需双击这些文档，即可启动 PowerPoint 2010，同时打开指定的演示文稿。

方法二：通过"文件"菜单打开。在 PowerPoint 中执行"文件→打开"命令，在弹出的"打开"对话框中选择需要打开的文件夹和文件名，单击"打开"按钮，即可打开选定的演示文稿。

方法三：通过快速访问工具栏打开。在 PowerPoint 2010 中，单击"自定义快速访问工具栏"下拉按钮，将"打开"命令添加到快速访问工具栏中。然后单击"打开"命令按钮，弹出"打开"对话框，选择需要打开的演示文稿，单击"打开"按钮即可。

方法四：使用快捷键打开。在 PowerPoint 2010 窗口中，直接按"Ctrl+O"组合快捷键，打开"打开"对话框，选择需要打开的演示文稿，单击"打开"按钮即可。

2．关闭演示文稿

在 PowerPoint 2010 中，用户可以通过四种方法将已打开的演示文稿关闭。

方法一：直接单击 PowerPoint 2010 用户界面右上角的"关闭"按钮，关闭当前的演示文稿。

方法二：在 PowerPoint 2010 中执行"文件→退出"命令，可关闭打开的演示文稿，同时也会关闭 PowerPoint 2010 应用程序窗口。

方法三：在 Windows 任务栏中右键单击 PowerPoint 2010 程序图标按钮，从弹出的快捷菜单中选择"关闭窗口"命令，关闭 PowerPoint 2010 应用程序窗口。

方法四：在键盘上按"Alt+F4"组合快捷键，关闭 PowerPoint 2010 应用程序窗口。

4.2.3 保存演示文稿

在新建演示文稿时，PowerPoint 以临时文件名"演示文稿 1"命名，此时文件还没有保存到硬盘中，关机后演示文稿就从内存中清除。为避免数据意外丢失，可在演示文稿的创建和编辑过程中进行保存。保存演示文稿的方式一般与其他 Windows 应用程序的保存方法相似，主要有常规保存、另存为、自动保存等三种保存方式。

1．常规保存

文件在进行常规保存时，方法有三种。

方法一：在 PowerPoint 中单击"文件"菜单，在弹出的下拉菜单中选择"保存"按钮。

方法二：在快速访问工具栏中单击"保存"按钮 。

方法三：在键盘上按"Ctrl+S"快捷组合键。

当用户第一次保存该演示文稿时，单击"保存"按钮会打开"另存为"对话框，供用户选择保存位置，并将默认文件名"演示文稿 1"改为新的文件名，单击"保存"按钮，即可保存选定的演示文稿。若非首次保存，任选以上一种方法操作之后，系统会进行保存，不再弹出对话框。

2．另存为

另存一份演示文稿是指在其他位置或以其他名称保存已保存过的演示文稿的操作。单击"文件"菜单下的"另存为"按钮打开如图 4-2-3 所示的"另存为"对话框，可将演示文稿另外存储，能保证其编辑操作对原文档不产生影响，相当于将当前打开的演示文稿做一个备份。

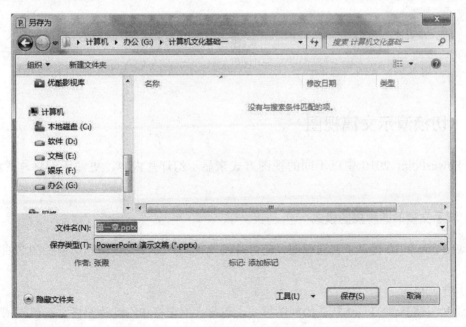

图 4-2-3　"另存为"对话框

3. 自动保存

PowerPoint 2010 具有自动备份文件的功能,每隔一段时间系统会自动保存一次文件。若使用该功能,即使在退出 PowerPoint 2010 之前未保存文件,系统也会恢复到最近一次的自动备份文件。可按以下步骤设置文件的自动保存参数,并自动恢复未保存的文稿。

1)启动 PowerPoint 2010 应用程序,打开一个空白演示文稿。

2)单击"文件"菜单,在弹出的下拉菜单中选择"选项"命令,打开"PowerPoint 选项"对话框。

3)选择"保存"选项卡,设置文件的保存格式、文件自动保存的时间间隔、自动恢复文件位置和默认文件位置,如图 4-2-4 所示,单击"确定"按钮。

4)单击"文件"菜单,从弹出的下拉菜单中选择"最近所用文件"命令,在右侧的窗格中单击"恢复未保存的演示文稿"按钮,如图 4-2-5 所示。在"打开"对话框中选择需要恢复的文件,单击"打开"按钮即可。

保存文件时,系统给演示文稿取默认的文件类型为".pptx",可以在"另存为"对话框的"保存类型"下拉列表框中选择不同的选项,将演示文稿存储为不同的类型。

图 4-2-4 "保存"选项卡

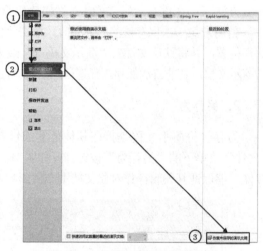

图 4-2-5 恢复未保存的演示文稿

4.2.4 切换演示文稿视图

在 PowerPoint 2010 中以不同的视图方式来显示幻灯片内容,更便于幻灯片的演示和编辑。

1. 演示文稿的四种视图模式

PowerPoint 2010 提供了普通视图、幻灯片浏览视图、备注页视图和阅读视图这四种视图模式。

(1)普通视图

普通视图是 PowerPoint 默认的视图模式,包含大纲窗格和幻灯片窗格。在该视图中,可以对幻灯片进行选择、增加、移动、复制、删除等操作,也可以查看、编辑幻灯片中的各种对象,如图 4-2-6 所示。

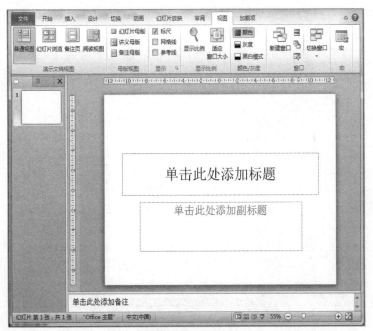

图 4-2-6　普通视图

(2) 幻灯片浏览视图

在如图 4-2-7 所示的幻灯片浏览视图中,可以同时显示多张幻灯片,浏览整个演示文稿,也可以对幻灯片进行添加、删除、复制和移动等操作。

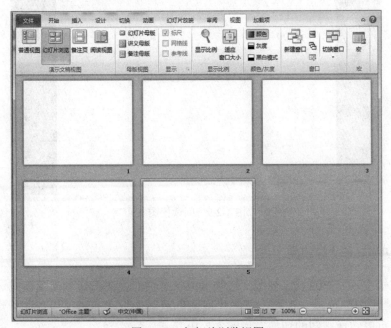

图 4-2-7　幻灯片浏览视图

(3) 备注页视图

在如图 4-2-8 所示的备注页视图下,可以完成备注内容的输入。幻灯片缩略图下方带有备注页方框，可以通过单击方框来输入备注文字，也可以在普通视图中输入备注文字。

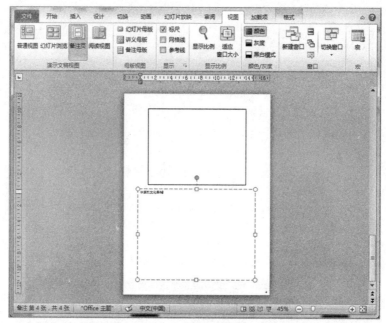

图 4-2-8　备注页视图

（4）阅读视图

在如图 4-2-9 所示的阅读视图下，可以进入放映视图，只是放映方式不同。

图 4-2-9　阅读视图

2．如何切换演示文稿视图

在演示文稿中，可以通过"视图"选项卡或状态栏的视图按钮对视图模式进行切换。

1）通过"视图"选项卡切换：单击"视图"选项卡上"演示文稿视图"组中的不同视图模式按钮，可以实现视图的切换。如图 4-2-10 所示。

2）通过状态栏的视图按钮切换：在 PowerPoint 2010 状态栏的右侧，有普通视图、幻灯片浏览视图、阅读视图这三个视图按钮 。单击不同的视图按钮，可以在不同的视图中切换。

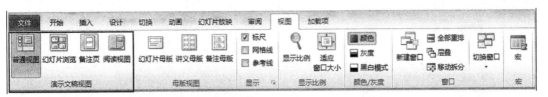

图 4-2-10 "视图"选项卡上的"演示文稿视图"组

4.2.5 处理幻灯片

幻灯片是演示文稿的重要组成部分，在 PowerPoint 2010 中处理幻灯片，主要包括选择、插入、移动、复制、删除和隐藏幻灯片等操作。

1．选择幻灯片

在 PowerPoint 2010 中，用户可以对选中的一张或多张幻灯片进行操作。以下是选择单张或多张幻灯片的方法。

1）选择单张幻灯片：在普通视图或幻灯片浏览视图下，单击需要的幻灯片，即可选中该张幻灯片。

2）选择全部幻灯片：在普通视图或幻灯片浏览视图下，按"Ctrl+A"组合键，可以选中当前演示文稿中的所有幻灯片。

3）选择连续的多张幻灯片：首先单击起始编号的幻灯片，然后按住"Shift"键，单击结束编号的幻灯片，此时两张幻灯片之间的多张幻灯片被同时选中。

4）选择不相连的多张幻灯片：先单击选中一张幻灯片，然后在按住"Ctrl"键的同时，单击编号不相连的其他幻灯片，这时多张编号不相连的幻灯片被同时选中。若在按住"Ctrl"键的同时，再次单击选中的幻灯片，则取消选择该幻灯片。例如，先按"Ctrl+A"组合键，选中演示文稿中的所有幻灯片，然后按住"Ctrl"键的同时，单击不需要选择的幻灯片，则取消选择这些幻灯片，剩下选中的幻灯片即为需要选中的幻灯片。如图 4-2-11 所示。

5）拖动鼠标框选幻灯片：在幻灯片浏览视图下，将鼠标定位到界面空白处或幻灯片之间的空隙中，按下左键进行拖动，鼠标滑过的幻灯片都将被选中。

2．插入幻灯片

在演示文稿中插入新幻灯片可通过三种方法。

（1）通过"幻灯片"选项组插入

在幻灯片/大纲浏览窗格中，选择一张幻灯片，单击"开始"选项卡上"幻灯片"组中的"新建幻灯片"按钮，即可插入一张默认版式的幻灯片。当需要应用其他版式时，可单击"新建幻灯片"按钮右下方的下拉按钮，在弹出的版式菜单中选择需要的样式，即可插入该样式的幻灯片，如图 4-2-12 所示。

（2）通过右击插入

在幻灯片浏览窗格中，右键单击一张幻灯片，在弹出的快捷菜单中选择"新建幻灯片"命令，即可在选中的幻灯片之后插入一张版式相同的新幻灯片，如图 4-2-13 所示。

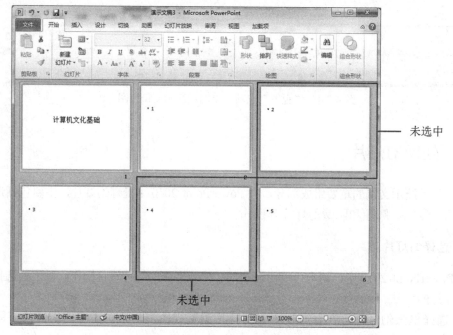

图 4-2-11　选择不相连的多张幻灯片

图 4-2-12　"新建幻灯片"的下拉菜单

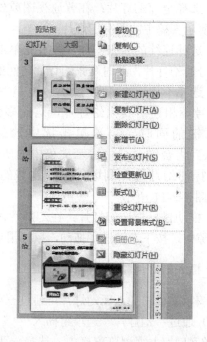

图 4-2-13　插入新幻灯片

（3）通过按"回车"键插入

在幻灯片浏览窗格中，选择一张幻灯片，然后按回车键，或按"Ctrl+M"组合键，即可快速插入一张与选中幻灯片具有相同版式的新幻灯片。

3．移动与复制幻灯片

在 PowerPoint 2010 中，可以根据需要随时移动与复制幻灯片。

（1）移动幻灯片

在制作演示文稿时，为调整幻灯片的播放顺序，需要对幻灯片进行移动操作。但无论是移动同一演示文稿中的幻灯片，还是移动不同演示文稿中的幻灯片，都离不开剪切粘贴法和拖动法这两种方法。

方法一："剪切""粘贴"法。

1）选中需要移动的幻灯片，在"开始"选项卡的"剪贴板"组中单击"剪切"按钮，或者右键单击选中的幻灯片，在弹出的快捷菜单中选择"剪切"命令或者按"Ctrl+X"组合键。

2）在需要插入幻灯片的位置单击，然后在"开始"选项卡的"剪贴板"组中单击"粘贴"按钮，或者在目标位置右击，在弹出的快捷菜单中选择"粘贴选项"命令，或者按"Ctrl+V"组合键。

方法二：拖动法。

1）若需要移动同一演示文稿中的幻灯片，先选中需要移动的幻灯片，按住鼠标左键不放，将其拖动到该演示文稿中的目标位置后再松开鼠标。

2）若需要移动不同演示文稿中的幻灯片，先在任意一个演示文稿中，单击"视图"选项卡"窗口"组中的"全部重排"按钮，此时系统自动将两个演示文稿显示在一个界面中，如图 4-2-14 所示；然后选择要移动的幻灯片，按住鼠标左键不放，拖动至另一演示文稿中，此时目标位置上将出现一条横线，松开鼠标即可。

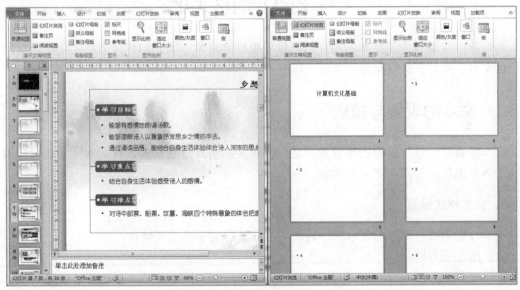

图 4-2-14　两个演示文稿显示在一个界面中

（2）复制幻灯片

为使新建的幻灯片与已经建立的幻灯片保持相同的版式和设计风格，可以通过复制相同的幻灯片来实现，然后再对其进行适当修改。复制幻灯片的基本方法主要有两种。

方法一："复制""粘贴"法。

1）选中需要复制的幻灯片，单击"开始"选项卡上"剪贴板"组中的"复制"按钮，或者右键单击选中的幻灯片，从弹出的快捷菜单中选择"复制"命令，或者按"Ctrl+C"组合键。

2）在需要插入幻灯片的位置单击，然后在"开始"选项卡的"剪贴板"组中单击"粘贴"按钮，或者在目标位置右击，从弹出的快捷菜单中选择"粘贴选项"命令，或者按"Ctrl+V"组合键。

方法二：拖动法。

先选中需要复制的幻灯片，按住鼠标左键不放，然后同时按住"Ctrl"键，拖动选定的幻灯片，在拖动过程中，鼠标指针旁将出现一个"+"号，到达指定位置时，释放鼠标左键，再松开"Ctrl"键，选择的幻灯片将被复制到目标位置。

4．删除幻灯片

在演示文稿中删除幻灯片的方法主要有两种。

方法一：选择要删除的幻灯片，单击鼠标右键，在弹出的快捷菜单中选择"删除幻灯片"命令。

方法二：选择要删除的幻灯片，直接按"Delete"键即可。

5．隐藏幻灯片

在编辑演示文稿时，可将暂时不需要的幻灯片进行隐藏。选择需要隐藏的幻灯片缩略图，单击鼠标右键，从弹出的快捷菜单中选择"隐藏幻灯片"命令即可。

4.3 幻灯片的格式化

幻灯片中主要包含了文本、图片、音频和视频等对象，因此幻灯片的格式化就是对幻灯片中的文本、图片、音视频等对象进行格式设置。

4.3.1 文本的设置与排版

文本是表达幻灯片内容的重要元素之一，对文本格式进行设置，对文本段落进行排版，有助于更好地呈现幻灯片的文本内容。

1．文本格式设置

文本设置主要包括添加文本框、输入文本、设置文字格式等操作。

（1）添加文本框

单击"插入"选项卡上"文本"组中的"文本框"下拉按钮，选择"横排文本框"或"垂直文本框"命令，如图 4-3-1 所示。移动鼠标指针到幻灯片的编辑窗口，在幻灯片页面中按住鼠标左键并拖动，鼠标指针变成十字形状；当拖动到合适大小的矩形框后，释放鼠标完成文本框的插入。

图 4-3-1 "文本框"下拉按钮

（2）输入文本

在编辑幻灯片时，可通过直接打字、复制粘贴文本或从外部导入文本等方式来输入文本。

1）直接打字：将光标定位到幻灯片中的文本框内，直接敲击键盘输入文字内容。

2）复制粘贴文本：先从其他文档中复制一段文字，然后将鼠标定位到幻灯片的编辑窗口，进行粘贴。

3）导入文本：单击"插入"选项卡上"文本"组中的"对象"命令，打开"插入对象"对话框，在对话框中选择"由文件创建"单选钮；单击"浏览"按钮，在打开的"浏览"对话框中选择要导入的文件，单击"确定"按钮。此时，在"插入对象"对话框的"文件"文本框中将显示该文档的路径，如图 4-3-2 所示，单击"确定"按钮导入文本，此时幻灯片中将显示导入的文档文本内容。

（3）设置文字格式

选中需要设置格式的文本，单击"开始"选项卡上"字体"选项组中的相应按钮，对文本的字体、字号、加粗、倾斜、下划线、字符间距等进行设置，如图 4-3-3 所示。或者单击"字体"组右下角的"字体"对话框按钮，在弹出"字体"对话框之后，对"字体"和"字符间距"选项卡中的选项进行设置，如图 4-3-4 所示。或者右键单击选中的文本，在下拉快捷菜单中选择"字体"按钮，在弹出的"字体"对话框中进行相应设置。

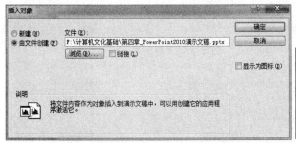

图 4-3-2 "插入对象"对话框

图 4-3-3 "字体"选项组

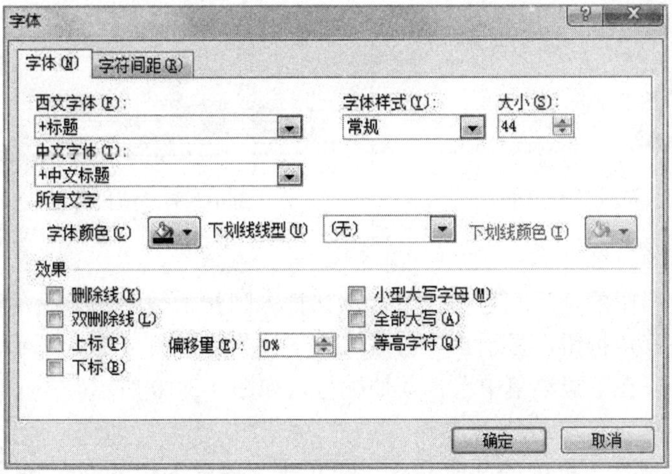

图 4-3-4 "字体"对话框

2．文本段落排版

选中需要进行文本排版的段落，单击"开始"选项卡上"段落"组中的相应按钮，对段落的项目符号、编号、行间距、对齐方式等进行设置，如图 4-3-5 所示。或者单击"段落"组右下角的"段落"对话框按钮，弹出"段落"对话框之后，对其"缩进和间距"、"中文版式"中的选项进行相应设置，如图 4-3-6 所示，或者右键单击选中的文本段落，在下拉快捷菜单中选择"段落"按钮，通过设置"段落"对话框对段落进行排版。

（1）设置段落项目符号

单击"段落"组中的项目符号按钮，或单击该图标右侧的倒立三角按钮，显示"项目符号"下拉菜单如图 4-3-7 所示；或单击快捷菜单中的"项目符号"命令，为选定的文字或段落设置项目符号，如方形、圆形等，如图 4-3-8 所示。

图 4-3-5 "段落"选项组

图 4-3-6 "段落"对话框

图 4-3-7 "项目符号"下拉菜单

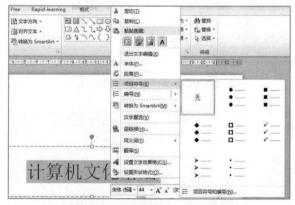

图 4-3-8 "项目符号"快捷菜单

（2）设置段落项目编号

单击"段落"组中的项目编号按钮，默认插入阿拉伯数字作为段落编号，也可以单击该图标右侧的倒立三角按钮，显示"项目编号"下拉菜单如图 4-3-9 所示，或单击快捷菜单中的"编号"命令，在下拉菜单中选择其他编号，如图 4-3-10 所示。

（3）设置段落对齐方式

先选定文本框或文本框中的某段文字，再单击"段落"组的左对齐、居中对齐、右对齐、两端对齐或分散对齐等按钮进行设置，或者在快捷菜单中选择"段落"命令，在弹出的"段落"对话框中进行设置。

图 4-3-9 "项目编号"下拉菜单

图 4-3-10 "编号"快捷菜单

（4）设置段落缩进量

选定需设置缩进的文本，单击"段落"组中的"减少列表级别"按钮和"增加列表级别"按钮，或拖动标尺上的缩进标记，对段落进行缩进设置，如图 4-3-11 所示，或在"段落"对话框中进行精确的设置。

图 4-3-11 标尺的缩进标记

（5）设置段落行间距

图 4-3-12 "行距"下拉菜单

选定文字或段落，单击"段落"组中的行距按钮，对行距进行快速设置，如图 4-3-12 所示，或调出"段落"对话框，对行距、段前段后间距进行统一设置。

3．创建艺术字

艺术字是一种特殊的图形字体，使用艺术字可以为幻灯片添加特殊文字效果。创建艺术字主要有两种方法。

（1）直接插入法

在 PowerPoint 2010 中，单击"插入"选项卡上"文本"组中的"艺术字"按钮，打开艺术字下拉列表，选择需要的样式，即可在幻灯片中插入艺术字。如图 4-3-13 和图 4-3-14 所示。然后在幻灯片的"请在此放置您的文字"文本框中输入文本内容。

（2）文字转换法

选中需要转换的普通文本之后，功能区临时出现绘图工具"格式"选项卡，在其"艺术字样式"组中单击艺术字下拉列表，选择一种艺术字样式，选中的普通文本即可转换为艺术字，如图 4-3-15 和图 4-3-16 所示。

创建艺术字之后，可在"开始"选项卡的"字体"组中设置文本的字体和字号，在"绘图工具"的"格式"选项卡中设置艺术字的样式和效果。

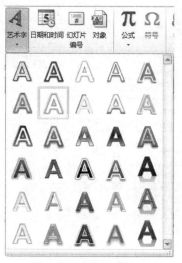

图 4-3-13 艺术字下拉列表

图 4-3-14 插入艺术字后

图 4-3-15 绘图工具"格式"选项卡

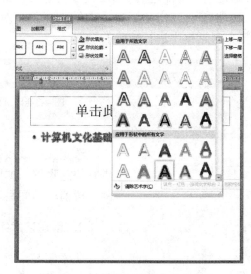

图 4-3-16 普通文本转换为艺术字

4.3.2 图片的插入与设置

图片是有助于幻灯片进行可视化呈现的重要元素之一,它能起到修饰和增强效果的作用。图片的设置与使用是指对幻灯片中的图像和插图等对象进行编辑和格式化处理。

1. 图像的插入与处理

(1) 插入剪贴画

PowerPoint 2010 中的剪贴画库内容丰富,具有各种不同主题的剪贴画,适用于制作各种类型的演示文稿。以下为插入剪贴画的基本步骤。

1）单击"插入"选项卡上"图像"组的"剪贴画"按钮。

2）在"剪贴画"窗格的"结果类型"下拉列表中，勾选"插图"、"照片"、"视频"、"音频"中的一项或数项，如图 4-3-17 所示。

3）在"搜索文字"框中输入关键字，单击"搜索"按钮，即可显示可供选择的"剪贴画"或媒体剪辑。例如，在"搜索文字"框中输入"计算机"，单击"搜索"按钮，即可显示所有与"计算机"有关的"剪贴画"或"媒体剪辑"，如图 4-3-18 所示。

4）用鼠标单击搜索结果中的某一剪贴画或媒体剪辑，即可插入到当前幻灯片中；或者直接用鼠标将剪贴画或媒体剪辑拖动到当前幻灯片中。

（2）插入图片

在幻灯片的编辑窗口中，单击"插入"选项卡上"图像"组中的"图片"按钮，在弹出的"插入图片"对话框中选定要插入的图片，单击"插入"按钮，即可将图片插入幻灯片中，然后在幻灯片的编辑窗口中调整图片大小和位置，如图 4-3-19 所示。

图 4-3-17 "剪贴画"窗格

图 4-3-18 与"计算机"有关的"剪贴画"或"媒体剪辑"

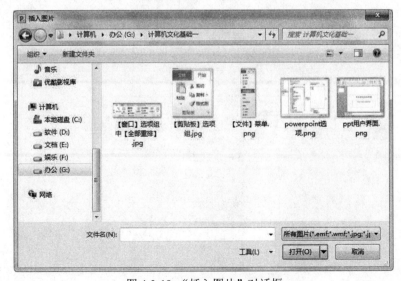

图 4-3-19 "插入图片"对话框

图 4-3-20 选择"屏幕剪辑"命令

（3）插入屏幕截图

选定需要插入屏幕截图的幻灯片编辑窗口，单击"插入"选项卡上"图像"组中的"屏幕截图"按钮，选择"屏幕剪辑"命令，如图 4-3-20 所示；当指针变成"十"字时，按住鼠标左键不放进行拖动，以框选需要捕获的屏幕区域；松开鼠标后，即可将屏幕截图插入幻灯片中。

（4）图像处理

在幻灯片中插入图片、剪贴画或屏幕截图之后，功能区会自动出现如图 4-3-21 所示的"图片工具"的"格式"选项卡，可根据需要对图片的亮度、颜色、饱和度、滤镜效果等进行调整，并从图片样式、排列、大小等方面进行设置。

图 4-3-21 "图片工具"的"格式"选项卡

2. 插图的插入与处理

在"插入"选项卡的"插图"组中，主要包括"形状"、"SmartArt"、"图表"三个部分。

（1）插入形状

在幻灯片编辑窗口中，单击如图 4-3-22 所示的"插入"选项卡上"插图"组中的"形状"按钮，在下拉列表中选择一个形状，这时鼠标指针会变成一个"十"字形状，在幻灯片的空白处，按住鼠标左键不放，往右下角拖动，直到看到完整的形状时，便可松开鼠标。

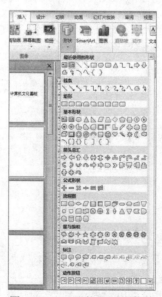

图 4-3-22 "形状"下拉菜单

选中该形状,在幻灯片的功能区中会自动出现如图 4-3-23 所示的"绘图工具"的"格式"选项卡,这时可根据情况考虑是否对形状的样式、排列、大小等内容进行设置。

图 4-3-23 "绘图工具"的"格式"选项卡

(2) 插入"SmartArt"图

在幻灯片编辑窗口中,单击"插入"选项卡上"插图"组中的"SmartArt"按钮，在弹出的如图 4-3-24 所示的"选择 SmartArt 图形"对话框中选择一种"SmartArt"图,单击"确定"按钮,即可在幻灯片中插入"SmartArt"图。单击如图 4-3-25 所示的"文本"窗格中的[文本],输入文本内容。这时,功能区会自动出现如图 4-3-26 所示的"SmartArt 工具"的"设计"和"格式"选项卡,可对"SmartArt"图的布局、样式、颜色等进行设置。

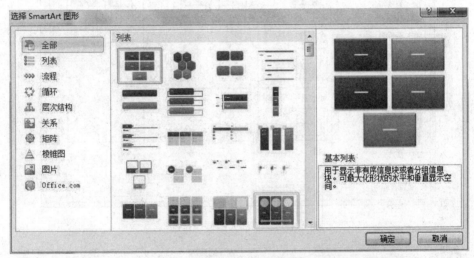

图 4-3-24 "选择 SmartArt 图形"对话框

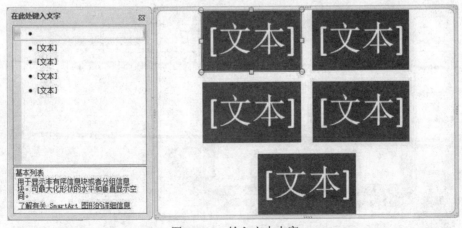

图 4-3-25 输入文本内容

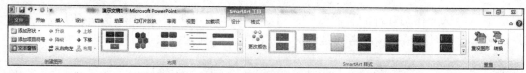

图 4-3-26　"SmartArt 工具"的"设计"选项卡

（3）插入图表

在幻灯片编辑窗口中，单击"插入"选项卡上"插图"组中的图表按钮，在弹出的如图 4-3-27 所示的"插入图表"对话框中选择一种图表类型，单击"确定"，即可在幻灯片中插入图表，这时会生成一个 Excel 表格，输入文本内容，图表会根据 Excel 表中的文本内容进行更新。图 4-3-28 所示为插入的图表及与之相应的 Excel 表。

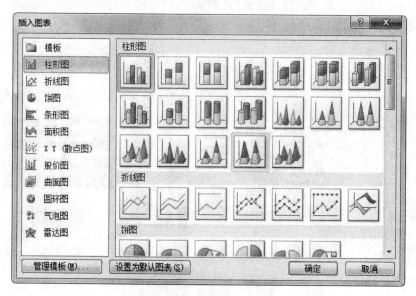

图 4-3-27　"插入图表"对话框

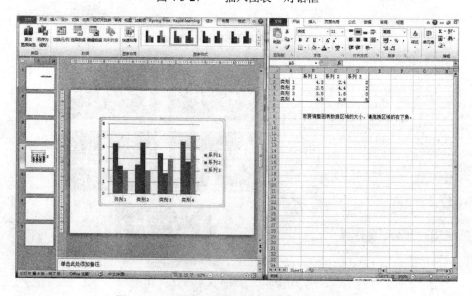

图 4-3-28　插入图表后生成与之对应的 Excel 表

4.3.3 音视频的插入与设置

1．在幻灯片中插入视频

在幻灯片编辑窗口中，单击"插入"选项卡上"媒体"组中的"视频"下拉箭头，选中如图 4-3-29 所示的"文件中的视频"命令，在如图 4-3-30 所示的"插入视频文件"对话框中，单击要嵌入的视频，单击"插入"按钮，视频即可插入指定幻灯片中。

图 4-3-29 "视频"下拉菜单

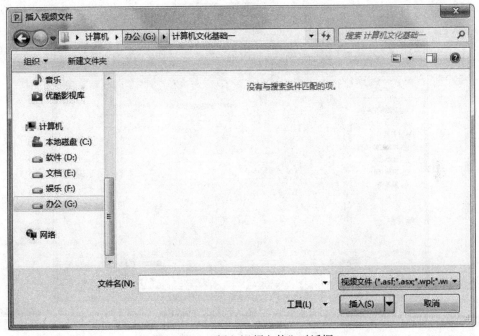

图 4-3-30 "插入视频文件"对话框

视频插入幻灯片之后，功能区中会自动出现"视频工具"，其包含如图 4-3-31 和图 4-3-32 所示的"格式"和"播放"两个选项卡。在"格式"选项卡中，可对视频的亮度、颜色、样式、大小、排列形式等进行调整。在"播放"选项卡中，可设置视频开始播放的方式，可以选择"自动开始"或"单击时开始"命令，也可单击"裁剪视频"按钮，对视频进行适当裁剪。

图 4-3-31 "格式"选项卡

图 4-3-32 "播放"选项卡

2. 在幻灯片中插入音频

在幻灯片编辑窗口中,单击"插入"选项卡上"媒体"组中的如图 4-3-33 所示的"音频"下拉菜单,单击"文件中的音频"命令,在如图 4-3-34 所示的"插入音频"对话框中,单击要嵌入的音频,单击"插入"按钮,音频即可插入指定幻灯片中。

图 4-3-33 "音频"下拉菜单

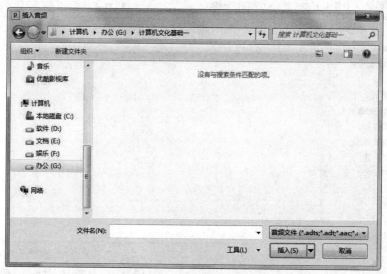

图 4-3-34 "插入音频"对话框

音频插入幻灯片之后,幻灯片编辑窗口中出现一个"小喇叭"图标,可将其拖动到相应位置。功能区中会自动出现"音频工具",其包含如图 4-3-35 和图 4-3-36 所示的"格式"和"播放"两个选项卡。在"格式"选项卡中,可对"小喇叭"图标的亮度、颜色、艺术效果、样式、大小、排列形式等进行调整。在"播放"选项卡中,可设置音频开始的播放方式,可以选择"自动"、"单击时"或"跨幻灯片播放"命令。

图 4-3-35 "格式"选项卡

图 4-3-36 "播放"选项卡

插入的音频文件默认在幻灯片切换时停止播放。如果希望插入的音频作为背景音乐一直播放到演示文稿的末尾,可以在"开始"列表中选择"跨幻灯片播放",并勾选"循环播放,直到停止"复选框,如图 4-3-37 所示。如果要裁剪音频,可单击"裁剪音频"按钮;如果要隐藏"喇叭"图标,可勾选"放映时隐藏"复选框。

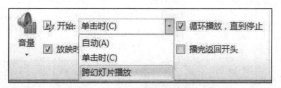

图 4-3-37 对音频的播放进行设置

4.4 幻灯片的版式设计与制作

在制作演示文稿时,一个统一且恰当的幻灯片版式能够更好地突显演示文稿的整体性,使其具备更好的呈现效果。因此在选用幻灯片版式时,用户可通过"选用幻灯片自带的主题版式"和"使用幻灯片母版自行设计版式"这两种方法来找到合适的幻灯片版式。

4.4.1 选用幻灯片自带的主题版式

幻灯片主题是指对幻灯片中的标题、文字、图表、背景等项目设定的一组配置,是应用于整个演示文稿的各种样式的集合,包括颜色、字体和效果三大类。打开"设计"选项卡,在"主题"组中可以看到 PowerPoint 2010 提供的多种幻灯片主题,单击"其他"按钮,在如图 4-4-1 所示的下拉列表中选中一个预置的主题,整个演示文稿将套用该主题版式。

图 4-4-1 PowerPoint 2010 预置主题

1. 设置主题颜色

PowerPoint 提供了多种预置的主题颜色供用户选择。单击"设计"选项卡上"主题"组中的"颜色"按钮，在弹出的如图 4-4-2 所示的下拉菜单中选择主题颜色。若选择"新建主题颜色"命令，打开如图 4-4-3 所示的"新建主题颜色"对话框。在该对话框中可以设置各种类型的颜色。设置完后，在"名称"文本框中输入名称，单击"保存"按钮，将其添加到"主题颜色"菜单中。

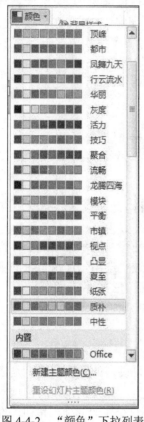

图 4-4-2 "颜色"下拉列表

图 4-4-3 "新建主题颜色"对话框

2. 设置主题字体

字体也是主题中的一种重要元素。在"设计"选项卡的"主题"组中单击"字体"按钮，从弹出的如图 4-4-4 所示的"字体"下拉菜单中选择预置的主题字体。若选择"新建主题字体"命令，打开如图 4-4-5 所示的"新建主题字体"对话框，可以设置标题字体、正文字体等。

3. 设置主题效果

主题效果提供了一些图形元素和特效。单击"设计"选项卡→"主题"组→"效果"按钮，可以从弹出的如图 4-4-6 所示的下拉列表中选择内置的主题效果样式。

图 4-4-4 "字体"下拉菜单

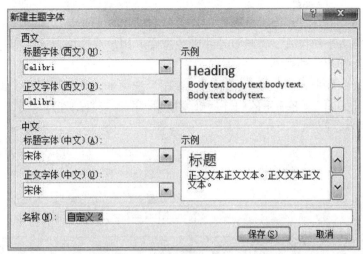
图 4-4-5 "新建主题字体"对话框

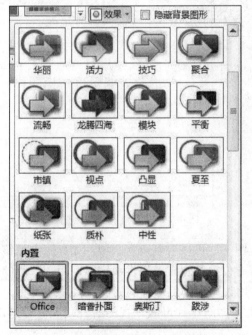
图 4-4-6 "主题效果"下拉列表

4.4.2 使用母版制作版式

PowerPoint 2010 提供了三种母版,即幻灯片母版、讲义母版和备注母版。当需要设置幻灯片风格时,可以在幻灯片母版视图中进行设置。当要将演示文稿以讲义形式打印输出时,可以在讲义母版中进行设置。当要在演示文稿中插入备注内容时,可以在备注母版中进行设置。

1. 认识三种母版

（1）幻灯片母版

幻灯片母版是放置设计模板信息的一个重要元素。幻灯片母版中的信息包括字形、占位符大小和位置、背景设计和配色方案。用户通过更改这些信息，就可以更改整个演示文稿中幻灯片的外观。

单击如图 4-4-7 所示的"视图"选项卡上"母版视图"组中的"幻灯片母版"按钮，打开如图 4-4-8 所示的幻灯片母版视图，即可查看幻灯片母版。

图 4-4-7 "幻灯片母版"按钮

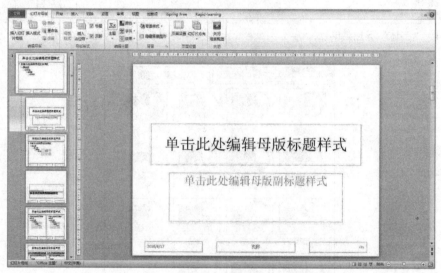

图 4-4-8 "幻灯片母版"视图

在"幻灯片母版"视图下，可以看到所有区域，如标题占位符、副标题占位符以及母版下方的页脚占位符。这些占位符的位置及属性决定了应用该母版的幻灯片的外观属性。当改变了这些属性后，所有应用该母版的幻灯片的属性也将随之改变。

当用户将幻灯片切换到"幻灯片母版"视图时，功能区将自动打开如图 4-4-9 所示的"幻灯片母版"选项卡。

图 4-4-9 "幻灯片母版"选项卡

单击各选项组中的按钮，可以对母版进行编辑或更改操作。"编辑母版"组中五个按钮的功能如下。

1)"插入幻灯片母版"按钮：单击该按钮，可以在幻灯片母版视图中插入一个新的幻灯片母版。一般情况下，幻灯片母版中包含幻灯片内容母版和幻灯片标题母版。

2)"插入版式"按钮：单击该按钮，可以在幻灯片母版中添加自定义版式。

3)"删除"按钮：单击该按钮，可删除当前母版。

4)"重命名"按钮：单击该按钮，打开"重命名版式"对话框，允许用户更改当前模板的名称。

5)"保留"按钮：单击该按钮，可以使当前选中的幻灯片在未被使用的情况下保留在演示文稿中。

（2）讲义母版

讲义母版是为制作讲义而准备的，通常需要打印输出，因此讲义母版的设置大多和打印页面有关。它允许设置一页讲义中包含几张幻灯片，以及设置页眉、页脚、页码等基本信息。在讲义母版中插入新的对象或者更改版式时，新的页面效果不会反映在其他母版视图中。

单击"视图"选项上"母版视图"组中的"讲义母版"按钮，打开如图 4-4-10 所示的讲义母版视图。此时，功能区自动切换到如图 4-4-11 所示的"讲义母版"选项卡。

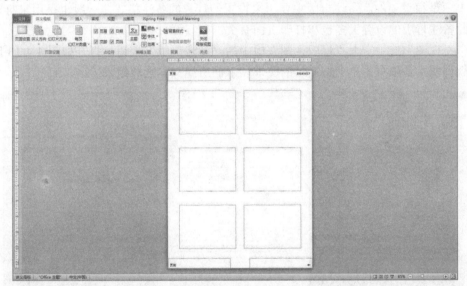

图 4-4-10　讲义母版视图

图 4-4-11　"讲义母版"选项卡

在讲义母版视图中，包含 4 个占位符，即页面区、页脚区、日期区以及页码区。另外，页面上还包含虚线边框，这些边框表示的是每页所包含的幻灯片缩略图的数目。用户可以使用"讲义母版"选项卡，单击"页面设置"组中的"每页幻灯片数量"按钮，在弹出的如图 4-4-12 所示的下拉菜单中选择幻灯片的数目选项。

图 4-4-12 "每页幻灯片数量"下拉菜单

（3）备注母版

备注相当于讲义，尤其是在某个幻灯片需要提供补充信息时，使用备注对演讲者创建演讲注意事项是很重要的。备注母版主要用来设置幻灯片的备注格式，一般也是用来打印输出的，因此备注母版的设置大多也和打印页面有关。

单击"视图"选项卡上"母版视图"组中的"备注母版"按钮，打开如图 4-4-13 所示的备注母版视图。备注页由单个幻灯片的图像和下面所属文本区域组成。

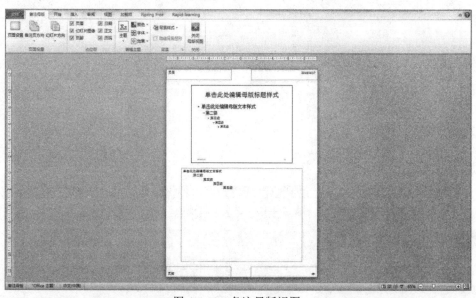

图 4-4-13 备注母版视图

在备注母版视图中，用户可以设置或修改幻灯片内容、备注内容及页眉/页脚内容在页面中的位置、比例及外观等属性。

当用户退出备注母版视图时，对备注母版所做的修改将应用到演示文稿中的所有备注页。只有在备注视图下，对备注母版所做的修改才能表现出来。

无论在幻灯片母版视图、讲义母版视图还是备注母版视图中，如果要返回普通模式，只需要在默认打开的功能区中单击"关闭母版视图"按钮 即可。

2. 制作母版

幻灯片母版决定幻灯片的外观，用于设置幻灯片的标题、正文文字等样式，包括字体、字号、字体颜色、阴影等效果；也可以设置幻灯片的背景、页眉、页脚等内容。

（1）制作幻灯片母版版式

母版版式是通过对母版上各个区域的设置来实现的。在幻灯片母版视图中，用户可以按照自己的需求来设置幻灯片的背景图片、标志性图案及页眉和页脚。执行"视图→幻灯片母版"操作，进入幻灯片母版的设计和编辑窗口，设计一个幻灯片版式，关闭幻灯片母版视图，进入幻灯片用户界面，这时选中所有幻灯片，单击鼠标右键，选择已设计好的版式，即可将此版式应用于所有幻灯片，如图 4-4-14 所示。

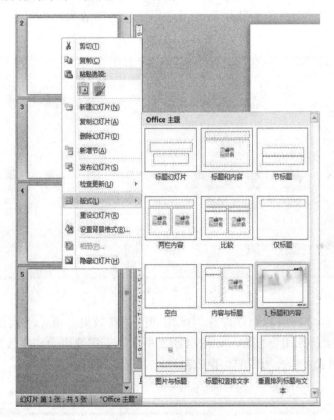

图 4-4-14　幻灯片版式

（2）制作讲义和备注母版

1）制作讲义母版：讲义母版的设置与打印页面有关，它允许一页讲义中包含几张幻灯片，并可设置页眉、页脚、页码等基本元素。

2）制作备注母版：与设置讲义母版大体一致，无需设置母版主题，只需设置幻灯片方向、备注页方向、占位符与背景样式等。

4.5　幻灯片的动画效果设置

在演示文稿中设置动画效果，主要是为演示文稿中的对象添加三种动画：为幻灯片之间的过渡设置切换动画、为幻灯片中的对象添加动画效果、添加超链接或动作设置等。

4.5.1 设置幻灯片的切换动画

幻灯片的切换动画是指一张幻灯片跳转到另一张幻灯片时的动画效果。设置幻灯片的切换动画时，包括对其动画的效果、计时、声效等方面进行设置。

1. 设置幻灯片的切换效果

在为幻灯片添加切换动画时，先在"大纲/幻灯片"窗格中选中一张幻灯片，然后打开"切换"选项卡，在"切换到此幻灯片"组中，单击"其他"按钮，在下拉列表中可以看到如图 4-5-1 所示的多种切换动画效果，单击选择一种动画效果，则可将切换效果应用于该幻灯片。

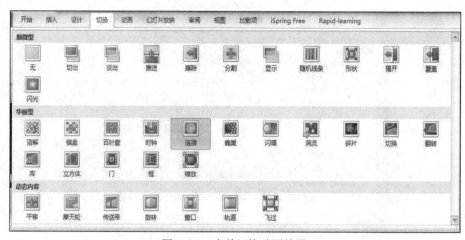

图 4-5-1　多种切换动画效果

若要向演示文稿中的所有幻灯片应用此相同的切换效果，可在"切换"选项卡的"计时"组中，单击"全部应用"按钮，如图 4-5-2 所示。若需要更改切换效果的属性，可单击"效果选项"下拉列表，选择所需的切换效果动作方式，如图 4-5-3 所示。

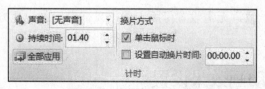　　　　　

图 4-5-2　"计时"选项组　　　　　图 4-5-3　"效果选项"下拉列表

2. 设置切换效果的计时

若要设置上一张幻灯片与当前幻灯片之间的切换效果的持续时间，可在"切换"选项卡上"计时"组的"持续时间"框中，键入所需的持续时间。

若要指定当前幻灯片与下一张幻灯片之间的切换效果的持续时间，可在"计时"选项组的"换片方式"区域中，勾选"单击鼠标时"复选框，表示在播放幻灯片时，需要在幻灯片中单击来换片；若取消对该复选框的勾选，而勾选"设置自动换片时间"复选框，表示在播放幻灯片时，经过所设置的时间后会自动切换至下一张幻灯片，无须单击。PowerPoint 可同时使用这两种换片方式，如图 4-5-4 所示。

3. 设置幻灯片切换效果的声音

在"切换"选项卡的"计时"组中，单击如图 4-5-5 所示的"声音"旁的下拉按钮，展开系统内置的声音列表，从中选择并单击所需的声音。也可以选择"其他声音"，然后从本地电脑上找到要添加的声音文件作为切换效果的声音，"添加音频"对话框如图 4-5-6 所示。

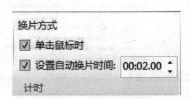

图 4-5-4　换片方式　　　　　　　　图 4-5-5　"声音"下拉列表

4. 删除幻灯片切换效果

若要删除幻灯片的切换效果，可按以下基本步骤进行操作。
1）在"大纲/幻灯片"窗格中选择需要删除切换效果的幻灯片。
2）在"切换"选项卡的"切换到此幻灯片"组中，单击如图 4-5-7 所示的"无"切换效果。若要删除所有幻灯片中的切换效果,可在"切换"选项卡的"计时"组中,单击如图 4-5-8 所示的"全部应用"按钮。

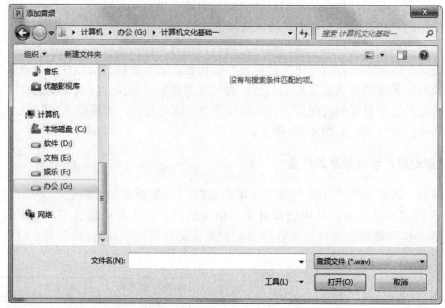

图 4-5-6 "添加音频"对话框

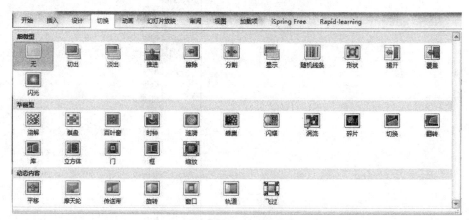

图 4-5-7 "无"切换效果

图 4-5-8 对全部幻灯片应用"无"切换效果

4.5.2 为幻灯片中的对象设置动画效果

为幻灯片中的对象设置动画效果,是指为幻灯片内部各个对象设置动画效果,这些对象主要包括文本、图形、图像、表格、图表和"SmartArt"图等,可为其添加进入动画、强调动画、退出动画和动作路径动画等。

1. 添加进入动画

进入动画是指对象在进入放映屏幕时的动画效果。选中需要添加进入动画的对象，打开"动画"选项卡，单击"动画"组中的"其他"按钮，在下拉列表的"进入"选项组中选择一种进入效果，即可为该对象添加如图 4-5-9 所示的该动画效果。选择"更多进入效果"命令，将打开如图 4-5-10 所示的"更改进入效果"对话框，在该对话框中可以选择更多的进入动画效果。

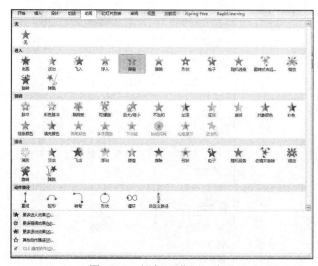
图 4-5-9 添加"进入"动画

图 4-5-10 "更改进入效果"对话框

另外，在"高级动画"组中单击"添加动画"按钮，同样可以在弹出的如图 4-5-11 所示的下拉列表框的"进入"选项组中选择内置的进入动画效果。若选择"更多进入效果"命令，则打开"添加进入效果"对话框，在该对话框中同样可以选择更多的进入动画效果。

2. 添加强调动画

强调动画是为了突出幻灯片中某部分内容而设置的特殊动画效果。添加强调动画的过程和添加进入动画的大体相同。选中需要添加强调动画的对象，在"动画"组单击"其他"按钮，在下拉的"强调"选项组中选择一种强调效果，即可为该对象添加该动画效果。选择"更多强调效果"命令，将打开如图 4-5-12 所示的"更改强调效果"对话框，在该对话框中可以选择更多的强调动画效果。

另外，在"高级动画"组中单击"添加动画"按钮，同样可以在弹出的下拉列表框的"强调"组中选择强调动画效果。若选择"更多强调效果"命令，则打开如图 4-5-13 所示的"添加强调效果"对话框，在该对话框中同样可以选择更多的强调动画效果。

3. 添加退出动画

退出动画是为幻灯片的对象退出屏幕时设置的动画效果。添加退出动画的过程与添加进入、强调动画效果大体相同。

选中需要添加退出动画的对象，在"动画"组中单击"其他"按钮，在下拉的"退出"选项组中选择一种退出效果，即可为该对象添加该动画效果。选择"更多退出效果"命令，将打开如图 4-5-14 所示的"更改退出效果"对话框，在该对话框中可以选择更多的退出动画效果。

图 4-5-11 "添加动画"下拉列表

图 4-5-12 "更改强调效果"对话框

图 4-5-13 "添加强调效果"对话框

图 4-5-14 "更改退出效果"对话框

另外,在"高级动画"组中单击"添加动画"按钮,可以在下拉列表框的"退出"选项组中选择退出动画效果。若选择"更多退出效果"命令,则打开如图 4-5-15 所示的"添加退出效果"对话框,在该对话框中同样可以选择更多的退出动画效果。

图 4-5-15 "添加退出效果"对话框

4. 添加路径动画

路径动画是指可以让对象沿着预定的路径运动。PowerPoint 不仅提供了大量预设的路径效果,还可以由用户自定义路径动画。

添加动作路径效果的步骤与添加进入动画的步骤基本相同,在"动画"组中单击"其他"按钮,在如图 4-5-16 所示的"动作路径"下拉列表中选择一种动作路径效果,即可为该对象添加该动画效果。若选择"其他动作路径"命令,将打开如图 4-5-17 所示的"更改动作路径"对话框,可以选择其他的动作路径效果。

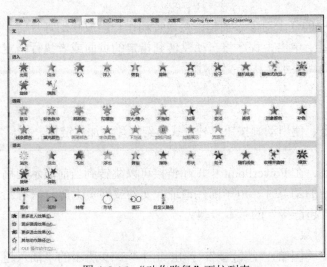

图 4-5-16 "动作路径"下拉列表

图 4-5-17 "更改动作路径"对话框

另外，在"高级动画"组中单击"添加动画"按钮，可以在下拉列表框的"动作路径"选项组中选择路径动画效果。若选择"其他动作路径"命令，则打开如图 4-5-18 所示"添加动作路径"对话框，可以选择更多的动作路径。

图 4-5-18 "添加动作路径"对话框

注意：当需要给单个对象添加动画时，既可以通过"动画"组添加，也可以通过"高级动画"组的"添加动画"进行添加。当需要给单个对象添加多个动画效果时，只能通过"高级动画"组的"添加动画"进行添加。

4.5.3 设置超链接

在 PowerPoint 中，可以为幻灯片中的任一对象添加超链接或者动作。当放映幻灯片时，可以在添加了超链接的文本或动作按钮上单击，程序将自动跳转到指定的页面或者执行指定的程序。添加超链接和动作，有助于提高演示文稿的交互性。

1. 设置超链接的三种方法

可通过添加超链接、添加动作命令、使用动画按钮三种方式为幻灯片添加超链接。

（1）添加"超链接"

超链接只有在幻灯片放映时才有效。在 PowerPoint 中，超链接可以跳转到当前演示文稿中的特定幻灯片、其他演示文稿中特定的幻灯片、电子邮件地址、文件或网页上等。只有幻灯片中的对象才能添加超链接。添加"超链接"的基本步骤为：

1）选定幻灯片中要创建超链接的对象。

2）单击"插入"选项卡上"链接"组中的"超链接"，弹出如图 4-5-19 所示的"插入超链接"对话框。

图 4-5-19 "插入超链接"对话框

"插入超链接"对话框中的两个选项:

1)现有文件或网页:只需在"地址"栏目中输入要链接的文件名或网页地址,指定超链接要跳转到的位置,单击"确定"按钮,即可为选定的文字建立超链接。

2)本文档中的位置:指可以链接到正在编辑的演示文稿的某张幻灯片。

单击"本文档中的位置",在"请选择文档中的位置"列表框中选择要链接的幻灯片,单击"确定"按钮,即建立了超链接,如图 4-5-20 所示。

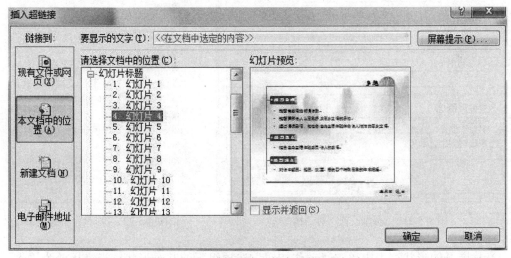

图 4-5-20 链接到本文档中的某张幻灯片

(2)添加"动作"命令

动作与超链接有很多相似之处,几乎包括了超链接可以指向的所有位置,动作还可以设置其他属性,如设置当鼠标移过某一对象上方时的动作。其添加步骤如下所示:

1)选定幻灯片中要添加动作命令的对象。

2)在"插入"选项卡的"链接"组中单击"动作",弹出"动作设置"对话框。

3)在如图 4-5-21 所示的对话框的"单击鼠标"选项卡或"鼠标移过"选项卡上,勾选"超链接到",然后在列表框中选择跳转的位置,最后单击"确定"按钮。

（3）使用动作按钮

动作按钮是 PowerPoint 中预先设置好的一组带有特定动作的图形按钮，这些按钮被预先设置为指向前一张、后一张、第一张、最后一张幻灯片、播放声音及播放电影等链接，应用这些预置好的按钮，可以实现在放映幻灯片时跳转的目的。其添加步骤如下所示：

1）在"开始"选项卡的"绘图"组中，单击形状列表旁的"其他"按钮，或者单击"插入"选项卡中的"形状"下拉列表，如图 4-5-22 所示。

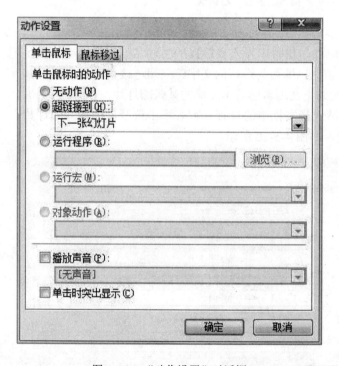

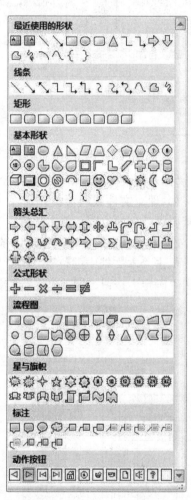

图 4-5-21 "动作设置"对话框　　　　　　图 4-5-22 "形状"下拉列表

2）从展开的形状列表中单击"动作按钮"选项组下的某个形状，当光标变为"十"字形时，在幻灯片编辑窗口中按住鼠标左键不放，往右下角拖出一个形状。

3）松开鼠标按键后，会弹出如图 4-5-23 所示的"动作设置"对话框，按照前述方法进行超链接设置，建立从动作按钮到目标的超链接。

4）选中动作按钮，在"开始"选项卡的"绘图"组中单击如图 4-5-24 所示的"快速样式"命令，可以为该动作按钮选择一种样式。

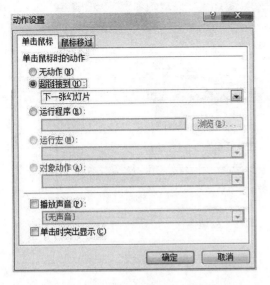
图 4-5-23 "动作设置"对话框

图 4-5-24 "快速样式"下拉列表

2．编辑超链接

在幻灯片中用鼠标指向要编辑超链接的对象，单击鼠标右键，在弹出的如图 4-5-25 所示的快捷菜单中选择"编辑超链接"命令，如果创建超链接时使用"超链接"命令，则弹出如图 4-5-26 所示的"编辑超链接"对话框；如果创建超链接时使用"动作设置"命令，则弹出"动作设置"对话框，然后进行超链接的编辑即可。

图 4-5-25 "编辑超链接"命令

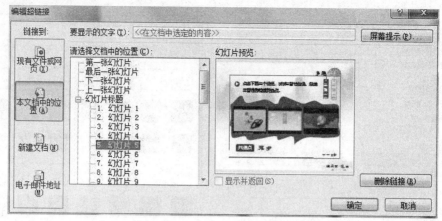

图 4-5-26 "编辑超链接"对话框

3. 删除超链接

在幻灯片中用鼠标指向要编辑超链接的对象，单击鼠标右键，在弹出的如图 4-5-27 所示的快捷菜单中选择"取消超链接"命令，或者在如图 4-5-28 所示的"动作设置"对话框中选择"无动作"选项。

图 4-5-27 "取消超链接"命令

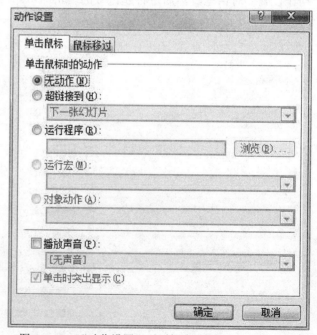

图 4-5-28 "动作设置"对话框中选择"无动作"选项

4.6 幻灯片的放映、打印与发布

4.6.1 幻灯片放映前的设置

在制作完演示文稿后，可根据需要对演示文稿进行放映设置，主要包括设置放映时间、设置放映类型、设置放映方式等操作。

1．设置放映时间

在放映幻灯片之前，演讲者可以运用 PowerPoint 的"排练计时"功能来计算整个演示文稿的总放映时间和每张幻灯片的放映时间，使用该功能对演示文稿放映进行排练的操作步骤如下。

1）打开已创建的演示文稿。

2）打开"幻灯片放映"选项卡，在"设置"组中单击"排练计时"按钮，如图 4-6-1 所示。

图 4-6-1 "设置"选项组中的"排练计时"按钮

3）演示文稿将自动切换到幻灯片放映状态，这时在幻灯片左上角将显示如图 4-6-2 所示的"录制"对话框。

4）不断单击鼠标直至放映到最后一张幻灯片，会弹出如图 4-6-3 所示的"Microsoft PowerPoint"信息提示框，显示幻灯片播放的总时间，并询问用户是否保留该排练时间，单击"是"按钮。

图 4-6-2 "录制"对话框

图 4-6-3 "Microsoft PowerPoint"信息提示框

5）此时，演示文稿将切换到幻灯片浏览视图，从幻灯片浏览视图中可以看到每张幻灯片下方均显示各自的排练时间，如图 4-6-4 所示。

2．设置放映类型

在如图 4-6-5 所示的"幻灯片放映"选项卡上单击"设置"组的"设置幻灯片放映"按钮，弹出如图 4-6-6 所示的"设置放映方式"对话框，可以看到放映类型有三种：

1）演讲者放映（全屏幕）：幻灯片默认的放映方式，通常用于演讲者需要亲自讲解的场合。可以人工控制幻灯片和动画的播放，或使用"排练计时"命令设置放映时间的长度。演讲者可以在放映过程中录制旁白。在投影仪上播放也可以使用这种方式。

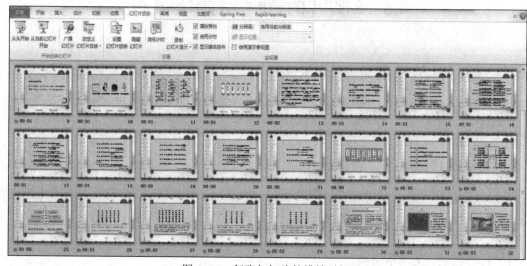

图 4-6-4　每张幻灯片的排练时间

图 4-6-5　"设置幻灯片放映"按钮

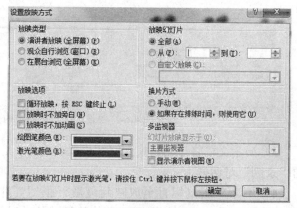

图 4-6-6　"设置放映方式"对话框

2）观众自行浏览（窗口）：在标准窗口中观看放映，放映时的 PowerPoint 窗口具有菜单栏和 Web 工具栏，类似于浏览网页的效果，由观众自己操控、浏览演示文稿。

3）在展台浏览（全屏幕）：全自动全屏放映，在放映前一般需要设置每张幻灯片的切换时间。在使用该放映类型时，诸如超链接等控制方法将失效。当播放完最后一张幻灯片之后，会自动从第一张重新开始播放，直至用户按下"Esc"键才会停止播放。

3．设置放映选项

在"幻灯片放映"选项卡上单击"设置"组中的"设置幻灯片放映"按钮，弹出"设置放映方式"对话框，常用的放映选项主要有以下几种：

1）循环放映，按"Esc"键终止：当选择"演讲者放映"和"观众自行浏览放映"时可以选择此项。当演示文稿放映结束后，会自动转到第一张幻灯片进行放映，直到从键盘上按"Esc"键才结束放映。

2）放映时不加旁白：在放映幻灯片的过程中不播放任何预先录制的旁白。

3）放映时不加动画：在放映幻灯片的过程中，原来设定的动画效果将不起作用。

4. 设置其他选项

1）设置幻灯片的放映范围：在"放映幻灯片"列表框中可以选择放映的幻灯片，有全部、部分和自定义放映三种选择。部分放映时，选择开始和结束的幻灯片编号，即可定义放映哪一部分。

2）换片方式：可以选择人工手动切换幻灯片，也可以选择按设定的时间或排练时间自动切换幻灯片。

3）绘图笔颜色：绘图笔是放映时演讲者在幻灯片上标注用的工具，在这可以选择绘图笔的颜色。

5. 自定义放映

自定义放映是指用户可以自定义演示文稿放映的张数，使一个演示文稿适用于多种观众，即可以将一个演示文稿中的多张幻灯片进行分组，以便对特定的观众放映演示文稿中的特定部分。用户可以使用超链接分别指向演示文稿中的各个自定义放映，也可以在放映整个演示文稿时只放映其中的某个自定义放映。为演示文稿创建自定义放映，可按以下操作步骤进行。

1）打开已创建的演示文稿。

2）单击如图 4-6-7 所示的"幻灯片放映"选项卡上"开始放映幻灯片"组中的"自定义幻灯片"按钮，在弹出的下拉菜单中选择"自定义放映"命令，打开如图 4-6-8 所示的"自定义放映"对话框。

图 4-6-7 "自定义幻灯片放映"按钮

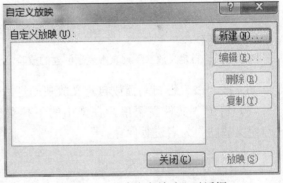
图 4-6-8 "自定义放映"对话框

3）单击"新建"按钮，打开"定义自定义放映"对话框，在"幻灯片放映名称"文本框中输入文字"PowerPoint 2010"，在"在演示文稿中的幻灯片"列表中选择第 4 张和第 6 张幻灯片，然后单击"添加"按钮，将两张幻灯片添加到"在自定义放映中的幻灯片"列表中，如图 4-6-9 所示。

4）单击"确定"按钮，返回"自定义放映"对话框，在"自定义放映"列表中显示创建的放映，如图 4-6-10 所示，然后单击"关闭"按钮。

5）在"幻灯片放映"选项卡的"设置"组中单击"设置幻灯片放映"按钮，打开"设置放映方式"对话框，在"放映幻灯片"列表组中单击"自定义放映"单选钮，然后在其下方的列表框中选择需要放映的自定义放映"PowerPoint 2010"，如图 4-6-11 所示，然后单击"确定"按钮。

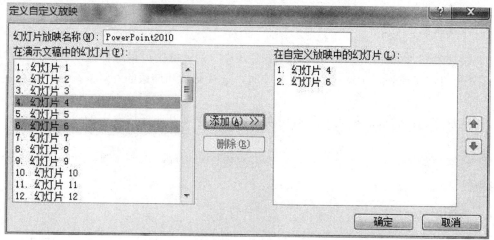

图 4-6-9 在"定义自定义放映"对话框中进行设置

图 4-6-10 在"自定义放映"列表中显示创建的放映

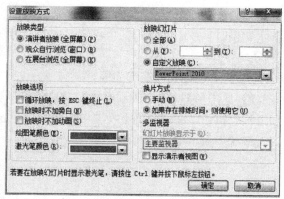

图 4-6-11 单击"自定义放映"单选钮

6)按"F5"键自动播放自定义放映幻灯片。

7)单击"文件"菜单,在弹出的下拉菜单中选择"另存为"命令,将该演示文稿以"自定义放映"为名进行保存。

6. 幻灯片缩略图放映

幻灯片缩略图放映是指可以让 PowerPoint 在屏幕的左上角显示幻灯片缩略图,从而方便用户在编辑时预览幻灯片效果。使演示文稿实现幻灯片缩略图放映,可按以下操作步骤进行。

1)打开已创建好的演示文稿。

2)打开"幻灯片放映"选项卡,在"开始放映幻灯片"选项组中,按住"Ctrl"键,同时单击"从当前幻灯片开始"按钮,此时即可进入幻灯片缩略图放映模式,屏幕效果如图 4-6-12 所示。

3)在放映区域自动放映幻灯片中的对象动画,按"Esc"键可退出缩略图放映模式。

7. 录制语音旁白

在 PowerPoint 2010 中,可以为指定的幻灯片或全部幻灯片添加录音旁白。使用录制旁白可以为演示文稿增加解说词,在放映状态下主动播放语音说明。可以按以下步骤为演示文稿录制旁白。

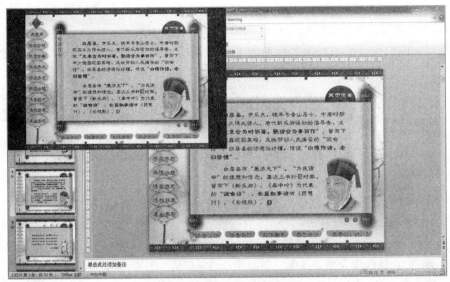

图 4-6-12　幻灯片缩略图放映模式

1)打开已创建好的演示文稿。

2)打开"幻灯片放映"选项卡,在"设置"组中单击"录制幻灯片演示"按钮,从弹出的下拉菜单中选择如图 4-6-13 所示的"从头开始录制"命令,打开如图 4-6-14 所示的"录制幻灯片演示"对话框,保持默认设置,单击"开始录制"按钮。

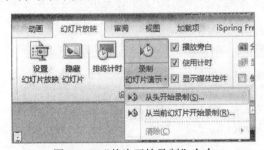

图 4-6-13 "从头开始录制"命令

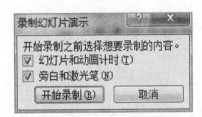

图 4-6-14 "录制幻灯片演示"对话框

3)进入幻灯片放映状态,同时开始录制旁白,在打开的"录制"对话框中显示录制时间。如果是第一次录音,用户可以根据需要自行调节麦克风的声音质量。

4)单击或按"回车"键切换到下一张幻灯片。

5)当旁白录制完成后,按"Esc"键或者单击即可结束录制。此时,演示文稿将切换到幻灯片浏览视图,即可查看录制的效果。

6)单击"文件"菜单,在弹出的下拉菜单中选择"另存为"命令,将演示文稿以"旁白"为名进行保存。

4.6.2　放映幻灯片

完成放映前的准备工作之后,就可以放映演示文稿了。常用的放映方法主要有三种:

方法一：单击状态栏上的"幻灯片放映"按钮，直接从当前幻灯片开始播放演示文稿的内容。

方法二：单击"幻灯片放映"选项卡上"开始放映幻灯片"组中的"从头开始"按钮，或按"F5"键，从第一张幻灯片开始播放演示文稿的内容。

方法三：单击"幻灯片放映"选项卡上"开始放映幻灯片"组中的"从当前幻灯片开始"按钮，从当前幻灯片开始播放演示文稿的内容。

另外，单击鼠标左键，或者通过"回车"键、"空格"键、"向右"和"向下"的移动键，可以切换到下一张幻灯片。若需要结束放映，可以通过单击鼠标右键弹出快捷菜单，选择"结束放映"选项，放映到最后一张幻灯片或放映过程中按"Esc"键，也可以结束放映，回到放映前状态。

4.6.3 打印演示文稿

在PowerPoint 2010中，制作好的演示文稿不仅可以进行现场演示，还可以将其通过打印机打印出来，分发给观众作为演讲提示。

1. 页面设置

在打印演示文稿前，可以根据自己的需要对打印页面进行设置，使打印的形式和效果更符合实际需要。

单击"设计"选项卡上如图4-6-15所示的"页面设置"组中的"页面设置"按钮，打开如图4-6-16所示的"页面设置"对话框，在该对话框中可以对幻灯片的大小、编号和方向等进行设置。

图4-6-15 "页面设置"选项组

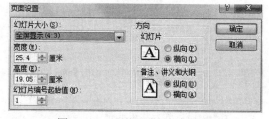

图4-6-16 "页面设置"对话框

该对话框中部分选项的含义如下：
1)"幻灯片大小"：用来设置幻灯片界面的大小或长宽的显示比例。
2)"宽度"和"高度"：用来设置打印区域的尺寸，单位为厘米。
3)"幻灯片编号起始值"：用来设置当前打印的幻灯片的起始编号。
4)"方向"：在对话框的右侧，可以分别设置幻灯片与备注、讲义和大纲的打印方向，在此处设置的打印方向对整个演示文稿中的所有幻灯片与备注、讲义和大纲均有效。

2. 预览并打印

在实际打印之前，用户可以使用如图4-6-17所示的"打印预览"功能先预览演示文稿的打印效果。预览效果满意后，可以连接打印机开始打印演示文稿。单击"文件"菜单，从弹出的下拉菜单中选择 "打印"命令，打开Microsoft Office Backstage视图，在右侧的窗格中预览演示文稿效果，在中间的"打印"窗格中进行相关的打印设置。

图 4-6-17　打印预览

4.6.4　发布演示文稿

发布幻灯片是指将 PowerPoint 2010 幻灯片存储到幻灯片库中，以达到共享和调用各个幻灯片的目的。发布演示文稿的操作步骤如下。

1）打开已创建好的演示文稿。

2）单击"文件"菜单，在弹出的下拉菜单中选择"保存并发送"命令，在中间窗格的"保存并发送"选项组中选择"发布幻灯片"选项，并在右侧的"发布幻灯片"窗格中单击"发布幻灯片"按钮，如图 4-6-18 所示。

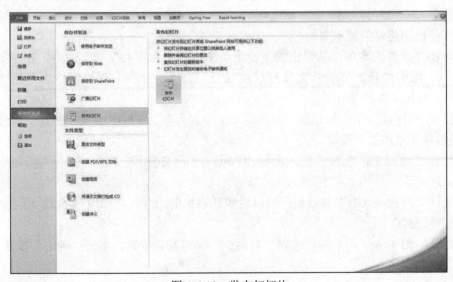

图 4-6-18　发布幻灯片

3）打开"发布幻灯片"对话框，在中间的列表框中勾选需要发布到幻灯片库中的幻灯片缩略图前的复选框，在"发布到"文本框中输入发布幻灯片库的位置，如图 4-6-19 所示。

图 4-6-19 "发布幻灯片"对话框

4）单击"发布"按钮，此时即可在发布幻灯片库的位置处查看发布后的幻灯片。

4.6.5 打包演示文稿

使用 PowerPoint 2010 提供的"打包成 CD"功能，在有刻录光驱的计算机上可以方便地将制作好的演示文稿及其链接的各种媒体文件一次性打包到 CD 上，轻松实现将演示文稿分发或转移到其他计算机上进行演示。可按如下步骤将创建完成的演示文稿打包为 CD。

1）打开已创建好的演示文稿。

2）单击"文件"菜单，从弹出的下拉菜单中选择"保存并发送"命令，在中间窗格的"文件类型"组中选择"将演示文稿打包成 CD"选项，并在右侧的窗格中单击"打包成 CD"按钮，如图 4-6-20 所示。

3）打开"打包成 CD"对话框，在"将 CD 命名为"文本框中输入"乡愁"，如图 4-6-21 所示，然后单击"添加"按钮。

4）打开"添加文件"对话框，选择"PowerPoint 2010"文件，单击"添加"按钮。如图 4-6-22 所示。

5）返回"打包成 CD"对话框，可以看到新添加的幻灯片，如图 4-6-23 所示，然后单击"选项"按钮。

6）打开如图 4-6-24 所示的"选项"对话框，保持默认设置，单击"确定"按钮。

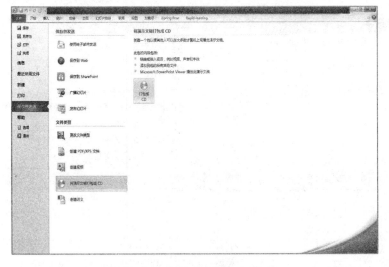

图 4-6-20　将演示文稿打包成 CD

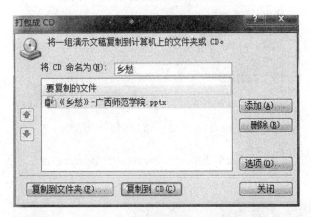

图 4-6-21　"打包成 CD"对话框

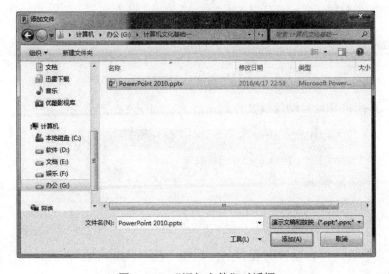

图 4-6-22　"添加文件"对话框

图 4-6-23 "打包成 CD" 对话框

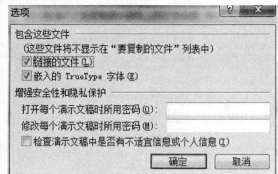
图 4-6-24 "选项" 对话框

7）返回"打包成 CD"对话框，单击"复制到文件夹"按钮，打开如图 4-6-25 所示"复制到文件夹"对话框，在"位置"文本框中设置文件的保存路径。然后单击"确定"按钮。

图 4-6-25 "复制到文件夹"对话框

8）系统自动弹出如图 4-6-26 所示"Microsoft PowerPoint"提示框，单击"是"按钮。

图 4-6-26 "Microsoft PowerPoint"提示框

9）此时，系统将开始自动复制文件到文件夹，如图 4-6-27 所示。

图 4-6-27 "正在将文件复制到文件夹"对话框

10）打包完毕后，将自动打开保存的文件夹"演示文稿 CD"，将显示打包后的所有文件，如图 4-6-28 所示。

11）返回"打包成 CD"对话框，单击"关闭"按钮，关闭该对话框。

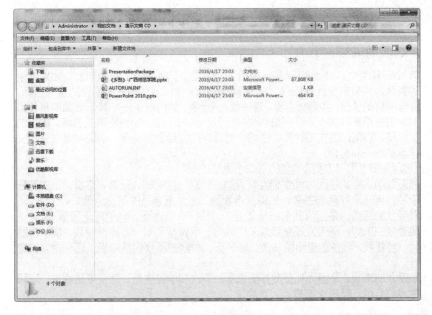

图 4-6-28　打包后的"演示文稿 CD"文件夹

4.7　制作 PPT 的常用思路

在学习了 PowerPoint 2010 中的各种功能或命令后,学习者需要综合运用 PowerPoint 2010 中的各项功能和命令,制作一个完整且图文并茂的 PPT。若要制作一个完整 PPT,主要遵循 "提取内容→搭建骨架→制作模板→制作导航页→制作基本内容页→制作封底和封面→精细化加工→幻灯片审阅",这一常用思路。

4.7.1　提取内容

提取内容是制作 PPT 的首要任务。所谓提取内容,是指先选定一个主题,围绕主题搜集大量文本内容,然后整理出一份制作 PPT 的文稿,并适当总结段落大意,为每个段落提炼关键性的文本内容,标明层次关系。一般小标题即为每段的主要内容。提取内容过程如图 4-7-1 和图 4-7-2 所示。

4.7.2　搭建骨架

搭建骨架是指根据提取后的内容,在纸上或思维导图软件上画出材料逻辑图,搭建如图 4-7-3 所示的 PPT 的全局框架。

4.7.3　制作模板

制作模板是指为 PPT 选用一个恰当的主题版式,无论是选用 PowerPoint 2010 提供的主题版式,还是使用自己设计的主题版式,一个基本的 PPT 模版都需要涉及三个问题:文字内容、配色方案、版式设计。图 4-7-4 所示为使用"幻灯片母版"制作 PPT 模板。

一、我的班级

27个窈窕淑女，11个谦谦君子组成了我们这个充满活力、积极向上、团结友爱的集体。我们来自五湖四海，张扬着不同的个性，但我们有着同样的奋斗目标，怀着同样的梦想，共同努力着、奋斗着、进步着。我们班是一个其乐融融的集体，同学们有很多共同点。有9位同学担任我班的班干部，分别是班长高峰，副班长吴小倩、刘琪，团支书林乔，组织委员黄媛，宣传委员莫辉，学习委员沈江，文体委员杨一和蓝川。

我爱我的班级，班级就是我的第二个温馨的家。

我爱我的班级，是因为同学们互帮互助，好似一对姐妹、兄弟。你看，她的笔忘带了，但又不好意思去借。他的同桌看到了，忙把自己的笔借给他。

我爱我的班级，是因为我们班是优秀的。每次写字比赛，<u>我们班永居第一</u>。

我爱我的班级，是因为那是我成长的地方。我做错了事，老师提醒我、同学提醒我、监督我，我在这里慢慢长大，每一天，学到的不仅仅是知识，还有做人的道理。

我爱我的班级，是因为那使我感到温馨。每次同学过生日，都会带蛋糕来。班级在我们心中，就是大家庭。

二、我的老师

小草，把春天的门打开；鲜花，把夏天的门打开；硕果，把秋天的门打开；寒雪，把冬天的门打开；老师，把智慧的门打开。而我们的班主任陶老师用她的新观念新思路把我们的心灵打开。

我爱老师，是因为老师有一颗金子般闪闪发光的心。在我们失败的时候，老师鼓起我们前进的风帆；当我们成功的时候，老师和我们分享成功的喜悦；在我们犯错误的时候，老师耐心细到的拨正我们前进的航向；在我们取得一点点成绩而骄傲的时候，老师是我们清醒的药剂。老师既是我们的良师，也是我们最真挚的朋友。

我们的班主任陶老师是一位善解人意的好老师。在教学上，他严谨求实、高度敬业，其渊博的知识、开阔的视野和敏锐的思维给了我深深的启迪。在工作上，他

图 4-7-1 加工前的文本素材

一、我的班级
- 我是广西师范学院07教技班的一员，在这个温馨的大家庭中共有38名成员，其中男生11人，女生27人，他们来自五湖四海，张扬着不同的个性。
- 有9位同学担任我班的班干部，分别是班长高峰，副班长吴小倩、刘琪，团支书林乔，组织委员黄媛，宣传委员莫辉，学习委员沈江，文体委员杨一和蓝川。

二、我的老师
- 我们的班主任陶老师是一位善解人意的好老师。
- 在教学上，他严谨求实、高度敬业，其渊博的知识、开阔的视野和敏锐的思维给了我深深的启迪。
- 在工作上，他以其兢兢业业、孜孜以求的工作作风和大胆创新的进取精神对我产生重要影响。
- 在生活上，他无微不至的关怀和鼓励帮助我们度过了一次次困难时刻。

三、我的学习
- 在学习上，我勤奋刻苦，善于思考。每天会早起读英语，每次都会按时完成各科老师布置的任务。
- 遇到不明白的问题时，我会先独立思考，如果自己解决不了，我再向同学和老师请教。
- 我热爱读书，除了本专业的书籍以外，我还广泛涉猎自己钟爱的文学读物。

图 4-7-2 提取后的文本内容

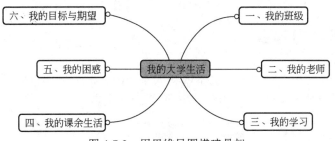

图 4-7-3 用思维导图搭建骨架

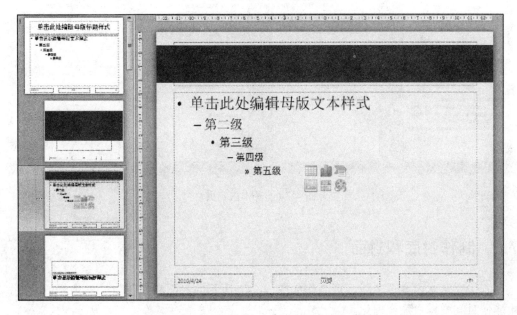

图 4-7-4 使用"幻灯片母版"制作 PPT 模版

4.7.4 制作导航页

导航页包括目录页和转场页（过渡页），为了突显 PPT 的模块化，可以通过制作导航页来实现。图 4-7-5 为目录页

图 4-7-5 目录页

4.7.5 制作基本内容页

制作基本内容页是指先将主要的文本内容放入 PPT，只要段落排版简洁和整齐就好，暂时不对文本或页面做进一步设计。如图 4-7-6 所示为基本内容页。

图 4-7-6　基本内容页

4.7.6 制作封底和封面

在制作完基本内容页之后，再制作如图 4-7-7 所示的封面和如图 4-7-8 所示的封底，这样才能使时间安排更加合理化。

图 4-7-7　封面　　　　　　　　　　　　　图 4-7-8　封底

4.7.7 精细化加工

精细化加工是指对基本内容页中的文本内容进行细化加工，例如，将文本图形化，为幻灯片中的对象添加动画等，以便 PPT 更加可视化，易于用户理解文本内容。图 4-7-9 和图 4-7-10 所示为精细加工前、后的示意图。

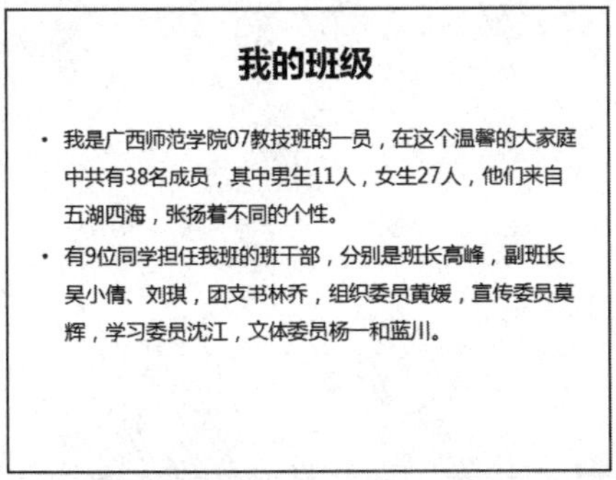

图 4-7-9　精细加工前 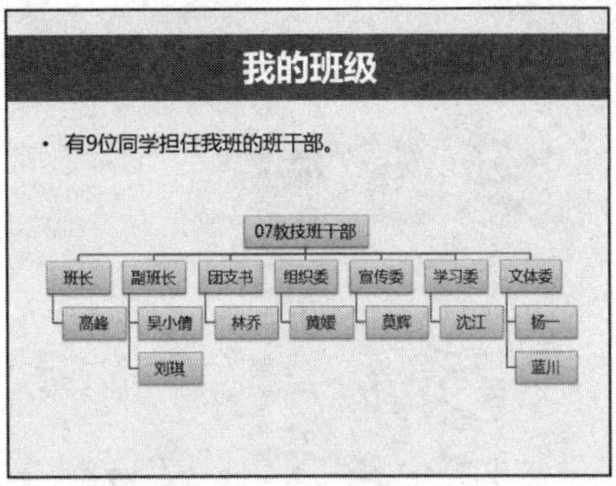　　　　　　　　图 4-7-10　精细加工后

4.7.8　幻灯片审阅

在制作完 PPT 之后，还需要对其进行检查和审阅，主要包括内容审查、字体嵌入、兼容性检查、备份等几项工作。

1）内容审查：主要检查幻灯片中有无错别字，逻辑是否清晰。

2）字体嵌入：若没有在幻灯片中嵌入字体，将已创建好的演示文稿拷贝到其他未安装指定字体的电脑上时，字体效果显示不出来，会直接影响 PPT 的呈现效果。因此，可按"文件→选项→保存→将字体嵌入文件"的操作，为 PPT 嵌入字体。

3）兼容性检查：需要对展示电脑上的 PowerPoint 版本进行兼容性检查，若展示电脑中的 PowerPoint 是 1997 或 2003 版本，则打不开文件类型为.pptx 的幻灯片，只有安装兼容包之后才能打开。

4）备份：为避免由于断电或系统故障而丢失文件，在制作完 PPT 之后，最好能及时在云盘或邮箱中进行 PPT 备份。

思　考　题

1．"大纲"窗格和"幻灯片"窗格的区别和联系是什么？
2．简述将常用命令添加到快速访问工具栏的三种方法。
3．演示文稿和幻灯片的区别是什么？分别简述新建演示文稿和新建幻灯片的方法。
4．"保存"和"另存为"的效果一样吗？如何将演示文稿的自动保存时间设置为 3 分钟？如何将演示文稿另存为成.pdf 格式的文件？
5．演示文稿共有哪几种视图模式？这几种视图模式各有什么特点？
6．如何同时选中编号不连续的多张幻灯片？
7．如何将文本内容快速转换成"SmartArt"图形？
8．简述在演示文稿中插入 Flash 动画的方法。
9．幻灯片中主要有哪几类动画？这几类动画的作用分别是什么？
10．切换设置与动画有何区别？
11．简述设置超链接的三种方法。
12．如何放映幻灯片？如何设置演示文稿的自定义放映方式？
13．简述制作 PPT 的常用思路。

第 5 章

电子表格制作软件 Excel 2010

电子表格,又称电子数据表,是模拟纸上计算表格的计算机程序。电子表格可以输入、输出、显示数据,也可以利用公式计算一些简单的加减法,还可以帮助用户制作各种复杂的表格文档,进行烦琐的数据计算,并能将枯燥无味的数据转变为各种漂亮的彩色图表,极大地增强了数据的可视性。

Excel 是微软 Office 软件中的电子表格组件,本章将介绍 Excel 2010 的基本知识、使用方法及其简单应用。

5.1 电子表格概述

5.1.1 电子表格处理的基本概念

电子表格处理包括创建电子表格,输入数据,对数据进行计算、排序、筛选、分类汇总、生成图表等。

1. 表格编辑

表格的编辑包括制作、编辑各类表格,快速输入有规律的数据,对表格进行格式化等。图 5-1-1 所示为表格编辑效果图。

	A	B	C	D	E	F	G	H	I	J	K	L	M	N	O
1	2012级学生计算机文化基础—成绩表														
2	学号	姓名	班级	出生日期	身份证号	平时成绩	笔试	文件操作	WORD	EXCEL	选做模块	期末总分	期评	排名	总评
3	0101	唐颖	外12商英班	1998/1/8	450102199801080062	95	13	19	11	15	16				
4	0102	陈雪悦	外12商英班	1998/6/24	452122199806240056	90	15	17	17.5	18	18.75				
5	0103	金慧梅	外12商英班	1997/3/16	321224199703160071	87	15	18.6	16	14.3	16				
6	0104	王雨倩	数12数本班	1998/6/24	450107199806240013	90	14	18.2	16.4	20	20				
7	0105	卢阳丽	数12数本班	1998/12/25	450205199812250032	93	15	15	18	18	14				
8	0106	潘紫	化12生物班	1999/3/5	450112199903050063	95	9	16.5	14.2	13	16.5				
9	0107	陆雅	化12生物班	1999/7/13	452128199907130054	75	15	18	18	20	20				
10	0108	石巍丹	物12物本班	1998/8/26	312023199808260076	91	14	18.7	9	0	7.5				
11	0109	苏平	物13物本班	1996/11/15	450107199611150023	90	15	12	17	0	13.5				
12	0110	梁春	计12软件班	1997/9/18	450205199709180036	86	15	10	19	19.4	20				

图 5-1-1 表格编辑效果图

2. 数据计算

利用公式或函数可以对表格中的数据进行快速、复杂的计算。如求和、求平均、求最大/小值、统计、条件统计、排序等。图 5-1-2 所示为表格公式计算。

图 5-1-2　表格公式计算

3. 数据管理和分析

对表格中的数据进行排序、筛选、分类汇总。图 5-1-3 所示为按"排名"进行升序排序后的结果。

图 5-1-3　"排名"升序排序结果

5. 数据图表化

数据图表化可以将枯燥的数据快速地变成直观的图表，从而更加方便地找出数据之间的差异或者发展趋势。图 5-1-4 所示为图表。

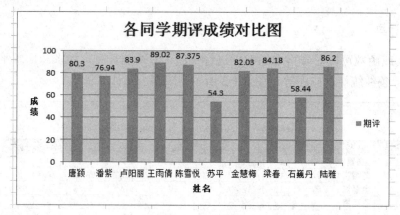

图 5-1-4　图表

5.1.2　Excel 2010 的启动和退出

1．启动

Excel 2010 的启动，常用的有下列三种方法：

1）单击"开始"图标，在"所有程序"中找到"Microsoft Office"程序组并单击，在展开的程序组中找到"Microsoft Excel 2010"，单击运行 Excel 2010 程序。

2）通过双击桌面上 Excel 2010 的快捷方式启动 Excel 2010 程序。

3）通过打开 Excel 文档的方式启动 Excel 2010。

2．退出

Excel 2010 的退出，常用的有下列三种方法：

1）单击程序窗口左上角的 Excel 工作簿图标，在下拉菜单中选择"关闭"命令或用"Alt+F4"组合键。

2）单击程序窗口右上角控制按钮中的"关闭"按钮。

3）单击"文件"选项卡中的"关闭"命令。

5.1.3　Excel 2010 的工作窗口

启动 Excel 2010 后，可以看到如图 5-1-5 所示的 Excel 2010 的工作窗口。
下面对窗口中主要的部分进行介绍：

1．快速访问工具栏

该工具栏位于工作界面的左上角，包含一组用户使用频率较高的工具，如"保存"、"撤销"和"恢复"。用户可单击"快速访问工具栏"右侧的倒三角按钮，在展开的列表中选择要在快速访问工具栏中显示或隐藏的工具按钮。

自定义 Excel 2010 快速访问工具栏上的功能按钮，操作方法如下：

1）启动 Excel 2010，单击快速访问工具栏右侧的倒三角按钮，弹出如图 5-1-6 所示的下拉菜单。

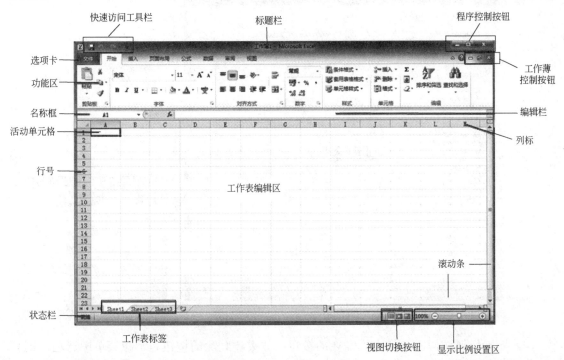

图 5-1-5　Excel 2010 工作窗口

图 5-1-6　自定义快速访问工具栏

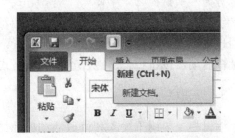

图 5-1-7　添加"新建"工具

2）若单击"新建"选项。快速访问工具栏上将会添加"新建"按钮，如图 5-1-7 所示。

3）若需要添加下拉菜单中没有列出的命令，可选择图 5-1-6 所示的下拉菜单中的"其他命令（M）..."选项，将弹出"Excel 选项"对话框。在该对话框"自定义快速访问工具栏"列表框中选择需要添加的功能（如选择"打印预览和打印"选项），单击"添加"按钮，把该功能添加到窗格右侧的列表框中，如图 5-1-8 所示。单击"确定"按钮。此时"打印预览和打印"按钮已经添加到快速访问工具栏上，如图 5-1-9 所示。

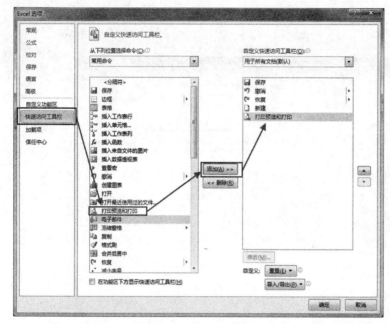

图 5-1-8　添加其他命令　　　　　　　图 5-1-9　添加"预览和打印"

4）删除快速访问工具栏上不需要的按钮：如果要删除的按钮是下拉菜单中选项，则只需在下拉菜单中再次选择该选项。例如，要删除"保存"按钮，在下拉菜单中单击"保存"选项即可。如果要删除的选项不在下拉菜单中，可选择"其他命令"，在弹出的"Excel 选项"对话框中选中对应选项，单击"删除"按钮，然后"确定"。

2．功能区

功能区位于标题栏的下方，是一个由八个选项卡组成的区域。Excel 2010 将用于处理数据的所有命令组织在不同的选项卡中。单击不同的选项卡标签，可切换功能区中显示的工具命令。

在每一个选项卡中，命令又被分类放置在不同的组中。"开始"选项卡的命令按功能不同划分为"剪贴板"、"字体"、"对齐方式"等不同的组，组间用一条竖线隔开。

组的右下角通常都会有一个对话框启动器按钮，用于打开与该组命令相关的对话框，以便用户对要进行的操作做更进一步的设置。如图 5-1-10 所示，单击"对齐方式"组右下角的对话框启动器按钮将弹出"设置单元格格式"对话框的"对齐"选项卡。

3．编辑栏

编辑栏主要用于输入和修改活动单元格中的数据。当在工作表的某个单元格中输入数据时，编辑栏会同步显示输入的内容。

4．工作表编辑区

工作表编辑区用于显示或编辑工作表中的数据，由行和列组成。

5．工作表标签

工作表标签位于工作簿窗口的左下角，默认名称为"Sheet1"、"Sheet2"、"Sheet3"…，单击不同的工作表标签可在工作表间进行切换。

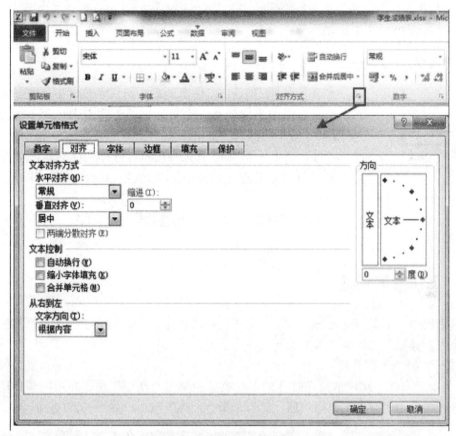

图 5-1-10　设置单元格格式

6．状态栏

用于显示当前数据的编辑状态、选定单元格数据的统计情况、设置页面显示方式以及显示比例等。

5.1.4　工作簿、工作表、单元格

在 Excel 中，用户接触最多就是工作簿、工作表和单元格。

1．工作簿

工作簿就像是我们日常生活中的账本，在 Excel 中生成的文件就叫做工作簿，扩展名是.xlsx。也就是说，一个 Excel 文件就是一个工作簿。

2．工作表

工作表就像是账本中的某一页账表，在 Excel 中工作表是由行和列构成的表格，它主要由单元格、行号、列标和工作表标签等组成。

行号显示在工作簿窗口的左侧，依次用数字 1，2...1048576 表示；列标显示在工作簿窗

口的上方，依次用字母 A、B...X、F、D 表示，共有 16384 列。默认情况下，一个工作簿包含 3 个工作表 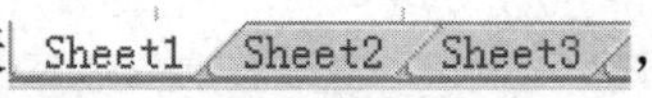 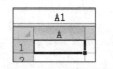，用户可以根据需要添加或删除工作表。一个工作簿最多可以包含 255 个工作表。

3．单元格

单元格是 Excel 工作簿的最小组成单位，工作表编辑区中每一个长方形的小格就是一个单元格，工作表中包含了数以百万计（1 048 576*16 384 个）的单元格，所有的数据都存储在单元格中。

每一个单元格都可用其所在的行号和列标标识，如图 5-1-11 所示，A1 单元格是表示位于第 A 列第 1 行的单元格。

图 5-1-11　单元格及其名称

5.2　Excel 2010 工作簿的创建与保存

5.2.1　工作簿的创建

通常情况下，启动 Excel 2010 时，系统会自动新建一个名为"工作簿 1"的空白工作簿。若要再新建空白工作簿，常用以下三种方法：

1）按"Ctrl+N"组合键。

2）单击"文件"选项卡，在打开的下拉菜单中单击"新建"项，在中间窗口的"可用模板"列表中单击"空白工作簿"项，然后单击"创建"按钮，如图 5-2-1 所示。

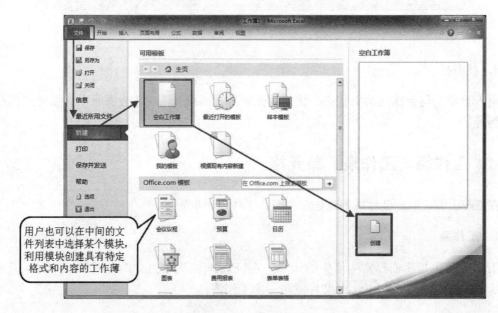

图 5-2-1　新建文档

3）使用"快速访问工具栏"上的"新建"按钮。

5.2.2 工作簿的打开

如果需要打开一个已经编辑过保存在硬盘中的工作簿，常用的有以下三种方法：

1）在"文件"选项卡的下拉菜单中选择"打开"项，然后在如图 5-2-2 所示的"打开"对话框中找到工作簿的放置位置，选择要打开的工作簿，单击"打开"按钮。

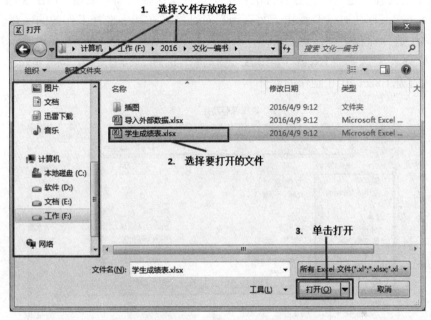

图 5-2-2 "打开"对话框

2）在"文件"选项卡的下拉菜单中"最近所用文件"列出了用户最近使用过的工作簿，单击某个工作簿名称即可将其打开，如图 5-2-3 所示。

图 5-2-3 最近所用文件

3）在资源管理器中找到需要打开的工作簿，双击工作簿或右击工作簿，在弹出菜单中选择"打开"，即可将其打开。

5.2.3 工作簿的保存

当对某个工作簿进行编辑操作后,为防止数据丢失,需将其保存。要保存工作簿,常用的有两种方法:

1)单击"快速访问工具栏"上的"保存"按钮。

2)单击"文件"选项卡,在打开的界面中选择"保存"项,或按"Ctrl+S"组合键。

文档第一次保存的时候会弹出"另存为"对话框,在其中选择工作簿的保存位置,输入工作簿名称,选择保存类型,然后单击"保存"按钮,如图 5-2-4 所示。(说明:若在"保存类型"下拉列表中选择"Excel 97-2003 工作簿"选项,可让低版本的 Excel,如 Excel 2003,顺利打开 Excel 2010 制作的文件)

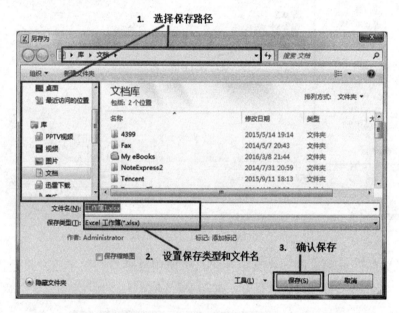

图 5-2-4 "另存为"对话框

当对工作簿执行第二次保存操作时,不会再打开"另存为"对话框。若要将工作簿另存,可在"文件"选项卡中选择"另存为"项,然后在打开的"另存为"对话框重新设工作簿的保存位置或工作簿名称、类型等,然后单击"保存"按钮。

5.2.4 工作簿的保护

如果工作簿的数据需要保密,不希望被无关的人打开或修改,可以对 Excel 工作簿设置密码。为 Excel 工作簿设置密码有两种方法。

1. 通过"文件"选项卡加密

1)打开 Excel 工作簿以后,单击功能区的"文件"选项卡,在弹出的下拉菜单里,选择"信息"选项,在左侧的功能选择区中单击"保护工作簿"按钮,这时会弹出一个功能列表,如图 5-2-5 所示。

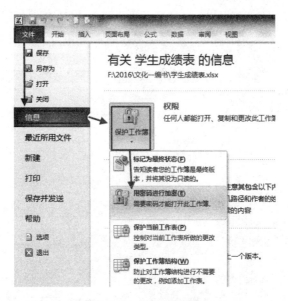

图 5-2-5　保护工作簿

2）在弹出的功能列表里，选择"用密码进行加密"。

3）在弹出的加密文档对话框中输入打开文件的密码，单击"确定"，在弹出的"确认密码"对话框中再次输入密码确定，如图 5-2-6 所示。密码区分大小写，它可以由字母、数字、符号和空格组成。

4）保存关闭文档后再次打开文档时就会弹出一个如图 5-2-7 所示的输入密码的对话框，提示用户输入密码。

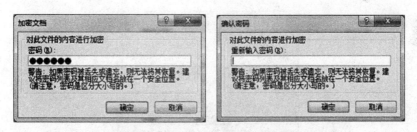

图 5-2-6　"输入密码"对话框和"确认密码"对话框

图 5-2-7　输入密码提示框

2．通过"另存为"对话框加密

1）打开需要加密的 Excel 工作簿，然后单击功能区"开始"选项卡，在弹出的文件菜单中选择"另存为"选项。

2）在打开的"另存为"对话框中单击"工具"，在弹出的下拉菜单中选择"常规选项",如图 5-2-8 所示。

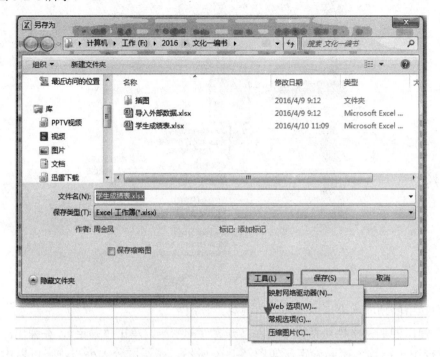

图 5-2-8 "另存为"加密

3)在如图 5-2-9 所示的"常规选项"对话框中输入相应的保护密码并单击"确定"按钮,即可对工作表簿执行保存操作。

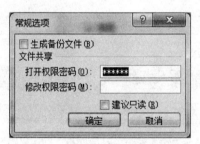

图 5-2-9 "常规选项"对话框

打开权限密码:设置该密码,在打开工作簿的时候需要提供密码。
修改权限密码:设置该密码,必须输入密码才能编辑工作簿,如果不提供密码只能以只读的方式打开工作簿。

3. 取消密码

如果需要取消密码,依然按照上面加密的步骤来进行操作,但在提示输入密码的对话框中,在输入密码的地方留空,然后保存文档,这样密码就取消了。

5.3 数 据 输 入

5.3.1 单元格的选定

如果要对 Excel 2010 工作表中的数据进行编辑，首先要选择数据所在的单元格或单元格区域，然后再进行相应编辑操作。下面是选择 Excel 单元格或单元格区域的几种方法。

1）选择单个单元格：将鼠标指针移至要选择的单元格上方后单击，选中的单元格以黑色边框显示，此时该单元格行号上的数字和列标上的字母将突出显示。

2）选择相邻单元格：按下鼠标左键拖过想要选择的单元格，然后松开鼠标或单击要选择区域的第一个单元格，然后按住"Shift"键单击要选择区域的最后一个单元格。这两种方法均可选中连续的单元格区域，选中的连续区域将以黑色边框显示，如图 5-3-1 左框所示。

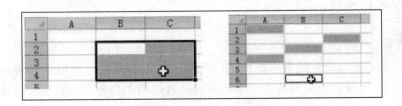

图 5-3-1 选择多个单元格

3）选择不相邻单元格或单元格区域：选择一个单元格或单元格区域后，按住"Ctrl"键选择其他单元格或单元格区域，可选择不相邻的多个单元格或单元格区域，选中的单元格或区域除最后一个外均以浅蓝色显示，最后选中的单元格或区域以黑色边框显示，如图 5-3-1 右框所示。

4）选取所有单元格：要选取工作表中的所有单元格，可按"Ctrl＋A"组合键或单击工作表左上角行号与列标交叉处的"全选"按钮 。

5）选择整行：要选择工作表中的一整行，可将鼠标指针移到该行的左侧的行号上方，当鼠标指针变成向右的黑色箭头形状" "时单击行号，如图 5-3-2 所示。（说明：参考同时选择多个单元格的方法，用"Shift"键或"Ctrl＋"鼠标左键单击可同时选择多行。）

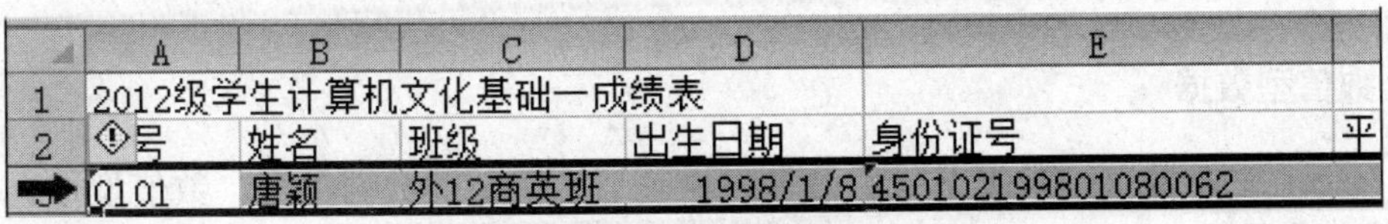

图 5-3-2 选择一行

6）选择整列：要选择工作表中的整列，可将鼠标指针移到该列顶端的列标上方，当鼠标指针变成向下的黑色箭头形状时" "单击列标即可，如图 5-3-3 所示。（说明：参考同时选择多个单元格的方法，用"Shift"键或"Ctrl＋"鼠标左键单击可同时选择多列。）

5.3.2 基本输入

在 Excel 中，可以向工作表的单元格输入各种类型的数据。要在单元格中输入数据，只需单击要输入数据的单元格，然后输入数据即可；也可在单击单元格后，在编辑栏中输入数据，输入完毕按键盘上的回车键或单击编辑栏中的"输入"按钮 ✓ 确认；按键盘上的"Esc"键或单击编辑栏中的"取消"按钮 ✗，可取消本次输入。

下面就是 Excel 中常用的数据类型及其输入方法。

1. 文本型数据

文本是指汉字、英文或由汉字、英文、数字组成的字符串。默认情况下，输入的文本会沿单元格左侧对齐。文本型数据的输入分两种：

1) 汉字、英文、数字组成的字符串：直接输入，按"回车"键确认。

2) 纯数字组成的字符串：需要输入编号、电话号码、邮政编码及身份证号等纯数字字符串时，直接输入会被当成数值，因此输入时必须再输入数字字符串，如图 5-3-4 所示。

图 5-3-3 选择一列输入单撇号"'"，再输入数字字符串，如图 5-3-4 所示。

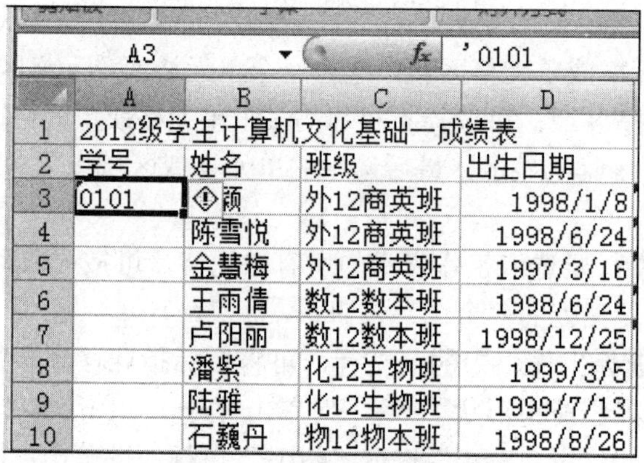

图 5-3-4 输入纯数字字符串

2. 数值型数据

在 Excel 中，数值型数据是使用最多，也是最为复杂的数据类型。数值型数据包括整数、小数、分数、货币等，数值型数据自动其沿单元格右侧对齐。

数值型数据的输入分四种情况：

1) 整数、小数：直接输入，按"回车"键确认。输入负数时可以在数字前加一个负号"-"，或给数字加上圆括号，如图 5-3-5 所示。

2) 分数：输入分数时，先输入 0 或整数，然后输入一个空格，最后输入分子、"/"号和分母，如图 5-3-6 和图 5-3-7 所示。

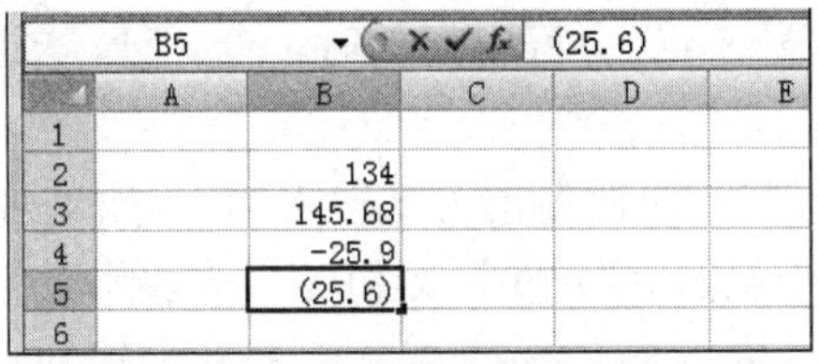

图 5-3-5　整数、小数输入

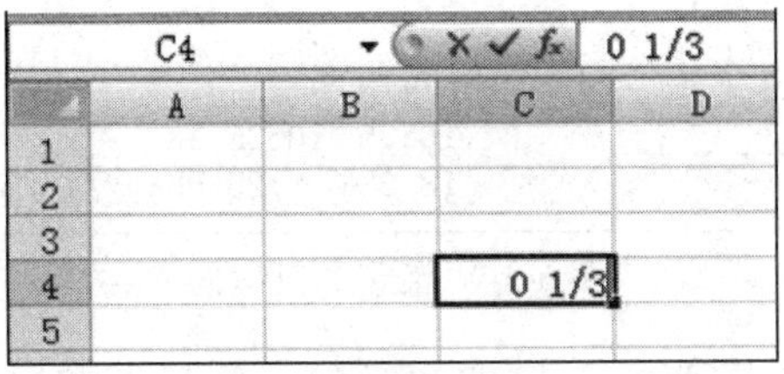

图 5-3-6　输入分数

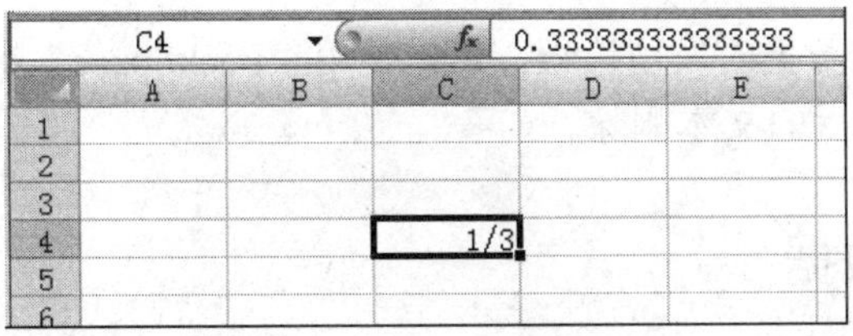

图 5-3-7　输入分数效果图

3）百分数：输入数字后直接输入"%"。

4）货币：先输入数字，然后单击"开始"选项卡中的"数字"组功能区右下角的对话框启动器按钮，弹出如图 5-3-8 所示的"设置单元格格式"对话框，选择"数字"标签，在分类中选择"货币"，然后设置货币小数位数、货币符号及负数的显示格式，最后单击"确定"。

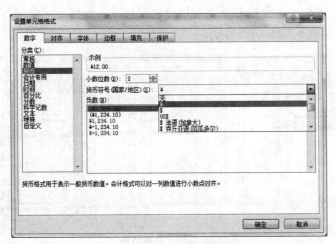

图 5-3-8　设置货币格式

3．日期和时间：

1）输入日期时，用斜杠"/"或者"-"来分隔日期中的年、月、日部分，或者用"Ctrl+;"组合键来输入系统日期。

2）输入时间时，可用冒号":"分开时间的时、分、秒，或者用"Ctrl+Shift+;"组合键来输入系统时间。

系统默认输入的时间是按 24 小时制的方式输入的，如果按 12 小时制输入时间，需要在输入时间后输入一个空格，再输入"AM"或"PM"来表示上午或下午，如图 5-3-9 所示。

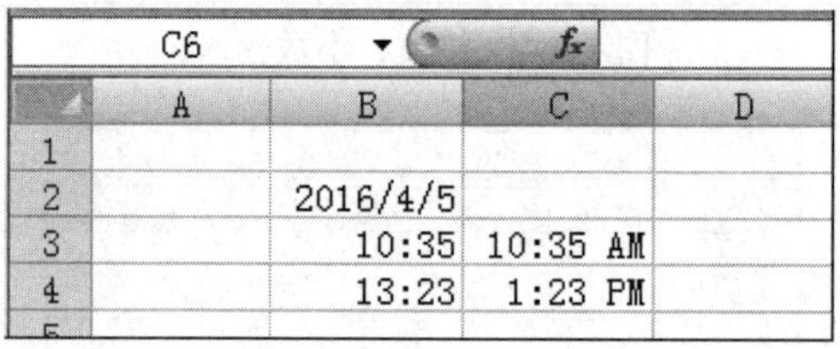

图 5-3-9　输入日期时间

如果在同一个单元格中需要输入日期和时间，则日期和时间之间需要输入一个空格隔开。

注意：Excel 中输入数据时发现错误，可以使用"BackSpace"键将光标前的数据删除；使用"Delete"键将光标后的文本删除。

5.3.3　快速填充数据

在输入数据时，如果希望在一行或一列相邻的单元格中输入相同的或有规律的数据，可以使用快速填充功能，Excel 2010 自动填充数据具体操作如下：

1．使用填充柄快速填充数据

1）在单元格中输入示例数据，然后将鼠标指针移到单元格右下角的填充柄上，此时鼠标指针变为实心的"十"字形，如图 5-3-10 左图所示。

2）按住鼠标左键拖动单元格右下角的填充柄到目标单元格，如图 5-3-10 中图所示，释放鼠标左键，结果如图 5-3-10 右图所示。

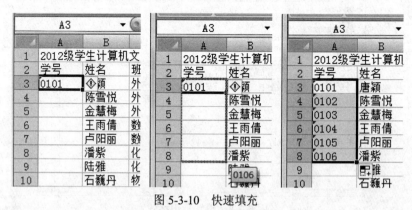

图 5-3-10　快速填充

3）执行完填充操作后，会在填充区域的右下角出现一个"自动填充选项"按钮，单击它将打开一个填充选项列表，从中选择不同选项，即可修改默认的自动填充效果。初始数据不同，自动填充选项列表的内容也不尽相同。

2．利用"序列"对话框快速填充数据

对于一些有规律的数据，比如等差、等比序列以及日期数据序列等，可以利用"序列"对话框进行填充。方法如下。

1）在单元格中输入初始数据。

2）选定要从该单元格开始填充的单元格区域。

3）单击"开始"选项卡上"编辑"组中的"填充"按钮，在展开的填充列表中选择"系列"选项，在打开的"序列"对话框中选中所需选项，如"等比序列"单选钮，然后设置"步长值"（相邻数据间延伸的幅度），最后单击"确定"按钮，如图 5-3-11 所示。

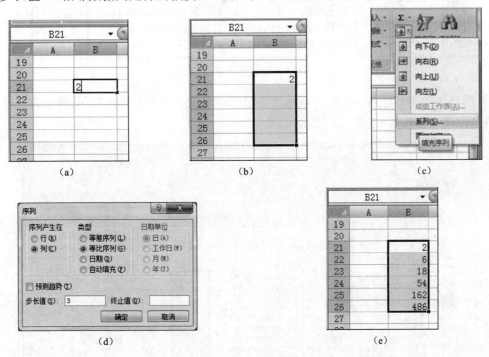

图 5-3-11　自动填充

(a) 输入初始数据；(b) 选定填充区域；(c) 填充系列；(d) "序列"对话框；(e) 填充效果

5.3.4　设置数据有效性条件

在 Excel 2010 中，为了确保数据的正确性，可以设置数据的有效性条件，以防止用户输入不符合条件的数据。在 Excel 2010 可设置多种数据有效性条件，如整数、小数、序列、日期、时间、文本长度等。下面以小数及序列为例说明设置数据有效性的方法。

1．设置小数的取值范围

学生成绩表中的平时成绩，数值范围应该在 0～100 之间，输入其他的数据是不正确的，因此可以对该列数据设置有效性条件。具体操作如下：

1）打开工作表，选中需要设置数据有效性的单元格，如图 5-3-12 所示。

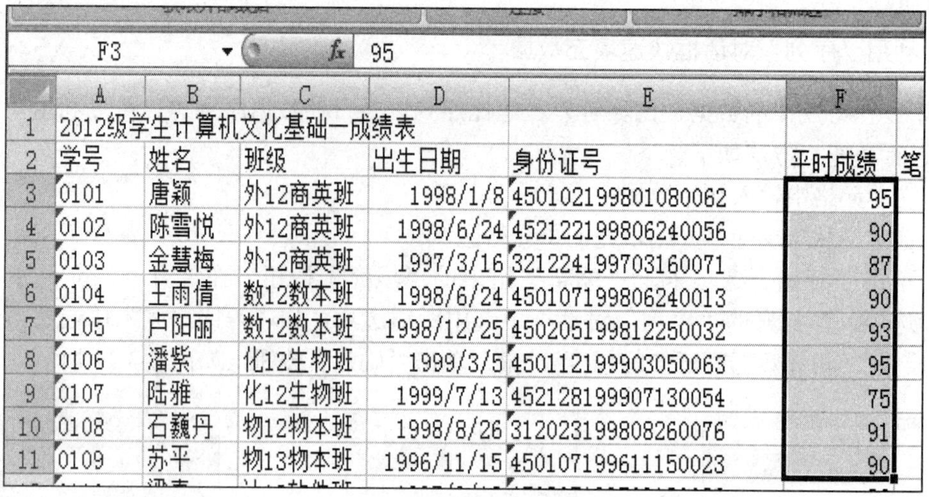

图 5-3-12 选中单元格

2）选择"数据"选项卡，在"数据工具组"中单击"数据有效性"，从弹出的下拉菜单中选择"数据有效性"，如图 5-3-13 所示。

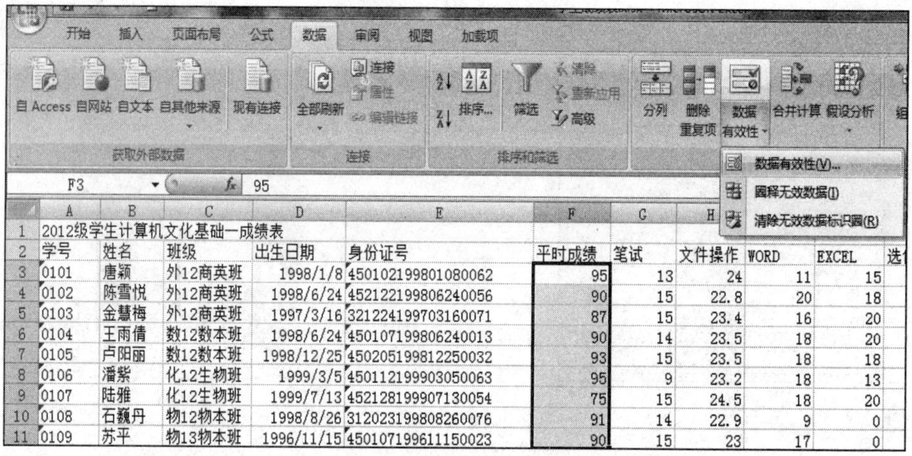

图 5-3-13 "数据有效性"选项

3）在弹出的"数据有效性"对话框中，设置有效性条件及出错警告，最后单击"确定"，如图 5-3-14 和 5-3-15 所示。

4）在平时成绩一列中输入小于 0 或大于 100 的数值时，就会弹出如图 5-3-16 所示的错误警告对话框。

2. 设置序列数据来源

数据有效性条件也可以用来设置单元格数据来源于指定的序列（如性别一般设置为"男、女"）。当单元格中允许输入的内容为一个固定的序列时，若输入序列外的内容则弹出警告对话框。在 Excel 工作表中来源设置序列有效性的方法，操作方法如下：

1）按照前述设置数据有效性的方法步骤 1 和 2，弹出"数据有效性"对话框。

2）在"允许"下拉列表框中选择"序列"选项。此时在"来源"文本框中输入序列，如"男,女"，再设置出错警告中的其他项，单击"确定"按钮完成。注意输入序列值之间用英文逗号隔开，如图 5-3-17 所示。

图 5-3-14　设置数据有效性条件

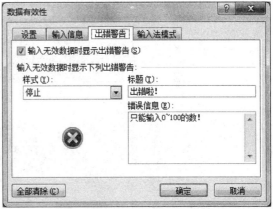

图 5-3-15　设置出错警告

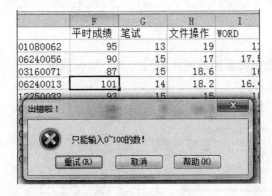

图 5-3-16　输入出错时的提示

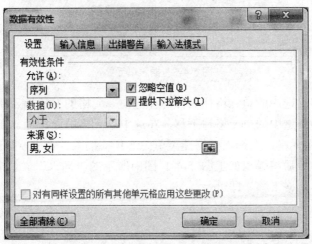

图 5-3-17　数据有效性设置序列来源

3）返回工作表，可以看到原选中的单元格"F3"的右下角出现下三角按钮，单击该按钮，弹出下拉列表，其中包含序列中的项目，如图 5-3-18 所示。

4）在"F3"中输入男女之外的数据时，就会弹出错误警告对话框。

	A	B	C	D	E	F	
1	2012级学生计算机文化基础—成绩表						
2	学号	姓名	班级	出生日期	身份证号	性别	平时
3	0101	唐颖	外12商英班	1998/1/8	450102199801080062		
4	0102	陈雪悦	外12商英班	1998/6/24	452122199806240056	男	
5	0103	金慧梅	外12商英班	1997/3/16	321224199703160071	女	
6	0104	王雨倩	数12数本班	1998/6/24	450107199806240013		
7	0105	卢阳丽	数12数本班	1998/12/25	450205199812250032		

图 5-3-18　序列设置效果

5.4　格式化工作表

5.4.1　插入单元格、行、列

要在工作表的指定位置添加内容，就需要在工作表中插入单元格、行或列。

1．插入单元格

要插入单元格，首先要选定插入单元格的位置，然后按以下两种方法执行插入操作：

1）使用"开始"选项卡上"单元格"组"插入"列表中的"插入单元格"命令，这时会弹出"插入"对话框，根据需要选择活动单元格右移或下移，如图 5-4-1 所示。

图 5-4-1　插入单元格

活动单元格右移：选中的单元格往右移，在选中单元格的左边插入新的单元格。
活动单元格下移：选中的单元格往下移，在选中单元格的上边插入新的单元格。
2）右击选中的单元格，在弹出的快捷菜单中选择"插入"命令，如图 5-4-2 所示。
选择"插入"命令后将弹出如上图 5-4-1 图中所示的"插入"对话框，选择"活动单元格右移"或"活动单元格下移"即可。

2．插入行

要插入行，首先要选定插入行的位置，然后按以下三种方法执行插入操作：

1）使用"开始"选项卡上"单元格"组"插入"列表中的"插入工作表行"命令，如图 5-4-3 所示，这时会在选定的单元格上方插入新行。

2）右击选中的单元格，在弹出的快捷菜单中选择"插入"命令，在弹出的"插入"对话框中选择"整行"即可在所选单元格上方插入新行，如图 5-4-4 所示。

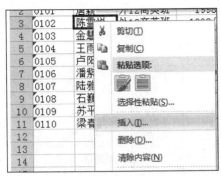

图 5-4-2 快捷菜单插入

图 5-4-3 通过功能区命令插入工作表行

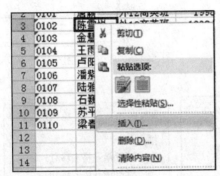
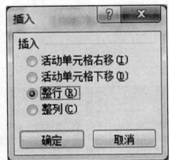

图 5-4-4 右击某单元格插入行

3）右击左侧的行号，在弹出的快捷菜单中选择"插入"命令，可在所选行上方插入新行，如图 5-4-5 所示。

3. 插入列

要插入列，首先要选定插入列的位置，然后按以下三种方法执行插入操作：

1）使用"开始"选项卡上"单元格"组"插入"列表中的"插入工作表列"命令，如图 5-4-6 所示，这时会在选定的单元格左边插入新列。

2）右击选中的单元格，在弹出的快捷菜单中选择"插入"命令，在弹出的"插入"对话框中选择"整列"即可在所选单元格左边插入新列，如图 5-4-7 所示。

3）右击工作表中的列标，在弹出的快捷菜单中选择"插入"命令，可在所选列左边插入新列，如图 5-4-8 所示。

注意：以上插入单元格、行、列的方法中，如果选中的不是 1 个单元格（行或列），而是连续单元格区域（或连续多行、连续多列），执行插入操作以后将在相应位置上插入同等数量的单元格（行或列）。

5.4.2 删除单元格、行、列

要删除单元格（行或列），首先选择要删除的单元格（行或列），然后按以下三种方法进行。

图 5-4-5 右击行标插入行

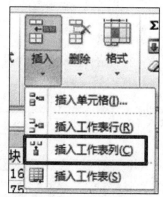

图 5-4-6 通过功能区命令插入工作表列

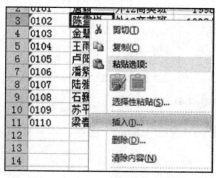

图 5-4-7 右击某单元格插入列

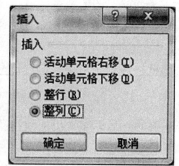

1）单击"开始"选项卡"单元格"组中的"删除"按钮右侧的三角按钮，在展开的列表中选择相应的选项即可，如图 5-4-9 所示。

图 5-4-8 右击列标插入列

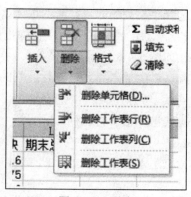

图 5-4-9 删除

2）右击选中的单元格，在弹出的快捷菜单中选择"删除"命令，在弹出的"删除"对话中选择相应的项，可删除所选单元格（或行、列），如图 5-4-10 所示。

图 5-4-10　右击某单元格删除

3）右击工作表中的列标或行号，在弹出的快捷菜单中选择"删除"命令，如图 5-4-11 所示。

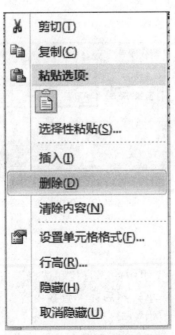

图 5-4-11　右击行标或列号删除

注意：以上删除单元格、行、列的方法中，如果选中的不是 1 个单元格，而是连续单元格区域（连续多行、连续多列），执行删除操作以后将删除所有选中的单元格（行或列）。

5.4.3 复制和移动单元格

1．移动数据

选中要移动数据的单元格或单元格区域，有两种方法。

方法一：将鼠标指针移到所选区域的边框线上，待鼠标指针变成"十"字箭头形状时按住鼠标左键并拖动，到目标位置后释放鼠标，即可将所选单元格数据移动到目标位置。

方法二：先"剪切"所选中的单元或单元格区域，然后在目标位置上"粘贴"。

2．复制数据

1）若在上述移动数据的过程中按住鼠标左键和"Ctrl"键不放，此时的鼠标指针变成带"+"号的箭头形状，到目标位置后释放鼠标，所选数据将被复制到目标位置。

2）先"复制"所选中的单元或单元格区域，然后在目标位置上"粘贴"。

3．查找数据

在工作表中查找需要的数据，可单击工作表中的任意单元格，然后单击"开始"选项卡"编辑"组中的"查找"按钮，在展开的列表中选择"查找"项，打开"查找和替换"对话框，在"查找内容"编辑框中输入要查找的内容，然后单击"查找下一个"按钮，如图 5-4-12 所示。

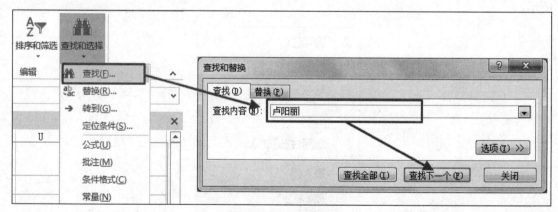

图 5-4-12　查找数据

4．替换数据

单击"开始"选项卡"编辑"组中的"查找和选择"按钮，选择"替换"，打开"查找和替换"对话框，如图 5-4-13 所示，然后在"查找内容"编辑框中输入要查找的内容，在"替换为"编辑框中输入要替换为的内容。

1）单击"全部替换"按钮，将替换所有符合条件的内容。

2）单击"替换"按钮，将逐一对查找到的内容进行替换。

3）单击"查找下一个"按钮，将跳过查找到的内容（不替换）

图 5-4-13　用"20"替换"25"

5.4.4　合并/拆分单元格

在 Excel 中，经常会用到合并、拆分 Excel 单元格功能。合并和拆分单元格的具体操作方法如下：

1．合并单元格

选中要进行合并操作的单元格区域，单击"开始"选项卡上"对齐方式"组中的"合并后居中"按钮或单击其右侧的倒三角按钮，在展开的列表中选择一种合并选项，即可将所选单元格合并。如图 5-4-14 所示。

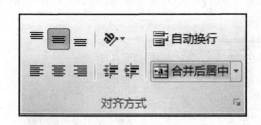 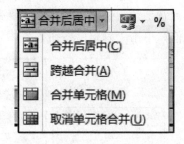

图 5-4-14　合并单元格

1）合并后居中：将所选单元格合并为一个单元格，并把最左上角单元格的内容居中。

2）跨越合并：将所选单元格的每一行合并到一个更大的单元格中。是按行合并，不同的行不合并在一起。

3）合并单元格：将所选单元格合并为一个单元格。

4）取消单元格合并：将原来合并的单元格还原成多个单元格。

2．拆分合并的单元格

选中经过合并的单元格，然后单击"对齐方式"组中的"合并及居中"按钮或单击其右侧的倒三角按钮，在展开的列表中选择"取消单元格合并"选项，此时合并单元格会被还原成多个单元格。

注意：不能拆分没合并的单元格。

5.4.5 调整行高和列宽

1. 鼠标拖动调整

在对行高度和列宽度要求不十分精确时，可以利用鼠标拖动来调整。

1）调整行高：将鼠标指针指向要调整行高的行号交界处，当鼠标指针变为上下形状时，按住鼠标左键并上下拖动，到达合适位置后释放鼠标，即可调整行高，如图 5-4-15 左图所示。

2）调整列宽：将鼠标指针指向要调整列宽的列标交界处，当鼠标指针变为左右箭头形状时，按住鼠标左键左右拖动，到达合适位置后释放鼠标，即可调整列宽，如图 5-4-15 右图所示。

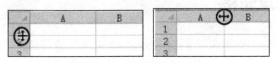

图 5-4-15　调整行高或列宽

说明：要同时调整多行或多列，可同时选择要调整的行或列，然后使用以上方法调整。

2. 精确调整 Excel 单元格的行高和列宽

1）选中要调整行高的行或列宽的列。

2）单击"开始"选项卡上"单元格"组→"格式"按钮，在展开的列表中选择"行高"或"列宽"项，弹出"行高"或"列宽"对话框，如图 5-4-16 所示。在对话框中输入行高或列宽值，单击"确定"按钮。

图 5-4-16　行高、列宽

3. 自动调整

选择"格式"列表中的"自动调整行高"或"自动调整列宽"按钮，还可将行高或列宽自动调整为最合适（自动适应单元格中数据的宽度或高度）。

5.4.6 设置数据格式

Excel 中的数据类型有常规、数字、货币、会计专用、日期、时间、百分比、分数和文本等。为 Excel 中的数据设置不同数字格式只是更改它的显示形式，不影响其实际值。

图 5-4-17 通过功能区设置数字格式

在 Excel 2010 中,如果想为单元格中的数据快速设置会计数字格式、百分比样式、千位分隔或增加小数位数等,可直接单击"开始"选项卡上"数字"组中的相应按钮,如图 5-4-17 所示。

如果希望设置更多的数字格式,可单击"数字"组右下角的对话框启动器按钮,在"设置单元格格式"对话框的"数字"选项卡进行设置,如图 5-4-18 图所示。

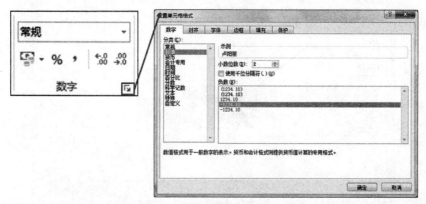

图 5-4-18 通过对话框设置数字格式

5.4.7 设置字体

在 Excel 2010 下,在单元格中输入数据时,字体为宋体、字号为 11、颜色为黑色。要重新设置单元格内容的字体、字号、字体颜色和字形等字符格式,可选中要设置的 Excel 单元格或单元格区域,然后单击"开始"选项卡上"字体"组中的相应按钮即可。

5.4.8 设置对齐方式

通常情况下,输入到单元格中的文本为左对齐,数字为右对齐,逻辑值和错误值为居中对齐。可以通过设置 Excel 单元格的对齐方式,使整个工作表看起来更整齐。设置方法如下:

1）选中需要设置对齐方式的单元格或单元格区域，单击"开始"选项卡上"对齐方式"组中的相应按钮，如图 5-4-19 所示。如图 5-4-20 所示为各种对齐方式的设置效果。

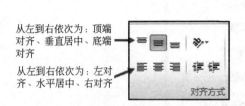

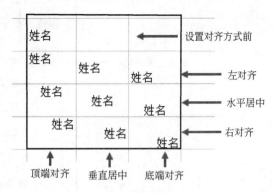

图 5-4-19　通过功能区设置对齐方式　　　　　图 5-4-20　不同对齐方式效果

2）如果想让单元格中的数据两端对齐、分散对齐或设置缩进量对齐等复杂格式，可以单击"对齐方式"组右下角的对话框启动器按钮，弹出如图 5-4-21 所示的"设置单元格格式"对话框，用其中的"对齐"选项卡来进行设置。

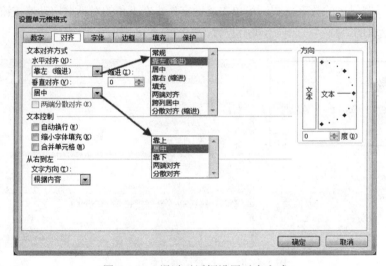

图 5-4-21　通过对话框设置对齐方式

5.4.9　添加边框和底纹

在工作表中所有的单元格都带有浅灰色的边框线，这是 Excel 默认的网格线，打印时不会被打印出来。如果需要打印边框线或设置背景，可以通过设置 Excel 表格和单元格的边框和底纹来实现。设置方法如下：

1）在选定要设置的单元格或单元格区域后，利用"开始"选项卡上"字体"组中的"边框"按钮和"填充颜色"按钮进行设置，如图 5-4-22 和图 5-4-23 所示。

使用"边框"和"填充颜色"列表进行单元格边框和底纹设置有很大的局限性，如边框线条的样式和颜色比较单调，无法为所选单元格区域的不同部分设置不同的边框线，只能设置纯色底纹等。

图 5-4-22 设置边框

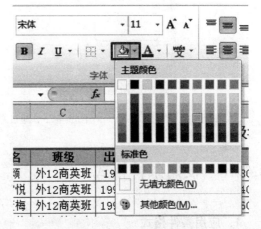

图 5-4-23 设置单元格底纹

2）若想改变边框线条的样式、颜色，以及设置渐变色、图案底纹等，可单击"对齐方式"组右下角的对话框启动器按钮，在弹出的"设置单元格格式"对话框中选择的"边框"和"填充"标签进行设置，如图 5-4-24 和图 5-4-25 所示。

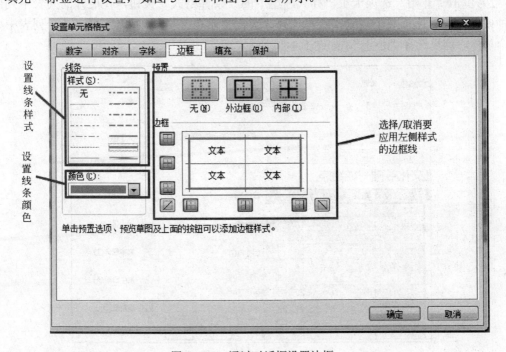

图 5-4-24 通过对话框设置边框

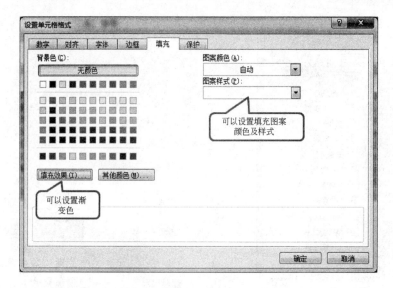

图 5-4-25 通过对话框设置填充颜色

5.4.10 使用条件格式

1．应用条件格式

在 Excel 中应用条件格式，可以让满足特定条件的单元格以醒目方式突出显示，便于对工作表数据进行更好的分析。设置条件格式的方法如下：

1）打开工作表，选中要添加条件格式的单元格区域。

2）单击"开始"选项卡上"样式"组中的"条件格式"按钮，在展开的列表中列出了五种条件规则，选择某个规则，这里选择"突出显示单元格规则"，然后在其子列表中选择某个条件，这里选择"小于"，如图 5-4-26 所示。

图 5-4-26 设置条件格式

3）在打开的对话框中设置具体的"小于"条件值，并设置大于该值时的单元格显示的格式，单击"确定"按钮，即可对所选单元格区域添加条件格式，如图 5-4-27 所示。

对于条件格式，Excel 2010 提供了条件规则，各规则的意义如下：

突出显示单元格规则：突出显示所选单元格区域中符合特定条件的单元格。

项目选取规则：其作用与突出显示单元格规则相同，只是设置条件的方式不同。

数据条、色阶和图标：使用数据条、色阶（颜色的种类或深浅）和图标来标识各单元格中数据值的大小，从而方便查看和比较数据。

如果系统自带的五种条件格式规则不能满足用户的需求，还可以单击列表底部的"新建规则"按钮，在打开的对话框中自定义条件格式。

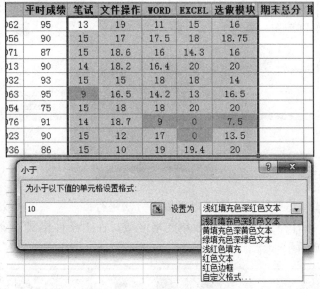

图 5-4-27　条件格式对话框

2. 管理条件格式

对于已应用了条件格式的单元格，还可对条件格式进行编辑、修改，方法是：

1）在"条件格式"列表中选择"管理规则"项→"条件格式规则管理器"对话框。

2）在"显示其格式规则"下拉列表中选择"当前工作表"项，对话框下方显示当前工作表中设置的所有条件格式规则，如图 5-4-28 所示。

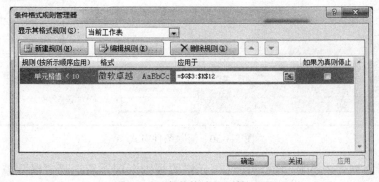

图 5-4-28　条件格式规则管理器

3）选中需要修改的条件格式规则，单击中间的"编辑规则"按钮，在弹出的"编辑格式规则"对话框中修改规则，单击"确定"，如图5-4-29所示。

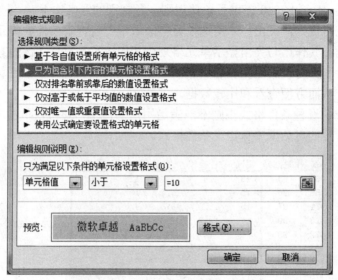

图5-4-29 "编辑格式规则"对话框

3．删除条件格式

设置了条件格式，想要删除，则可以按以下方法进行：

1）选中应用了条件格式的单元格或单元格区域，在"条件格式"列表中单击"清除规则"项，如图5-4-30所示。

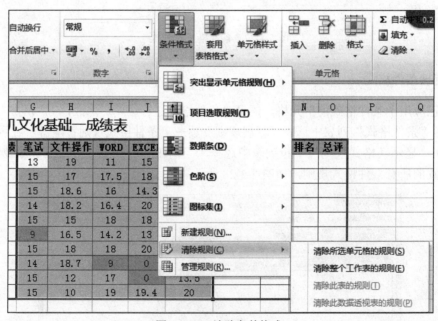

图5-4-30 清除条件格式

2）在展开的列表中选择"清除所选单元格的规则"项；若选择"清除整个工作表的规则"项，可以清除整个工作表的条件格式。

5.4.11 自动套用格式

Excel 创建表格后，为使表格更美观，除了自己设置边框底纹外，还可以套用表格样式。方法如下：

1）选中需要设置格式的单元格区域。

2）单击"开始"选项卡"样式"组"套用表格样式"按钮，在弹出的如图 5-4-31 所示的样式中选择一个合适的样式即可。

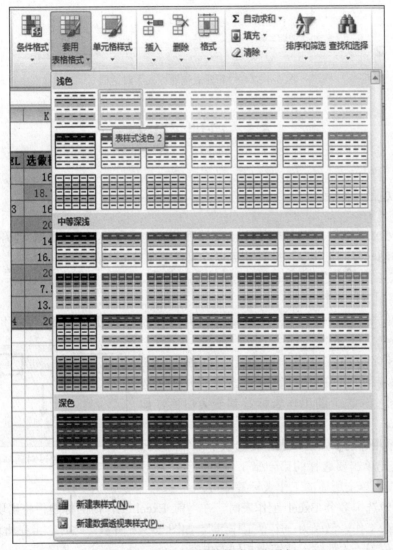

图 5-4-31　"套用表格格式"选项卡

3）如果对预设的样式都不满意，还可以选择"新建表样式"，在弹出的如图 5-4-32 所示的"新建表快速样式"对话框中自己创建样式，填写"名称"，选择表元素，然后单击"格式"按钮为选择的表元素设置格式，设置好之后单击"确定"。

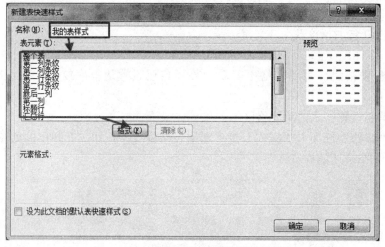

图 5-4-32 "新建表快速样式"对话框

5.5 管理工作表

5.5.1 选定工作表

在 Excel 2010 中,一个工作簿可以包含多张 Excel 工作表,可以根据实际需要切换、插入、删除、移动与复制工作表,此外还可以成组和重命名工作表等。

要在某张工作表中进行编辑工作,必须先选择它,然后再进行相应操作,选择 Excel 2010 工作表常用方法如下:

1)选择单张工作表:打开包含该工作表的工作簿,然后单击要进行操作的工作表标签即可。

2)选取相邻的多张工作表:单击要选择的第一张工作表标签,然后按住"Shift"键并单击最后一张要选择的工作表标签,选中的工作表标签都变为白色,如图 5-5-1 所示。

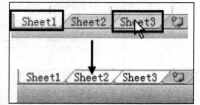

图 5-5-1 通过对话框设置边框

3)选取不相邻的多张工作表:要选取不相邻的多张工作表,只需先单击要选择的第一张工作表标签,然后按住"Ctrl"键再单击所需的工作表标签即可。

注意:同时选中多个 Excel 工作表时,在当前 Excel 工作簿的标题栏将出现"工作组"字样,表示所选工作表已成为一个"工作组",如图 5-5-2 所示。此时,可在所选多个 Excel 工作表的相同位置一次性输入或编辑相同的内容。

5.5.2 重命名工作表

在 Excel 中工作表较多的时候用"Sheet1"、"Sheet2"、"Sheet3"等名字,不容易区分每个工作表中的内容,为了更快速,更方便操作和归类,可以给 Excel 工作表命名。重命名方法有多种：

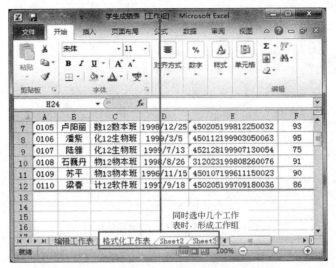

图 5-5-2　选中多个工作表形成工作组

1）直接双击工作表标签，然后输入新的工作表名。

2）右键单击需要重命名的工作表标签，如"Sheet2"，然后在弹出菜单中选择"重命名"即可输入新工作表名，如图 5-5-3 所示。

3）打开需要重命名的工作表，单击"开始"选项卡中"单元格"组的"格式"，然后在弹出的下拉菜单中选择"重命名工作表"，可对工作表重新命名。

5.5.3　插入新的工作表

第一次启动 Excel 2010，Excel 软件会为我们自动创建三个工作表，如果三个不够用，可以添加新的工作表。

1）直接单击工作表标签右侧的快速插入工作表按钮 ，可快速插入新的 Excel 工作表。

2）在工作表标签处单击鼠标右键，在弹出的如图 5-5-4 所示的工作表菜单中选择"插入"，在弹出的如图 5-5-5 所示的"插入"对话框中选择"工作表"，单击"确定"。

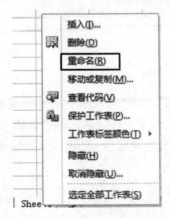

图 5-5-3　"重命名"选项

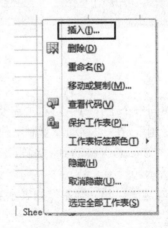

图 5-5-4　"插入"选项

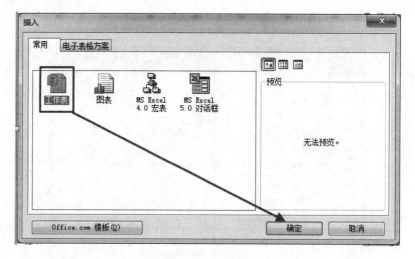

图 5-5-5 "插入"对话框

5.5.4 移动和复制工作表

在 Excel 2010 中，可以将 Excel 工作表移动或复制到同一工作簿的其他位置或其他 Excel 工作簿中。但在移动或复制工作表时需要十分谨慎，因为如果移动了工作表，则基于工作表数据的计算可能会出错。

1. 同一工作簿中移动和复制工作表

1）在同一个工作簿中，直接拖动工作表标签所需位置即可实现工作表的移动。若在拖动工作表标签的过程中按住"Ctrl"键，则表示复制工作表。

如图 5-5-6 所示，如果要把"Sheet3"移动到"Sheet2"前面，久按住"Sheet3"拖动鼠标移动到"Sheet2"前面，再松开鼠标，这时"Sheet3"就移动到了"Sheet2"前面。

 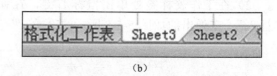

图 5-5-6 拖动移动工作表
（a）拖动工作表；（b）移动后效果

2）在同一个工作簿中，右击需要移动的工作表标签，如"Sheet3"，在快捷菜单中选择"移动或复制"，在"移动或复制工作表"对话框中单击某个工作表名，如"编辑工作表"，即表示将"Sheet3"移动到"编辑工作表"之前，单击"确定"，实现工作表的移动，如图 5-5-7 所示。

如果勾选上"建立副本"则表示复制工作表。

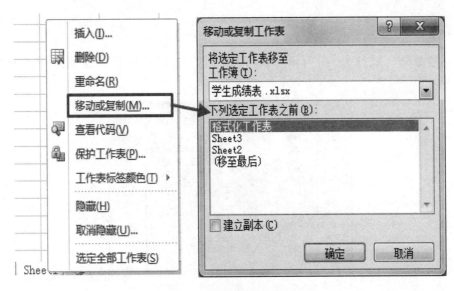

图 5-5-7 右击移动工作表

2. 不同工作簿间的移动和复制工作表

要在不同工作簿间移动和复制工作表,可执行以下操作。

1)打开要进行移动或复制的源工作簿和目标工作簿。

2)右键单击要进行移动或复制操作的工作表标签,如"Sheet3",在快捷菜单中选择"移动或复制"。

3)在"移动或复制工作表"对话框"工作簿"下拉列表中选择要移动到的目标工作簿,然后选择插入到该工作簿中的某个工作表之前,单击"确定",实现工作表的移动。如果勾选上"建立副本"则表示复制工作表。

5.5.5 从工作簿中删除工作表

如果工作簿中某个工作表不需要了,可以将其删除,具体方法如下:

1)右键单击需要删除的工作表标签名,如"Sheet2",在弹出的选项中选择"删除工作表","Sheet2"工作表将被删除。

2)单击需要删除的工作表标签名,如"Sheet3",再单击"开始"选项卡 "单元格"组中的"删除工作表"按钮,"Sheet3"工作表将被删除,如图 5-5-8 所示。

图 5-5-8 删除工作表

5.5.6 隐藏行和列

在工作表中,当行和列很多的时候,为了方便查看、比较数据,可以隐藏部分行和列。如在学生成绩表中,想快速了解学生的平时成绩、期末总分、期评成绩、出生日期、身份证号、各模块成绩等信息干扰视线,可以把中间的这些列隐藏起来。

1. 隐藏行或列

1）要隐藏列（或行），在列标（或行号）上拖动鼠标选择要隐藏的列（或行），如图 5-5-9 所示。

图 5-5-9　选中需要隐藏的"CDE"三列

2）右击选中的列（或行），在弹出的如图 5-5-10 所示的快捷菜单中选择"隐藏"即可。隐藏后效果如图 5-5-11 所示。

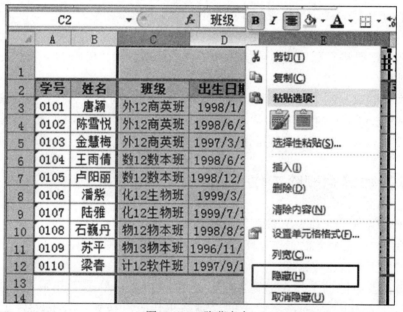

图 5-5-10　隐藏命令

2. 显示行或列

1）要取消隐藏的列（或行），在列标（或行号）上拖动鼠标选中被隐藏列（或行）的左右列（或上下行），如图 5-5-12 和图 5-5-13 所示。

2）在弹出的快捷菜单中选择"取消隐藏"，这时隐藏的"CDE"三列就会显示出来。

说明：隐藏或取消隐藏行或列还可以单击"开始"选项卡中的"单元格"组中"格式"按钮，在弹出的下拉菜单中选择相应的项，如图 5-5-14 所示。

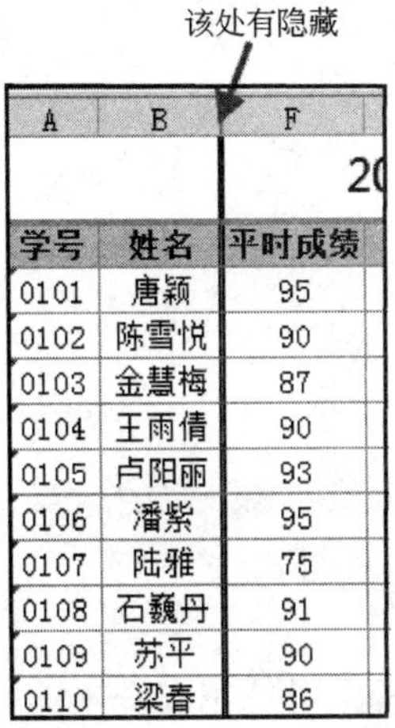

图 5-5-11 隐藏的效果 　　　　　　　　　　图 5-5-12 选中"BF"列

图 5-5-13 右击"BF"列，选择隐藏

图 5-5-14 利用功能区命令隐藏行或列

5.6 数据计算

5.6.1 运算符及其优先级

1. 运算符

运算符是用来对公式中的元素进行运算而规定的特殊符号。Excel 的运算符类型主要有以下四种：算术运算符、比较运算符、文本运算符和引用运算符。

（1）算术运算符

算术运算符有六个，具体符号含义如表 5-6-1 所示，其作用是完成基本的数学运算，并产生数字结果。

表 5-6-1　算术运算符

算数运算符	含义	实例
+（加号）	加法	A1+A2
-（减号）	减法或负数	A1-A2
*（星号）	乘法	A1*2
/（正斜杠）	除法	A1/3
%（百分号）	百分比	50%
^（脱字号）	乘方	2^3

（2）比较运算符

比较运算符有六个，具体符号及含义如表 5-6-2 所示，它们的作用是比较两个值，并得出一个逻辑值"TRUE（真）"或"FALSE（假）"。

表 5-6-2　比较运算符

比较运算符	含义	比较运算符	含义
>（大于号）	大于	>=（大于等于号）	大于等于
<（小于号）	小于	<=（小于等于号）	小于等于
=（等于号）	等于	<>（不等于号）	不等于

如 A1 单元格值为 7，B1 单元格值为 10，若 A3 单元格中输入"＝A1<>B1"，A3 单元格显示的值为"TRUE"，若 A4 单元格中输入"＝A1>B1"，A4 单元格显示的值为"FALSE"，如图 5-6-1 所示。

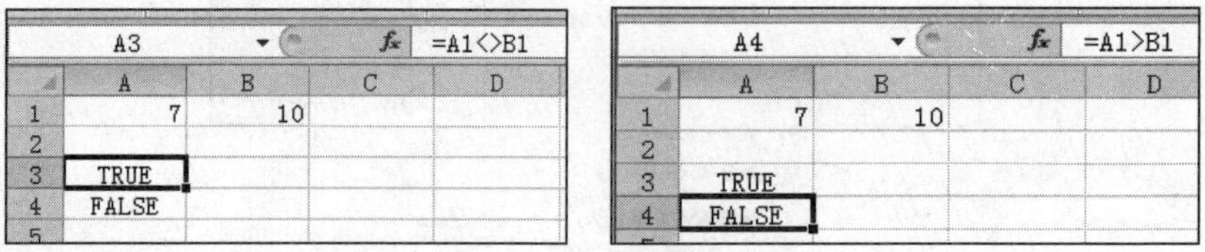

图 5-6-1　逻辑值

（3）文本运算符

使用文本运算符"&"（与号）可将两个或多个文本值串起来产生一个连续的文本值。例如：输入"祝你""&""幸福快乐！"会生成"祝你幸福快乐！"。

（4）引用运算符

引用运算符有 3 个，具体符号及含义如表 5-6-3 所示，它们的作用是将单元格区域进行合并计算。

表 5-6-3　引用运算符

引用运算符	含义	实例
：（冒号）	区域运算符，用于引用单元格区域	B5：D15
，（逗号）	联合运算符，用于引用多个单元格区域	B5：D15，F5：I15
（空格）	交叉运算符，用于引用两个单元格区域的交叉部分	B7：D7　C6：C8

2. 运算符的优先级

在 Excel 中，如果公式中只用了一种运算符，Excel 会根据运算符的特定顺序从左到右计算公式。如果公式中同时用到了多个运算符，Excel 将按一定优先级由高到低进行运算，如表 5-6-4 所示。另外，相同优先级的运算符，将从左到右进行计算。

表 5-6-4　运算符优先级

运算符	含义	优先级
：（冒号）	引用运算符	1
（空格）		
，（逗号）		
-（负号）	负数（如-1）	2
%（百分号）	百分比	3
^（脱字号）	乘方	4
*和/（星号和正斜杠）	乘和除	5
+和-（加号和减号）	加和减	6
&（与号）	连接两个文本字符串	7
=（等号）	比较运算符	8
<和>（小于和大于）		
<=（小于等于）		
>=（大于等于）		
<>（不等于）		

5.6.2　公式

1. Excel 中公式的组成

在 Excel 中，对工作表中的数据进行计算的算式称为公式。要输入公式必须先输入

“=”，然后再在其后输入表达式，否则 Excel 会将输入的内容作为文本型数据处理。表达式由运算符和参与运算的操作数组成。

运算符可以是算术运算符、比较运算符、文本运算符和引用运算符；操作数可以是常量、单元格引用和函数等。如下列公式：

M3=F3*0.3+L3*0.7

L3=SUM（G3:K3）

第 1 个公式的意义是：通过 F3 单元格的值乘以 0.3，L3 单元格的值乘以 0.7，然后把这两个值相加得到的结果显示在 M3 单元格中。

第 2 个公式的意义是：通过函数“SUM”求 G3：K3 单元格区域得到的和，结果是显示在 L3 单元格中。

2．公式的书写方法

1）首先在需要使用计算的单元格中输入“=”号，进入公式编辑状态。

2）手写输入运算值（如 0.3）或需要引用的单元格名称（如 H3），手工输入运算符，再输入要参与运算的值或引用的单元格名称，反复进行直到算式编辑完成。说明：在编辑公式过程中用鼠标单击需要参与运算的单元格也可以实现单元格的引用。

3）算式编辑完成后按键盘上的“回车”键或编辑栏中的“确认”按钮✓。如图 5-6-2 和图 5-6-3 所示。

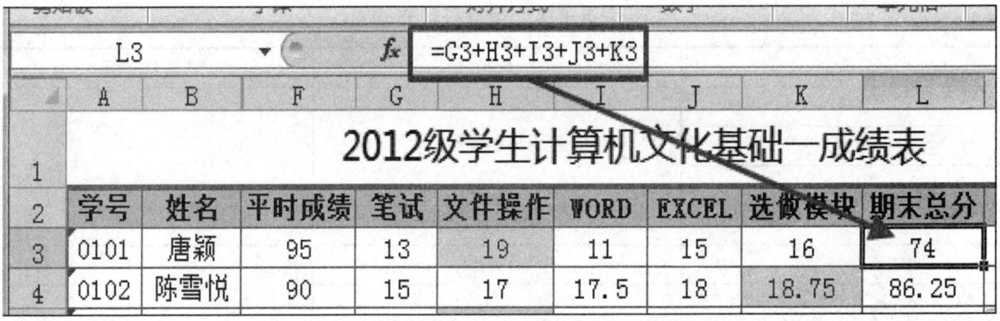

学号	姓名	平时成绩	笔试	文件操作	WORD	EXCEL	选做模块	期末总分
0101	唐颖	95	13	19	11	15	16	74
0102	陈雪悦	90	15	17	17.5	18	18.75	86.25

图 5-6-2　公式 1

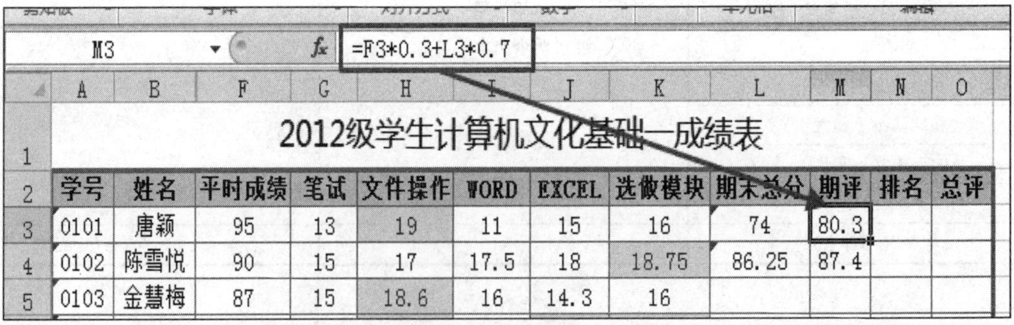

学号	姓名	平时成绩	笔试	文件操作	WORD	EXCEL	选做模块	期末总分	期评	排名	总评
0101	唐颖	95	13	19	11	15	16	74	80.3		
0102	陈雪悦	90	15	17	17.5	18	18.75	86.25	87.4		
0103	金慧梅	87	15	18.6	16	14.3	16				

图 5-6-3　公式 2

说明：公式也可以使用填充柄快速复制到其他单元格。如向下拖动 M5 单元格的填充柄至 M12 单元格，即可复制公式计算出其他同学的期评成绩。

5.6.3 函数

函数是预先定义好的表达式，它必须包含在公式中。

每个 Excel 函数由函数名和参数组成，其中函数名表示将执行的操作，参数表示函数将作用的值或值所在的单元格地址。在公式中合理地使用函数，可以完成诸如求和、逻辑判断等众多数据处理功能。

1．函数的分类

Excel 提供了大量的函数，表 5-6-5 列出了常用的函数类型和使用格式。

表 5-6-5　常用的函数类型和使用格式

函数名称	格式	功能
求和	SUM（参数1，参数2，……）	求出所有参数的和
求平均值	AVERAGE（参数1，参数2，……）	求出所有参数的平均值
求最大值	MAX（参数1，参数2，……）	求出所有参数中的最大值
求最小值	MIN（参数1，参数2，……）	求出所有参数中的最小值
计数统计函数	COUNT（参数1，参数2，……）	统计参数中有数值的单元格
条件统计函数	COUNTIF（统计范围，条件）	统计参数中满足条件的单元格的个数
逻辑函数	IF（条件，结果1，结果2）	条件运算值为真时，函数的值为结果1 条件运算值为假时，函数的值为结果2
排序函数	RANK（待排序数据，范围，排序方式）	返回待排序数据在指定范围中的大小排位

注意：函数中所有的符号如括号"（）"、各参数之间的间隔符逗号"，"，都必须用英文符号，使用中文输入法输入的括号或逗号可能会导致函数出错；函数及引用的单元格名称不区分大小写。

2．函数的使用方法

使用函数时，可以在单元格中手工输入函数，也可以使用函数向导输入函数。

手工输入一般用于参数比较单一、简单的函数，即能记住函数的名称、格式等，此时可直接在单元格中输入"="，然后输入函数名，再输入函数需要要的参数，编辑完成后按键盘上的"回车"键或编辑栏的"确认"按钮✓。

如果不能确定函数名或使用格式，可以使用函数向导输入函数，方法如下：

1）单击要输入函数的单元格，然后单击编辑栏中的"插入函数"按钮 𝒇𝒙，如图 5-6-4 所示。将弹出"插入函数"对话框。

2）在"插入函数"对话框中，在"或选择类别"下拉列表中选择函数所在的类，"常用函数"中列出了最常见的函数，如求和、求平均等，如果不确定在哪一类，也可以选择"全部"、或使用"搜索函数"。

3）在"选择函数"列表中找到并选择所需要的函数，如求和函数"SUM"，选择某个函数以后，在下方会有该函数的功能说明和使用格式，最后单击"确定"按钮，如图 5-6-5 所示。

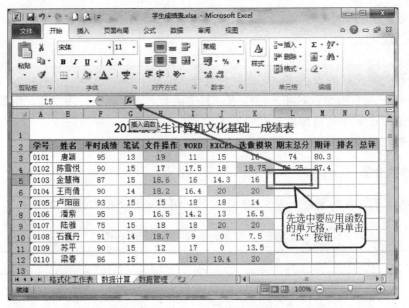

图 5-6-4　使用"插入函数"按钮 f_x

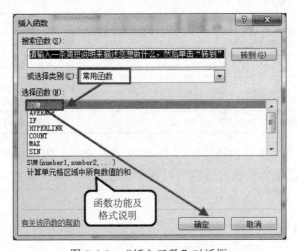

图 5-6-5　"插入函数"对话框

4）在"函数参数"对话框的"Number1"编辑框中输入需要求和的数值、单元格名称或单元格区域。也可以单击"Number1"编辑框右侧的压缩对话框按钮，然后在工作表中选择需要进行求和运算的单元格或区域，如图 5-6-6 所示。最后单击展开对话框按钮返回"函数参数"对话框，如图 5-6-7 所示。

5）单击"确定"按钮结束函数的编辑。

说明：函数也可以使用填充柄快速复制到其他单元格。如向下拖动 L5 单元格的填充柄至 L12 单元格，利用复制函数计算出其他同学的期末总分。

3. 常用函数的使用方法举例

（1）求和、求平均值、求最大值、求最小值、计数统计函数

这几个函数的使用格式基本一致，参数设置方法详见上述示例中"SUM"的使用方法。

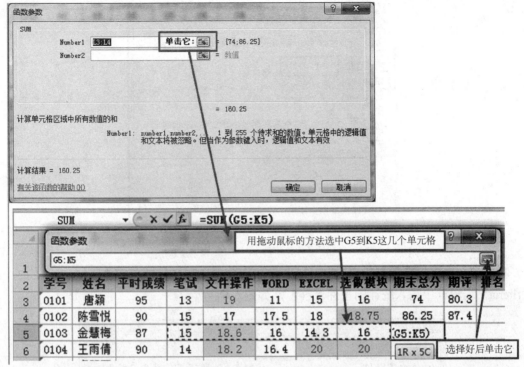

图 5-6-6 "函数参数"对话框 1

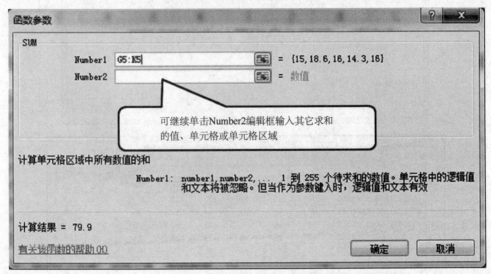

图 5-6-7 "函数参数"对话框 2

（2）条件统计函数"COUNTIF"

"COUNTIF"函数是统计出满足条件的单元格个数，其书写格式为："COUNTIF"（统计范围，条件），统计范围是指需要统计的单元格区域，条件是指满足什么条件的单元格会被计数统计。

例：要统计期末总分小于 60 分的同学人数

首先：在 L14 单元格中输入 "="，单击编辑栏中插入函数按钮 f_x，在弹出的"插入函数"对话框中选择"统计"类"COUNTIF"函数，单击"确定"，如图 5-6-8 所示。

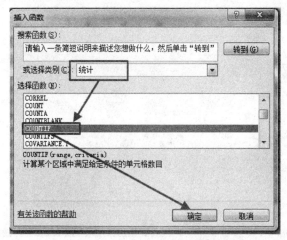

图 5-6-8　插入条件统计函数

其次：在弹出的函数参数中，"Range"编辑框中输入要统计的单元格区域 L3：L12，在"Criteria"编辑框中输入统计的条件"<60"，如图 5-6-9 所示。

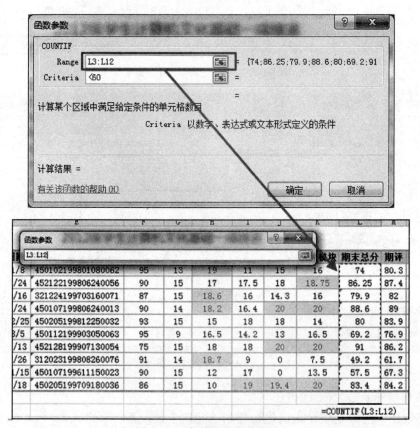

图 5-6-9　条件统计函数参数

最后：单击"确定"按钮，结果如图 5-6-10 所示。

完整的公式为："=COUNTIF（L3：L12，"<60"）"，统计结果为 2，即从 L3 到 L12 连续的单元格区域中，值小于 60 的单元格个数为 2。

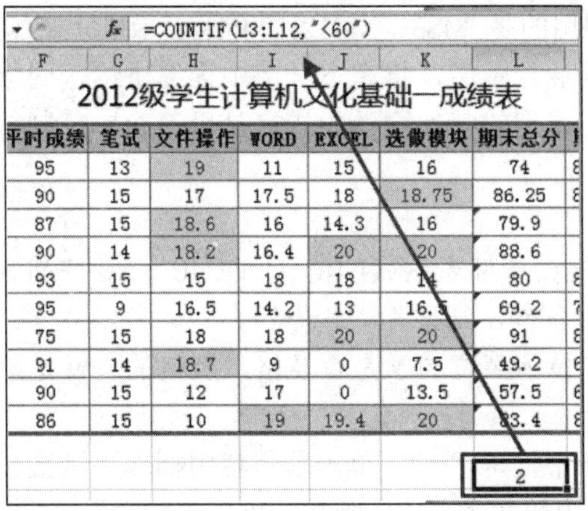

平时成绩	笔试	文件操作	WORD	EXCEL	选做模块	期末总分
95	13	19	11	15	16	74
90	15	17	17.5	18	18.75	86.25
87	15	18.6	16	14.3	16	79.9
90	14	18.2	16.4	20	20	88.6
93	15	15	18	18	14	80
95	9	16.5	14.2	13	16.5	69.2
75	15	18	18	20	20	91
91	14	18.7	9	0	7.5	49.2
90	15	12	17	0	13.5	57.5
86	15	10	19	19.4	20	83.4
						2

图 5-6-10 使用条件统计函数效果

（3）排序函数“RANK”

“RANK”函数的作用是返回某数据在指定范围数据中的大小排位，排位方式由第 3 个参数指定，其书写格式为：RANK（数据，范围，排序方式）。

例：要在“排名”中显示某位同学在十位同学中的名次，名次排位是按期评成绩由高到低排序，最高的排第 1，最低的排第 10。

首先：在 N3 单元格中输入“=”，单击编辑栏中“插入函数”按钮，在弹出的“插入函数”对话框中选择“全部”类“RANK”函数，单击“确定”。

其次：在弹出的函数参数中，填写以下三项：

1）Number：是要排名的数字。

2）Ref：是一组数或包含数的单元格区域，是排名的数字要排名的范围。

3）Order：是排序方式，非 0 值表示按升序排序，0 值或忽略不写表示按降序排序。

例如 N3 单元格要显示的是 0101 号同学的排名情况，因此它要排名的数字是 0101 号同学的期评成绩（在 M3 单元格中），要比较的范围是 10 位同学的期评成绩，成绩最高的排第 1，是按降序排序，因此它的函数参数设置如图 5-6-11 所示。

最后：单击“确定”按钮。

完整的公式为：“=RANK（M3，M$3：M$12，0）”，结果显示为“7”，表示 0101 号同学的期评成绩在全体同学中排名第 7。向下复制公式将可以计算出所有同学的排名情况，如图 5-6-12 所示。

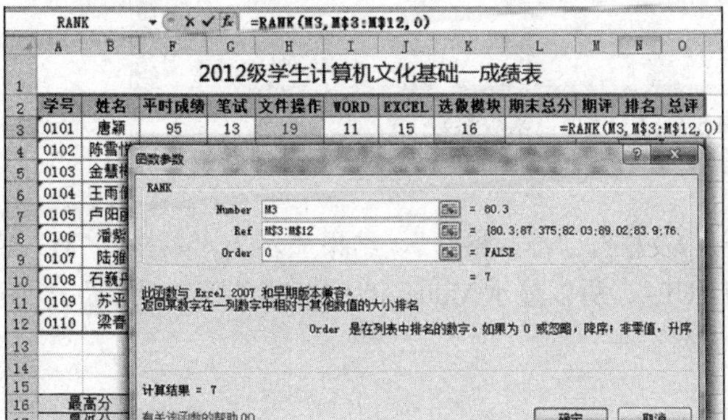

图 5-6-11 排序函数

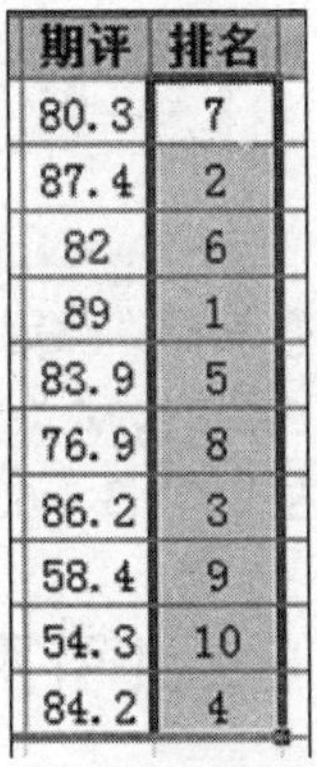

期评	排名
80.3	7
87.4	2
82	6
89	1
83.9	5
76.9	8
86.2	3
58.4	9
54.3	10
84.2	4

图 5-6-12 使用排序函数效果

注意：该函数中范围用的是 M$3：M$12，M$3 表示单元格的混合引用，什么是单元格的混合引用以及为什么要混合引用，将在下一节中详细讲述。同学们也可以试验一下不用$符号，看看通过复制方式得到的其他同学的排名是否正确、复制得到的函数与用$符号得到的函数有何不同。

（4）逻辑函数"IF"

"IF"函数的作用是根据条件表达式的值（"TRUE"或"FALSE"）显示结果 1 或结果 2，其书写格式为："IF"（条件，结果1，结果2）。

例：要在"总评"中显示某位同学是否及格，及格的条件是期评成绩大于等于 60。低于 60 的显示"不及格"。

首先：在 O3 单元格中输入"="，单击编辑栏中插入"函数按钮"，在弹出的"插入函数"对话框中选择"常用函数"类"IF"函数，单击"确定"。

其次：在弹出的函数参数中，填写以下三项：

1）Logical_test：是任何计算结果为"TRUE"或"FALSE"的数值或表达式

2）Value_if_true：Logical_test 中的结果为"TRUE"时"IF"函数返回该编辑框里的值。

3）Value_if_false：Logical_test 中的结果为"FALSE"时"IF"函数返回该编辑框里的值。

例如 O3 单元格要显示的是 0101 号同学是否及格，因此它的条件是 0101 号同学的期评成绩（在 M3 单元格中）是否大于等于 60，如果">=60"，则显示"及格"，否则显示"不及格"，因此它的函数参数设置如图 5-6-13 所示。

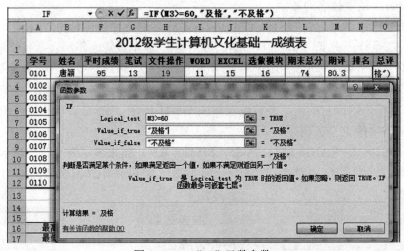

图 5-6-13 "IF"函数参数

最后：单击"确定"按钮。

完整的公式为："=IF（M3>=60，"及格"，"不及格"）"，结果显示为"及格"，M3 值为 80.3，表达式"M3>=60"结果为"TRUE"，所以显示 Value_if_true 中的值"及格"。

5.6.4 Excel 引用

Excel 引用的作用是通过标识 Excel 工作表中的单元格或单元格区域，用来指明公式中所使用的数据的位置。通过 Excel 单元格引用，可以在一个公式中使用工作表不同部分的数据，或者在多个公式中使用同一个单元格的数据，还可以引用同一个工作簿中不同工作表中的单元格，甚至其他工作簿中的数据。当公式中引用的单元格数值发生变化时，公式会自动更新其所在单元格内容，即更新其计算结果。

Excel 提供了相对引用、绝对引用和混合引用三种引用类型，可以根据实际情况选择 Excel 2010 引用的类型。

1. 相对引用

相对引用指的是单元格的相对地址，其引用形式为直接用列标和行号表示单元格，例如 B5，或用引用运算符表示单元格区域，如 B5：D15。如果公式所在单元格的位置改变，引用也随之改变。默认情况下，公式使用相对引用，如前面讲解的公式大部分就是如此。

引用单元格区域时，应先输入单元格区域起始位置的单元格地址，然后输入引用运算符，再输入单元格区域结束位置的单元格地址。

2. 绝对引用

绝对引用是指引用单元格的精确地址，与包含公式的单元格位置无关，其引用形式为在列标和行号的前面都加上"$"符号。

例如，在前面的介绍中，"期评"成绩的计算是通过公式"=F3*0.3+L3*0.7"得到的。其中 0.3 表示是平时成绩占期评成绩的 30%，0.7 表示期末成绩占期评成绩的 70%，但这个比例可能根据不同科目会有所不同，如果想用单元格来存储平时成绩、期末成绩所占的百分比，然后在"期评"公式中引用该单元格，那么就需要用到绝对引用。如图 5-6-14 所示，M3 单元格的公式改为："=F3*B14+L3*B15"，则不论将公式复制或移动到什么位置，引用的单元格地址B14、B15 的行和列都不会改变。

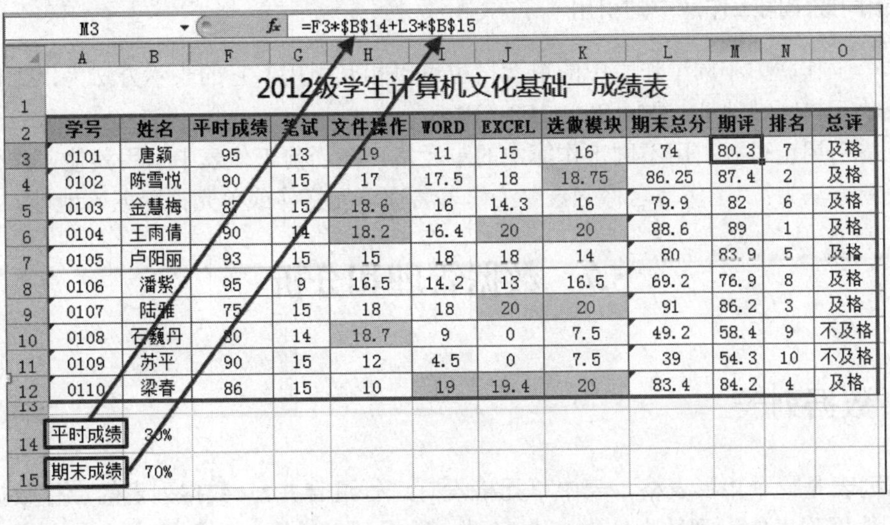

图 5-6-14 单元格绝对引用

向下拖动单元格右下角的填充柄至目标单元格后释放鼠标，即可复制公式计算出其他同学的成绩。单击 M4 单元格，从编辑栏中可看到，绝对引用的单元格地址B14、B15 保持不变，相对引用的单元格地址 F3、L3 自动变化成 F4、L4，如图 5-6-15 所示。

	A	B	F	G	H	I	J	K	L	M	N	O
1	2012级学生计算机文化基础—成绩表											
2	学号	姓名	平时成绩	笔试	文件操作	WORD	EXCEL	选做模块	期末总分	期评	排名	总评
3	0101	唐颖	95	13	19	11	15	16	74	80.3	7	及格
4	0102	陈雪悦	90	15	17	17.5	18	18.75	86.25	=F4*$	2	及格
5	0103	金慧梅	87	15	18.6	16	14.3	16	79.9	82	6	及格
6	0104	王雨倩	90	14	18.2	16.4	20	20	88.6	89	1	及格
7	0105	卢阳丽	93	15	15	18	18	14	80	83.9	5	及格
8	0106	潘紫	95	9	16.5	14.2	13	16.5	69.2	76.9	8	及格
9	0107	陆雅	75	15	18	18	20	20	91	86.2	3	及格
10	0108	石巍丹	80	14	18.7	9	0	7.5	49.2	58.4	9	不及格
11	0109	苏平	90	15	12	4.5	0	7.5	39	54.3	10	不及格
12	0110	梁春	86	15	10	19	19.4	20	83.4	84.2	4	及格
13												
14	平时成绩	30%										
15	期末成绩	70%										

公式栏：=F4*B14+L4*B15

图 5-6-15　单元格绝对引用效果

3．混合引用

引用中既包含绝对引用又包含相对引用的称为混合引用，如 A$1 或$A1 等，用于表示列变行不变或列不变行变的引用。如果公式所在单元格的位置改变，则相对引用的列或行改变，而绝对引用的列或行不变。有"$"符号在前面的就是表示绝对引用。

如上文中计算"排名"的函数中就使用了相对引用，M$3：M$12，表示将函数复制到不同的单元格的时候，公式中的范围 M$3：M$12 行号不会产生变化。但列标 M 是会发生变化的。

4．相同或不同工作簿中的引用

同一个工作簿中不同工作表中的单元格也可以相互引用，它的表示方法为：工作表名称单元格或单元格区域地址。如：Sheet2F8：F16。

单元格引用也可以引用不同工作簿中的单元格，在当前工作表中引用其他工作簿中的单元格的表示方法为："工作簿名称.xlsx"工作表名称单元格（或单元格区域）地址。

5.7　数据管理和分析

5.7.1　数据列表

数据列表是一个矩形表格，表中单元格没有进行过合并。数据列表的一行数据叫做一条记录，数据列表的一列数据叫做一个字段，数据列表的每一列可以有一个名字——字段名，如果一个数据列表有字段名，则一定是在数据表列的第一行。如果表格中有单元格由 2 个以上的单元格合并而成，那么这个表格就不是数据列表。

对于数据列表，Excel 可以进行数据表的排序、筛选、分类汇总、做数据透视表、多表的合并计算等操作等。若非数据列表则不能做上述操作。

5.7.2 数据排序

排序是对 Excel 工作表中的数据进行重新组织安排的一种方式。在 Excel 2010 中可以对一列或多列中的数据按文本、数字以及日期和时间进行排序。

1．简单排序

Excel 2010 简单排序是指数据列表中的数据按照某列升序或降序的方式排列。方法如下：

1）单击要进行排序的列中的任一单元格，再单击"开始"选项卡"编辑"组中的"排序和筛选"按钮，在下拉菜单中选择"升序"或"降序"，所选列即按升序或降序方式进行排序，如图 5-7-1 所示。

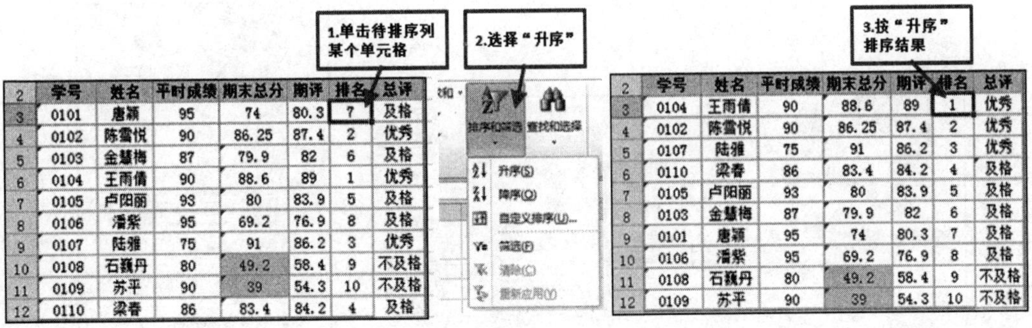

图 5-7-1 排序 1

2）可以用"数据"选项卡 "排序和筛选" 组中的"升序"或"降序"按钮来实现简单排序，如图 5-7-2 所示。

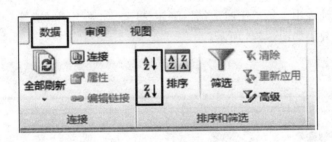

图 5-7-2 排序 2

在 Excel 中，不同数据类型的排序方式如下。

升序排序：

1）数字：按从最小的负数到最大的正数进行排序。
2）日期：按从最早的日期到最晚的日期进行排序。
3）文本：按照特殊字符、数字（0~9）、小写英文字母（a~z）、大写英文字母（A~Z）、汉字（以拼音排序）排序。

4)空白单元格:总是放在最后。

5)逻辑值:"FALSE"排在"TRUE"之前。

降序排序:与升序排序的顺序相反。

2. 多关键字排序

Excel 中多关键字排序就是对工作表中的数据按两个或两个以上的关键字进行排序。

对多个关键字进行排序时,在主要关键字完全相同的情况下,会根据指定的次要关键字进行排序;在次要关键字完全相同的情况下,会根据指定的下一个次要关键字进行排序,依次类推。具体操作如下。

1)单击要进行排序操作工作表中的任意非空单元格,然后单击"数据"选项卡上"排序和筛选"组中的"排序"按钮或"开始"选项卡"编辑"组中的"排序和筛选"按钮,在下拉菜单中选择"自定义排序",如图 5-7-3 所示。

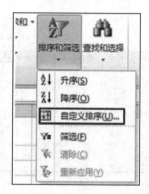

图 5-7-3 自定义排序

2)在打开的"排序"对话框中设置"主要关键字"条件,然后单击"添加条件"按钮,添加一个次要条件,再设置"次要关键字"条件,如图 5-7-4 所示。用户可添加多个次要关键字,设置完毕,单击"确定"按钮即可。

例如:学生成绩表中,按"平时成绩"降序排序,如果"平时成绩"相同,则按"期末总分"降序排序,效果如图 5-7-5 所示。

图 5-7-4 多条件排序

	A	B	F	L	M	N	O
	2012级学生计算机文化基础—成绩表						
	学号	姓名	平时成绩	期末总分	期评	排名	总评
	0101	唐颖	95	74	80.3	7	及格
	0106	潘紫	95	69.2	76.94	8	及格
	0105	卢阳丽	93	80	83.9	5	及格
	0104	王雨倩	90	88.6	89.02	1	优秀
	0102	陈雪悦	90	86.25	87.375	2	优秀
	0109	苏平	90	39	54.3	10	不及格
	0103	金慧梅	87	79.9	82.03	6	及格
	0110	梁春	86	83.4	84.18	4	及格
	0108	石巍丹	80	49.2	58.44	9	不及格
	0107	陆雅	75	91	86.2	3	优秀

图 5-7-5　多条件排序排序效果

注意：当 Excel 工作表中的单元格引用到其他单元格内的数据时，有可能因排序的关系，使公式的引用地址错误，从而使工作表中的数据不正确。

5.7.3　数据筛选

在 Excel 工作表数据进行处理时，可能需要从工作表中找出满足一定条件的数据，这时可以用 Excel 的数据筛选功能显示符合条件的数据，而将不符合条件的数据隐藏起来。要进行筛选操作，Excel 数据表中必须有列标签。

1. 自动筛选

自动筛选一般用于简单的条件筛选，筛选时将不需要显示的记录暂时隐藏起来，只显示符合条件的记录，具体操作如下。

1) 单击要进行筛选操作的工作表中的任意非空单元格。

2) 单击"开始"选项卡"编辑"组中的"排序和筛选"按钮，在下拉菜单中选择"筛选"，如图 5-7-6（a）图所示。或单击"数据"选项卡上"排序和筛选"组中的"筛选"按钮，如图 5-7-6（b）图所示。

（a）

（b）

图 5-7-6　筛选

3）工作表标题行中的每个单元格右侧显示筛选箭头,单击要进行筛选操作列标题右侧的筛选箭头,本例单击"班级"右侧的箭头,在展开的列表中只勾选要显示的记录左侧的复选框,如图 5-7-7 所示,单击"确定"按钮,得到成绩表中"班级"为"外 12 商英班"的筛选结果,如图 5-7-8 所示。

图 5-7-7 筛选"班级"

A	B	C	D	E	F	G	H	I	J	K
\multicolumn{11}{c}{2012级学生计算机文化基础—成绩表}
学号	姓名	班级	平时成绩	笔试	文件操作	WORD	EXCEL	选做模块	期末总评	期评
0101	唐颖	外12商英班	95	13	17	11	15	16	72.0	78.9
0105	卢阳丽	外12商英班	93	15	20	18	18	14	85.0	87.4
0107	陆雅	外12商英班	75	15	12	18	20	20	85.0	82.0
0204	龙小敏	外12商英班	88	15	20	17	20	19	91.0	90.1
0205	麦悦	外12商英班	95	10	2.5	20	12	14	58.5	69.5
0405	覃雅	外12商英班	90	12	16	16	16	10	70.0	76.0
0406	龙文	外12商英班	85	15	19.25	19	20	2.5	75.8	78.5
0603	李金宏	外12商英班	95	14	13	19	20	18.75	84.8	87.8
0604	邱荣	外12商英班	85	15	18	19	20	14.75	86.8	86.2

图 5-7-8 筛选"班级"结果

如果想恢复显示全部数据,可在"班级"筛选列表中选择"全选"复选框,然后单击"确定"按钮,显示工作表中的全部记录。或者直接单击"排序和筛选"中的"筛选"按钮即可取消筛选。

2. 自定筛选条件

在 Excel 2010 中,也可以按用户自定的筛选条件筛选出符合需要的数据。例如,要将成绩表中期评成绩在 85 至 90 之间的记录筛选出来,操作如下:

1）单击要进行筛选操作的工作表中的任意非空单元格。单击"排序和筛选"中的"筛选"按钮。

2）单击"期评"列标题右侧的筛选箭头,在打开的筛选列表选择"数字筛选",然后在展开的子列表中选择一种筛选条件，如选择"介于"选项，如图 5-7-9 所示。

图 5-7-9　数字筛选

3）在打开的如图 5-7-10 所示的"自定义自动筛选方式"对话框中设置具体的筛选项，然后单击"确定"按钮，筛选效果如图 5-7-11 所示。

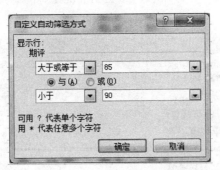

图 5-7-10　"自定义自动筛选方式"对话框

2	学号	姓名	班级	平时成绩	笔试	文件操	WORD	EXCEL	选做模	期末总	期评
6	0104	王雨倩	数12数本班	90	14	17	18	20	20	89.0	89.3
7	0105	卢阳丽	外12商英班	93	15	20	18	18	14	85.0	87.4
24	0306	梁海	化12生物班	95	14	17.5	17	14	19.5	82.0	85.9
25	0307	刘小云	化12生物班	90	13	18.9	20	17	16	84.9	86.4
26	0308	邱萍	化12生物班	85	15	18.5	20	18	19.25	90.8	89.0
28	0401	钟杰瑞	物12物本班	95	14	18	19	18	17	86.0	88.7
46	0508	陈文曦	计12软件班	90	13	19	19	18	17.5	86.5	87.6
51	0603	李金宏	外12商英班	95	14	13	19	20	18.75	84.8	87.8
52	0604	邱荣	外12商英班	85	15	18	19	20	14.75	86.8	86.2
65	0706	杨征	教12课程班	90	15	19.25	19	17	19	89.3	89.5
72											

图 5-7-11　自定义筛选效果

Excel 的数据筛选功能还可以对数据按其他条件进行筛选，具体可以单击列标题右侧的筛选箭头，在打开的筛选列表选择选择某一种筛选条件，不同的数据类型显示的筛选条件略有不同。

5.7.4 分类汇总

Excel 分类汇总是把数据表中的数据分门别类地统计处理，无需建立公式，Excel 会自动对各类别的数据进行求和、求平均值、统计个数、求最大值（最小值）和总体方差等多种计算，并且分级显示汇总的结果，从而增加了 Excel 工作表的可读性，使用户更快捷地获得需要的数据并做出判断。

1．Excel 简单"分类汇总"

简单分类汇总指对数据表中的某一列以一种汇总方式进行分类汇总。例如，按班级分类汇总学生期评成绩平均分，操作步骤如下：

1）对工作表中要进行分类汇总字段（列）进行排序，升序降序均可。这里对"班级"列进行排序。

2）单击"数据"选项卡上"分级显示"组中的"分类汇总"按钮，如图 5-7-12 图所示，打开"分类汇总"对话框。

图 5-7-12　功能区"分类汇总"按钮

3）在"分类字段"下拉列表选择要进行分类汇总的列标题"班级"；在"汇总方式"下拉列表选择汇总方式"平均值"；在"选定汇总项"列表中选择需要进行汇总的列标题"期评"，如图 5-7-13 所示。设置完毕单击"确定"按钮，这样就按班级分类汇总出各班学生期评成绩的平均分，结果如图 5-7-14 所示。

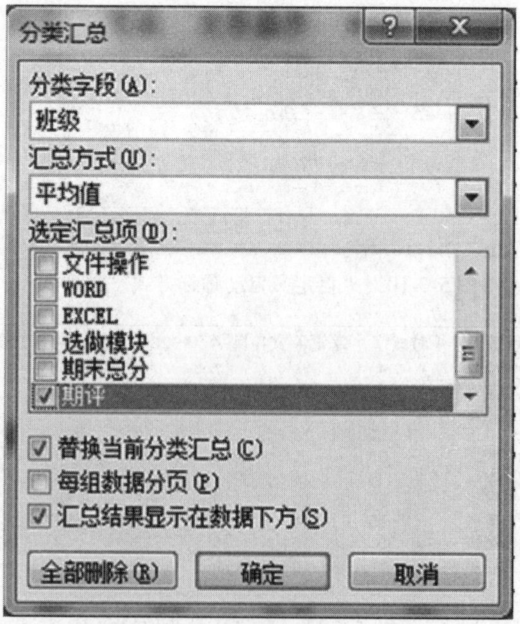

图 5-7-13　"分类汇总"对话框

	学号	姓名	班级	平时成绩	笔试	文件操作	WORD	EXCEL	选做模块	期末总分	期评
2											
3	0102	陈雪悦	化12生物班	90	15	19	20	18	18.75	90.8	90.5
4	0110	梁春	化12生物班	86	15	7.5	19	20	20	81.5	82.9
5	0301	宣明艳	化12生物班	90	14	15	18	18	2.5	67.5	74.3
6	0302	陈东	化12生物班	87	14	10.75	14	0	7.5	46.3	58.5
7	0303	黄霜	化12生物班	95	9	2.5	18	0	17	46.5	61.1
8	0304	秦小丽	化12生物班	90	15	7.5	20	16	20	78.5	82.0
9	0305	李碧云	化12生物班	95	14	15	17	11	2.5	59.5	70.2
10	0306	梁海	化12生物班	95	14	17.5	17	14	19.5	82.0	85.9
11	0307	刘小云	化12生物班	90	13	18.9	20	17	16	84.9	86.4
12	0308	邱萍	化12生物班	85	15	18.5	20	18	19.25	90.8	89.0
13	0309	陈惠	化12生物班	95	13	12.6	1	0	2.5	29.1	48.9
14			化12生物班 平均值								75.4
15	0108	石曩丹	计12软件班	91	14	16.5	9	0	7.5	47.0	60.2
16	0501	魏华	计12软件班	85	9	13.25	1	7	19	49.3	60.0
17	0502	何天	计12软件班	90	15	7.5	18	16	14.5	71.0	76.7
18	0503	刘晨	计12软件班	85	14	20	16	18	13.25	81.3	82.4
19	0504	李特	计12软件班	90	12	2.5	11	0	7.5	34.0	50.8
20	0506	刘萍	计12软件班	80	12	17.5	1	0	2.5	33.0	47.1
21	0507	谢洪宣	计12软件班	85	8	8	10	16	15	57.0	65.4
22	0508	陈文曦	计12软件班	90	13	19	19	18	17.5	86.5	87.6
23	0509	程秋	计12软件班	65	15	20	16	20	8	79.0	74.8
24	0510	韦家盛	计12软件班	90	17	20	14	16	14	81.0	83.7
25			计12软件班 平均值								68.9
26	0505	梁静	计15软件班	78	15	15	13	20	20	83.0	81.5
27			计15软件班 平均值								81.5
28	0701	朱莉	教12课程班	60	14	15	19	20	15	83.0	76.1

图 5-7-14　分类汇总效果

2．Excel多重"分类汇总"

对工作表中的某列数据选择两种或两种以上的分类汇总方式或汇总项进行汇总，就叫多重分类汇总，也就是说多重分类汇总每次用的"分类字段"总是相同的，而汇总方式或汇总项不同，而且第二次汇总运算是在第一次汇总运算的结果上进行的。

例如，在 5-7-14 所示汇总的基础上，要再次汇总不同"班级"期末总分、期评成绩的最大值，可打开"分类汇总"对话框并进行图 5-7-15 所示的设置，单击"确定"按钮，结果如图 5-7-16 所示。

注意：要保留前一次汇总的结果，必须在"分类汇总"对话框中取消"替换当前分类汇总"。

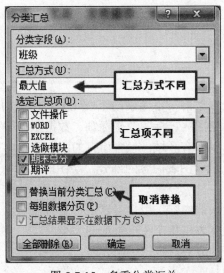

图 5-7-15　多重分类汇总

	学号	姓名	班级	平时成绩	笔试	文件操作	WORD	EXCEL	选做模块	期末总分	期评
3	0102	陈雪悦	化12生物班	90	15	19	20	18	18.75	90.8	90.5
4	0110	梁春	化12生物班	86	15	7.5	19	20	20	81.5	82.9
5	0301	宣明艳	化12生物班	90	14	15	18	18	2.5	67.5	74.3
6	0302	陈东	化12生物班	87	14	10.75	14	0	7.5	46.3	58.5
7	0303	黄霜	化12生物班	95	9	2.5	18	0	17	46.5	61.1
8	0304	秦小丽	化12生物班	90	15	7.5	20	16	20	78.5	82.0
9	0305	李碧云	化12生物班	95	14	15	17	11	2.5	59.5	70.2
10	0306	梁海	化12生物班	95	14	17.5	17	14	19.5	82.0	85.9
11	0307	刘小云	化12生物班	90	13	18.9	20	17	16	84.9	86.4
12	0308	邱萍	化12生物班	85	15	18.5	20	18	19.25	90.8	89.0
13	0309	陈惠	化12生物班	95	13	12.6	1	0	2.5	29.1	48.9
14			化12生物班 最大值							90.8	90.5
15			化12生物班 平均值								75.4
16	0108	石巍丹	计12软件班	91	14	16.5	9	0	7.5	47.0	60.2
17	0501	魏华	计12软件班	85	9	13.25	1	7	19	49.3	60.0
18	0502	何天	计12软件班	90	15	7.5	18	16	14.5	71.0	76.7
19	0503	刘晨	计12软件班	85	14	20	16	18	13.25	81.3	82.4
20	0504	李特	计12软件班	90	13	2.5	11	0	7.5	34.0	50.8
21	0506	刘萍	计12软件班	80	12	17.5	1	0	2.5	33.0	47.1
22	0507	谢洪宣	计12软件班	85	8	8	10	16	15	57.0	65.4
23	0508	陈文曦	计12软件班	90	13	19	20	18	17.5	86.5	87.6
24	0509	程秋	计12软件班	65	15	20	16	20	8	79.0	74.8
25	0510	韦家盛	计12软件班	90	15	20	14	16	14	81.0	83.7
26			计12软件班 最大值							86.5	87.6
27			计12软件班 平均值								68.9
28	0505	梁静	计15软件班	78	15	15	13	20	20	83.0	81.5
29			计15软件班 最大值							83.0	81.5
30			计15软件班 平均值								81.5
31	0701	朱莉	教12课程班	60	14	15	19	20	15	83.0	76.1

图 5-7-16 多重"分类汇总"效果

注意：要进行分类汇总的数据表的第一行必须有列标签，而且在分类汇总之前必须先对汇总的字段数据进行排序，以使得数据中拥有同一类关键字的记录集中在一起，然后再对记录进行分类汇总操作。

5.8 数据图表化

5.8.1 图表的组成

Excel 图表是以图形化方式直观地表示工作表中的数据，方便用户查看数据的差异和预测趋势。

1. Excel 图表组成

在创建图表前，我们先来了解一下图表的组成元素。图表由许多部分组成，每一部分就是一个图表项，如图表区、绘图区、标题、坐标轴、数据系列等，如图 5-8-1 所示。

图表区：整个图表边框以内有区域，包含所有的图表元素。

绘图区：是图表中真正包含图表内容的部分。绘图区包括除图表标题和图例之外的所有图表元素。

图表标题：用于说明图表的内容，用户可以设置是否显示以及显示位置。

数值轴：通过上面的刻度表示每个图形数值的大小。

分类轴：用于表示数据的分类。

数据标志：即图表中的柱形、面积、饼形或其他图形。一个数据标志对应一个单元格数据。图表类型不同，数据标志也不同。

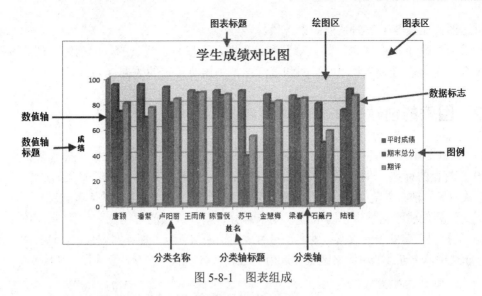

图 5-8-1 图表组成

图例：用于指明各个颜色的图形所代表的数据系列。

2．Excel 图表类型

利用 Excel 2010 可以创建各种类型的图表，帮助用户以多种方式表示工作表中的数据，如图 5-8-2 所示。

图 5-8-2 图表类型

各图表类型的作用如下。

柱形图：用于显示一段时间内的数据变化或显示各项之间的比较情况。在柱形图中，通常沿水平轴组织类别，而沿垂直轴组织数值。

折线图：可显示随时间而变化的连续数据，非常适用于显示在相等时间间隔下数据的趋势。在折线图中，类别数据沿水平轴均匀分布，所有值数据沿垂直轴均匀分布。

饼图：显示一个数据系列中各项的大小与各项总和的比例。饼图中的数据点显示为整个饼图的百分比。

条形图：显示各个项目之间的比较情况。

面积图：强调数量随时间而变化的程度，也可用于引起人们对总值趋势的注意。

散点图：显示若干数据系列中各数值之间的关系，或者将两组数绘制为 X、Y 坐标的一个系列。

股价图：经常用来显示股价的波动。

曲面图：显示两组数据之间的最佳组合。

圆环图：像饼图一样，圆环图显示各个部分与整体之间的关系，但是它可以包含多个数据系列。

气泡图：排列在工作表列中的数据可以绘制在气泡图中。

雷达图：比较若干数据系列的聚合值。

对于大多数 Excel 图表，如柱形图和条形图，可以将工作表的行或列中排列的数据绘制在图表中，而有些图形类型，如饼图和气泡图，则需要特定的数据排列方式。

5.8.2 图表的创建

在 Excel 2010 中创建图表的一般流程为：选中要创建为图表的数据并插入某种类型的图表；设置图表的标题、坐标轴和网格线等图表布局；根据需要分别对图表的图表区、绘图区、分类（X）轴、数值（Y）轴和图例项等组成元素进行格式化，从而美化图表。

例如：要创建不同学生平时成绩、期末总分、期评成绩的对比图表，操作如下。

1）选择要创建图表的数据：姓名、平时成绩、期末总分、期评四列数据。选择时，要把字段名一起选中，不连续的单元格区域可以用“Ctrl+”鼠标拖动的方式来选择，如图 5-8-3 所示。

	A	B	F	G	H	I	J	K	L	M	N	O
1	2012级学生计算机文化基础一成绩表											
2	学号	姓名	平时成绩	笔试	文件操作	WORD	EXCEL	选做模块	期末总分	期评	排名	总评
3	0101	唐颖	95	13	19	11	15	16	74	80.3	7	及格
4	0106	滑紫	95	9	16.5	14.2	13	16.5	69.2	76.94	8	及格
5	0105	卢阳丽	93	15	15	18	18	14	80	83.9	5	及格
6	0104	王雨倩	90	14	18.2	16.4	20	20	88.6	89.02	1	优秀
7	0102	陈雪悦	90	15	17	17.5	18	18.75	86.25	87.375	2	优秀
8	0109	苏平	90	15	12	4.5	0	7.5	39	54.3	10	不及格
9	0103	金慧梅	87	15	18.6	16	14.3	16	79.9	82.03	6	及格
10	0110	梁春	86	15	10	19	19.4	20	83.4	84.18	4	及格
11	0108	石巍丹	80	14	18.7	9	0	7.5	49.2	58.44	9	不及格
12	0107	陆雅	75	15	18	18	20	20	91	86.2	3	优秀
13	平时成绩	30%										
14	期末成绩	70%										

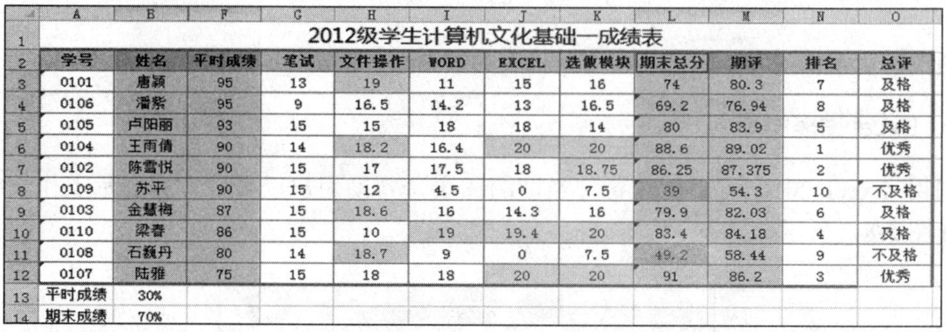

图 5-8-3　选中需要创建图表的数据

2）在“插入”选项卡“图表”组中单击要插入的图表类型，在打开的列表中选择子类型，即可在当前工作表中插入图表，如图 5-8-4 和图 5-8-5 所示。

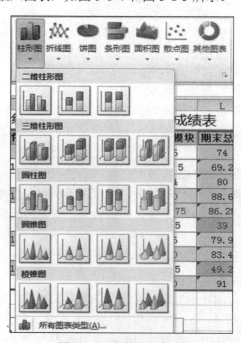

图 5-8-4　选定图表类型

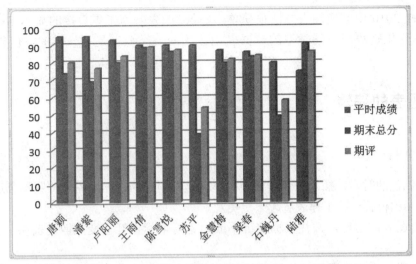

图 5-8-5 生成图表

3）创建 Excel 图表后，将显示如图 5-8-6 所示的"图表工具"选项卡，其包括"设计"、"布局"和"格式"三个子选项卡。用户可以使用这些选项中的命令修改图表，以使图表按照用户所需的方式表示数据。如更改图表类型，调整图表大小，移动图表，向图表中添加或删除数据，对图表进行格式化等。

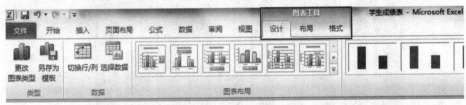

图 5-8-6 "布局"选项卡

4）图 5-8-7 所示是利用"图表工具"的三个子选项卡为图表添加图表标题、坐标轴标题，设置主要刻度值后的效果。

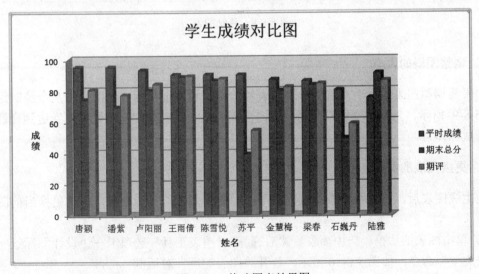

图 5-8-7 修改图表效果图

在 Excel 2010 中创建图表方法很简单，Excel 图表是为了更直接的显示 Excel 表格数据的差异或变化趋势，不同类型的数据表创建的图表类型也是不一样的，但创建方法基本一致。

5.8.3 图表的编辑

1. 移动图表

图表刚创建的时候，插入在工作表中的位置是不固定的，如果图表位置不合适，可以移动图表到恰当的位置，让工作表看起来更美观。

1）单击图表的边框，按住鼠标左键不放，这时鼠标指针会变成四向箭头，如图 5-8-8 所示。

2）移动鼠标，这时图表的位置随着鼠标的移动而改变，当图表到达恰当的位置后松开鼠标。

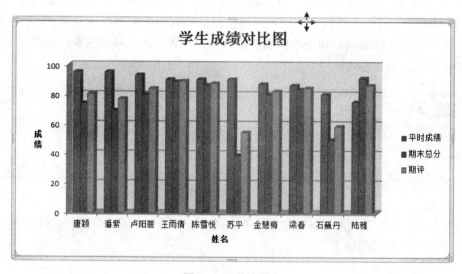

图 5-8-8　移动图表

2. 调整图表的大小

如果要调整图表的大小，首先单击图表的边框，然后把鼠标放到图表的八个控制点处，如图 5-8-9 所示，当鼠标变成双向箭头时向图表内（或图表外）拖动鼠标，当达到合适大小时松开鼠标即可。

3. 更换图表的类型

当生成图表后，如果希望查看数据在不同图表类型下的显示效果，可以更换当前图表的类型。

1）单击图表的边框，选中图表。然后选择 "图表工具" 选项卡→"设计" 标签→"更改图表类型" 命令，如图 5-8-10 所示，打开 "图表类型" 对话框。

电子表格制作软件Excel 2010 第5章

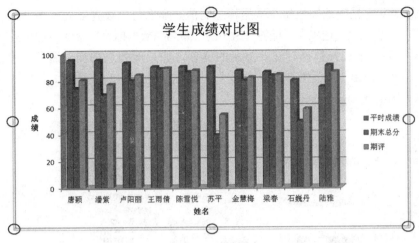

图 5-8-9　缩放图表

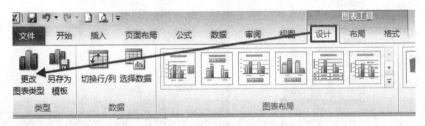

图 5-8-10　更改图表类型

2）在"图表类型"对话框中先选择图表大类，如"条形图"，再在右侧的子类型中选择某个图表类型，单击"确定"即可完成图表类型的修改。如图 5-8-11 所示。

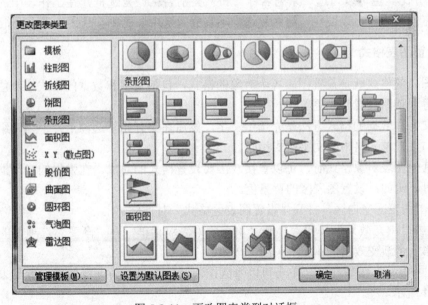

图 5-8-11　更改图表类型对话框

4．使用数据标签

前面介绍过通过数值轴上的刻度可以知道数据标志的值，但这个值仅是根据刻度线估计

237

的值,如果想要非常精确地知道每个数据标志的值,那么可以设置数据标签。

1)选择"图表工具"选项卡"标签"组中的"布局→数据标签"命令,如图 5-8-12 所示。

2)在下拉菜单中选择数据标签要显示的位置,如果所列选项均不满意,可以选择"其他数据标签选项"弹出"设置数据标签格式"对话框,如图 5-8-13 所示。

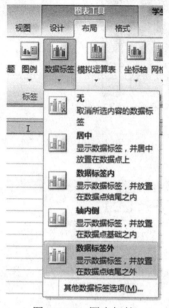
图 5-8-12 图表标签

图 5-8-13 "设置数据标签格式"

在该对话框中可以对标签选项、数字、填充等内容进行设置。标签选项一般是选择"值"或百分比。也可以勾选"系列名称"和"类别名称"复选框,在工作表中的图表中可以看到预览的效果,可以发现,这些复选框不宜同时选中,否则会让图表看上去很混乱。

5. 设置图表格式

设置图表的格式就是设置图表各个对象的格式,包括文字和数据的格式、颜色、大小、背景颜色等,使图表看起来更美观。

设置文字和数据的格式方法是先选中文字,然后在"开始"选项卡"字体"组中进行设置,方法与设置单元格中的文字格式相同。

设置其他图表对象格式时,可以直接双击要设置格式的对象,在弹出的对话框中进行相应设置即可。例如,设置图表区的背景色。

1)双击图表区空白区,打开"设置图表区格式"对话框。

2)单击"填充效果"按钮,打开"填充效果"对话框,在"渐变"选项卡的"变形"区,选择第一个渐变效果,单击"关闭"按钮。

3)返回 Excel 编辑窗口,单击可以看到图表区的背景变为渐变效果,看上去更美观,如图 5-8-14 所示。

6. 删除图表

如果要删除图表,单击图表的边框选中它,单击键盘上的"Delete"键即可删除。

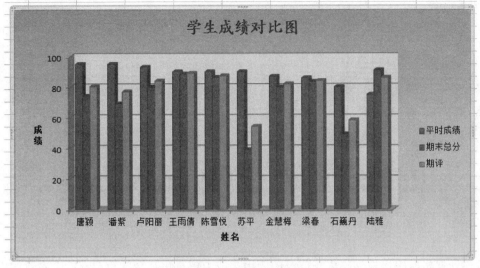

图 5-8-14　编辑图表效果图

思 考 题

1．说明在 Excel 2010 中，文件、工作簿、工作表和单元格之间的区别和联系。
2．简述 Excel 2010 中常用的数据类型及输入方法。
3．自动填充有哪几种方式？它们各自的作用是什么？具体如何操作？
4．如何选择连续的多个单元格？如何选择不连续的多个单元格？如何设置单元格的边框及底纹？
5．如何选择一行（多行）？插入、删除一行或多行数据？如何隐藏行？如何设置行高？
6．如何选择一列（多列）？插入、删除一列或多列数据？如何隐藏列？如何设置列宽？
7．在 Excel 2010 中，如何插入、删除、移动、复制、重命名工作表？
8．在 Excel 2010 中，常见的函数有哪些？
9．什么是单元格相对引用、绝对引用、混合引用？
10．简述简单排序和多条件排序的作用及操作方法。
11．简述数据筛选的作用及操作方法。
12．简述分类汇总的作用及操作方法。
13．在 Excel 2010 中常见的图表类型有哪些？简述一下图表的组成部分、创建过程及图表的编辑方法。

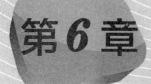

第6章 网络基础知识及网络安全

目前计算机网络已得到越来越广泛的应用，成为信息化社会的重要支柱。本章的内容有助于学习、掌握计算机网络技术及应用的基本知识，掌握 Internet 的基本服务的使用方法，了解信息安全知识，掌握计算机病毒防治的基本方法，以便更好地利用计算机网络为今后的学习、生活和工作服务。

6.1 计算机网络概述

20 世纪 60 年代末，正处于冷战时期。当时美国军方为了自己的计算机网络在受到袭击时，即使部分网络被摧毁，其余部分仍能保持通信联系，便由美国国防部的高级研究计划局（ARPA）建设了一个军用网，叫做"阿帕网"（ARPAnet）。阿帕网于 1969 年正式启用，当时仅连接了四台计算机，供科学家们进行计算机联网实验用。ARPAnet 是计算机通信网络诞生的标志。

6.1.1 计算机网络的定义和分类

最简单的计算机网络是将两台计算机系统连接起来，实现文件信息的共享和打印机等外设的共享。复杂的计算机网络则可以将全世界范围内的计算机系统连接在一起，这就是我们通常所说的因特网（Internet）。

随着计算机网络技术的不断发展和完善，从资源共享的角度出发对计算机网络较全面的定义是："计算机网络是指利用通信线路将地理位置不同的计算机系统相互连接起来，并使用网络软件实现网络中的资源共享和信息传递。"计算机网络示意图如图 6-1-1 所示。

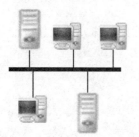

图 6-1-1 计算机网络示意图

计算机网络有多种不同的分类方法，从不同角度体现计算机网络的特点。其中最为常见的是按使用地区范围或规模将网络的类型划分为：局域网（Local Area Network，简称 LAN）、城域网（Metropolitan Area Network，简称 MAN）和广域网（Wide Area Network，简称 WAN）。

（1）局域网（Local Area Network，简称 LAN）

局域网也称局部区域网络，覆盖范围常在 10 米～10000 米。目前我国绝大多数企业、事业单位都建立了自己的局域网。

（2）城域网（Metropolitan Area Network，简称 MAN）

城域网也称市域网，覆盖范围一般是一个地区或城市，是介于局域网和广域网之间的一种高速网络。随着网络技术的发展，新型的网络设备和传输媒体的广泛应用，距离的概念逐渐淡化，局域网及局域网互连之间的区别也逐渐模糊。

（3）广域网（Wide Area Network，简称 WAN）

广域网有时也称远程网，可以覆盖整个城市、国家，甚至整个世界，具有规模大、传输延迟大的特征。

6.1.2 网络的基本组成与功能

1. 网络的基本组成

计算机网络系统由网络硬件系统和网络软件系统两部分组成。在网络系统中，硬件对网络的性能起着决定性的作用，是网络运行的实体；而网络软件则是支持网络运行、利用网络资源的工具。

（1）网络硬件系统

不同的计算机网络系统，在硬件方面差别是相当大的。常见的网络硬件有：各种类型的计算机（服务器和客户机）、网络适配器、共享的外部设备、传输介质、网络通信设备和互连设备等。

1）服务器。服务器是计算机网络硬件系统的重要组成部分，用来管理网络并为网络用户提供网络服务。一个计算机网络系统至少要有一台服务器，通常用小型计算机、专用 PC 服务器或高性能微机做网络服务器。服务器的主要功能是为网络客户机提供共享资源、管理网络文件系统、提供网络打印服务、处理网络通信、响应客户机上的网络请求等。常用的网络服务器有文件服务器、通信服务器、打印服务器、DNS 服务器、FTP 服务器、电子邮件服务器、WWW 服务器、数据库服务器、计算服务器等，如图 6-1-2 所示。

2）客户机。客户机的主要功能是访问服务器，向服务器发出各种请求，从网络上发送和接收数据。它也可作为独立的计算机为用户端的用户使用。各客户机之间可以相互通信，也可以相互共享资源（图 6-1-2）。

图 6-1-2 客户机/服务器网络

3）网络适配器。网络适配器简称网卡，是计算机与通信介质的接口。网卡的主要功能是实现网络数据格式与计算机数据格式的转换、网络数据的接收与发送等。每一台网络服务器和客户机至少都配有一块网卡，通过通信介质连接到网络上。

4）共享的外部设备。共享的外部设备是指连接在服务器上的硬盘、打印机、绘图仪等。

5）传输介质。传输介质是网络传输信息的通道，是传送信息的载体。分为无线传输介质和有线传输介质两种。常见的有线传输介质有电话线、双绞线、同轴电缆和光纤。无线传输介质有微波、红外线、毫米波、光波等。

6）网络通信和互连设备。通常有调制解调器（Modem）、集线器（Hub）、交换机、中继器（Repeater）、网桥、网关、路由器等，如图 6-1-3 所示。

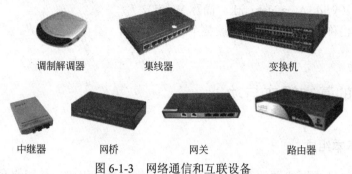

图 6-1-3　网络通信和互联设备

7）调制解调器（Modem）。是单机通过电话线联网所必需的设备。其功能是将使用电话拨号方式上网的计算机的数字信号与电话线的模拟信号相互转换。调制是将计算机的数字信号转换成模拟信号，解调是将模拟信号转换成数字信号。

8）集线器。提供多个微机相连的接口，只管通信，不管路由也不管信号转换。主机插上网卡即可连接到集线器端口。现在这种设备已完全被交换机取代。

9）交换机。交换机具备自动寻址能力和交换功能，它能根据所传递信息包的目的地址，将每个信息包从源端口送至目的端口。使用交换机可以把局域网分成网段，减少流量，避免冲突，增加带宽，提高局域网的性能。

10）中继器。对数字信号放大，用来延伸传输距离或便于网络布线。

11）网桥。用于互连不同的局域网，使之成为覆盖范围更广的逻辑上的单一局域网，或将一个较大的局域网划分为若干个网段。

12）网关。又称协议转换器，是不同类型网络互连的硬件或软件。它的作用就是对两个网段中使用的不同传输协议的数据进行翻译转换。

13）路由器。是网络互连中的重要设备，主要用于局域网和广域网互连。路由器具有转发数据、选择路径和过滤数据的功能，可以由硬件或软件实现。

（2）网络软件系统

计算机网络的软件系统比单机环境的软件系统要复杂得多。网络软件通常包括网络操作系统、网络应用软件和网络通信协议等。

1）网络操作系统。网络操作系统是运行在网络硬件基础之上的，为网络用户提供共享资源管理服务、基本通信服务、网络系统安全服务及其他网络服务的软件系统。网络操作系统是计算机网络的核心软件，其他客户机应用软件需要网络操作系统的支持才能运行。

2）网络应用软件。网络应用软件都是安装和运行在网络客户机上，所以往往也被称为网络客户软件。如浏览器、电子邮件应用软件、FTP 下载工具、QQ、游戏软件等。

3）网络通信协议。网络通信协议是通信双方在通信时遵循的规则和约定，是信息网络中使用的特性语言。根据组网需求的不同，可以选择相应的网络协议。TCP/IP 是 Internet 上进行通信的标准协议之一，使用 TCP/IP 协议，可以方便地将计算机连接到 Internet 网中。

2．计算机网络的功能

计算机网络有许多功能，其中最重要的功能是：资源共享、数据通信、集中管理与分布式处理、负载平衡。

（1）资源共享

资源共享是指硬件、软件和数据资源的共享。网络用户不但可以使用本地计算机资源，可以通过网络访问联网的远程计算机资源，还可以调用网中几台不同的计算机共同完成某项任务。实现资源共享是计算机网络建立的主要目的。

（2）数据通信

数据通信是计算机网络最基本的功能。用来在计算机与终端、计算机与计算机之间快速传送各种信息。利用这一功能，可分散、分级和集中管理信息，对其进行统一调配、控制和管理。

（3）集中管理与分布式处理

通过集中管理不仅可以控制计算机的权限和资源的分配，还可以协调分布式处理和服务的同步实现。对解决复杂问题来讲，多台计算机联合使用并构成高性能的计算机体系，这种集中管理、协同工作、并行处理要比单独购置高性能的大型计算机的成本低得多。

（4）负载平衡

负载平衡是指工作被均匀地分配给网络上的各台计算机。网络控制中心负责负载分配和超载检测，当某台计算机负载过重时，系统会自动转移部分工作到负载较轻的计算机中去处理。

6.1.3　网络的拓扑结构与传输介质

1．拓扑结构

网络拓扑（Network Topology）旨研究它们之间的几何关系和结构关系，通过网中节点和通信线路之间的几何关系表示网络结构，反映出网络中各实体的结构关系。

最基本的网络拓扑结构有：星型结构、环型结构、总线结构、树型结构和网状型结构。树型结构和网状型结构在广域网中比较常见。但是在一个实际的网络应用中，可能是上述几种网络结构的混合。

（1）星型拓扑结构（Star Topology）

由一中央控制点与网络中的其他计算机或设备连接，通常星型网络又称为集中式网络，如图 6-1-4 所示。

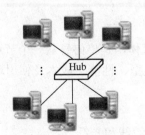
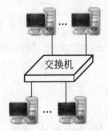

图 6-1-4　星型网络

（2）环型拓扑结构（Ring Topology）

设备被连接成环，每一台设备只能和它的一个或两个相邻节点直接通信。要与其他节点通信，信息必须依次经过两者之间的每一个设备，如图 6-1-5 所示。如果环的某一点断开，环上所有端点间的通信便会中断。

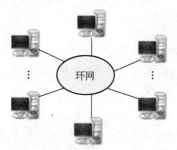

图 6-1-5　环型网络

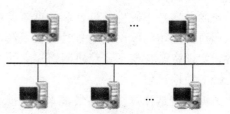

图 6-1-6　总线型网络

（3）总线型拓扑结构（Bus Topology）

把各个计算机或其他设备接到一条公用的总线上，在任何两台计算机之间不再有其他连接，这就形成了总线拓扑结构，如图 6-1-6 所示。

（4）树型拓扑结构（Tree Topology）

树型拓扑结构实际上是星型拓扑结构的一种变形，如图 6-1-7 所示。每台交换机与端点用户的连接仍为星型结构，由于交换机的级连而形成树。

（5）网状型拓扑结构（Mesh Topology）

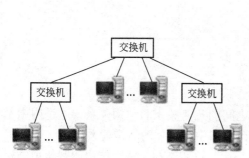

图 6-1-7　树型网络

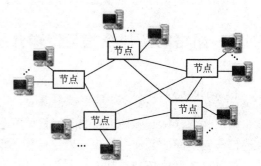

图 6-1-8　网状型网络

网状型结构又称作无规则节点之间的连接，是任意的、没规律的。网状拓扑主要优点是系统可靠性高，但结构复杂，如图 6-1-8 所示。

现在的局域网的拓扑结构多为多种拓扑的结合，一般而言，在接入层使用树形结构，在核心层使用网状结构，以保障通信的可靠性。

2．网络传输介质

传输介质（Transmission Medium）又称传输媒体，是将信息从一个节点向另一个节点传送的连接线路实体。在组网时根据计算机网络的类型、性能、成本及使用环境等因素，应该分别选择不同的传输介质。

（1）有线传输介质

常见的有线传输介质有电话线、同轴电缆、双绞线和光纤。

1）同轴电缆（Coaxial Cable）。同轴电缆由内部导体（铜缆）、环绕绝缘层、绝缘层外的金属屏蔽网和最外层的护套组成，如图 6-1-9 所示。但随着局域网技术的发展，同轴电缆已被非屏蔽双绞线或光纤取代。

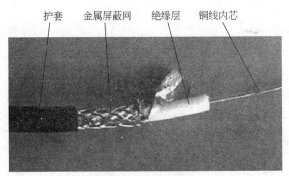

图 6-1-9 同轴电缆

2）双绞线（Twisted Pairwire，TP）。双绞线主要用于点到点通信信道的中、低档局域网及电话系统。双绞线是将一对或一对以上的双绞线封装在一个绝缘外套中的一种传输介质，是局域网常用的一种布线材料。如图 6-1-10 所示，双绞线的两端安装有八根连接线的 RJ-45 头，连接网卡、集线器或交换机等通信设备，最大网线长度为 100 米。双绞线可分为非屏蔽双绞线（Unshielded Twisted Pair，简称 UTP）和屏蔽双绞线（Shielded Twisted Pair，简称 STP）。使用较多的是 UTP 线。

图 6-1-10 双绞线电缆及连接器 RJ-45 头

3）光纤（optical fiber）。光纤（通称光缆）主要用于各种高速局域网络中。光纤是一种传输光束的细微而柔韧的介质，通常由透明的石英玻璃拉成细丝，由纤芯和包层构成双层通信圆柱体，如图 6-1-11 所示。纤芯用来传导光波。光纤的优点是：不受外界电磁干扰与影响，信号衰变小，频带较宽，传输距离较远，传输速度快。

（2）无线传输介质

无线传输介质有无线电短波、微波、红外线、毫米波或光波等。

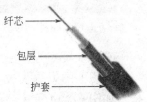

图 6-1-11 光纤示意图

1）无线电短波。采用无线电短波作为无线局域网的传输介质是目前应用最多的，这主要是因为无线电短波的覆盖范围较广，应用较广泛。

2）微波通信。微波通信有两种主要的方式：地面微波接力通信和卫星通信。可传输电话、电报、图像、视频、数据库等信息。

3）红外线、毫米波或光波。可以使用红外线、毫米波或光波进行通信，但它们频率太高，波长太短，不能穿透固体物体，或很大程度上受天气的影响，因而只能在室内和近距离使用。

6.1.4 小型局域网组建

局域网是我们接触得最多的网络类型，如一个宿舍的网络、计算机房的网络、办公室的网络等都属于局域网，这些小的局域网又可以组成更大的局域网，如校园网。在我们的学习生活中，同宿舍的同学往往会遇到这些情况：某同学电脑上有部好看的电影，我们想复制到自己电脑上，但是没有U盘；某同学电脑连接有打印机，我们想打印些文档，但同学在用电脑，不方便打扰；闲暇之余，同学间想玩一下网络对战的游戏；同宿舍的同学想共享一条线路上网等等。如果我们能将同学的电脑连接到一个局域网中，这些问题就可以很方便的解决。

下面我们就以三台计算机的联网为例引领同学按以下步骤动手组建自己的局域网。

1. 硬件准备

要组建这样的一个简单局域网，我们首先要具备以下硬件：两台计算机（"台式机或笔记本电脑均可"）和一台以太网交换机。

（1）网卡

现在的计算机基本上都已经将网卡集成在主板上，如果我们在台式机的背面或笔记本电脑的侧面能找到如图 6-1-12 所示的 RJ45 接口（该接口外形像一个"凸"字，带有两个指示灯，旁边画有三台电脑联网的图标），就不必另外购买。

（2）网线及接头

目前我们在组建局域网时用得最多的连接介质双绞线，包括屏蔽双绞线以及非屏蔽双绞线等。压线钳，使用如图 6-1-13 所示的压线钳可以将 RJ45 接头和双绞线紧密连接。

图 6-1-12　RJ45 网卡接口

图 6-1-13　RJ45 压线钳

图 6-1-14　以太网交换机

（3）以太网交换机

市场上的以太网交换机种类繁多，接口数量也各不相同，我们可根据需要进行选择。如图 6-1-14 所示，是一台八口的家用便携式交换机。

（4）网线制作

首先用压线钳剥掉双绞线末端约 3cm 长的外壳，暴露线芯。然后按图 6-1-15 中的 586A 或 586B 的标准将线芯排列好。我们在这个实例中需要的是直通型的双绞线，即网线的两端应安相同的线序标准排列。接下来用压线钳将端面剪平，并放入 RJ45 接头中，如图 6-1-16 所示。

最后，将连接好双绞线的 RJ45 接头放入压线钳的相应插槽进行压制。如有条件，可用测线仪对制作好的网线进行测试。也可将网线分别插入计算机网卡和交换机的 RJ45 插槽，如所连接端口的绿灯都能亮起则表明网线制作无误。

 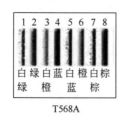 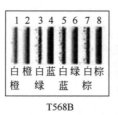 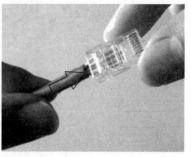

图 6-1-15　RJ45 接头线序标准　　　　　　图 6-1-16　RJ45 接头与双绞线连接图

2. 网络配置

在 Windows 7 操作系统中，单击"开始"→"控制面板"→"查看网络状态和任务"→"本地连接"，弹出如图 6-1-17 所示的"本地连接状态"对话框，单击其中的"属性"按钮，弹出"本地连接属性"对话框。

在图 6-1-18 中，可以看到该计算机已经安装了"TCP/IPv4"通信协议和"Microsoft 的文件和打印机共享"服务，如果看不到这两个组件，则单击"安装"按钮，按提示进行安装。

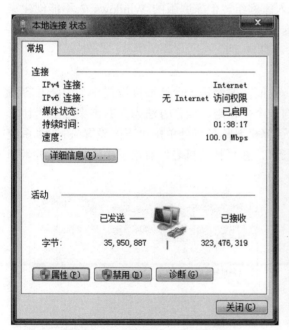 

图 6-1-17　"本地连接状态"对话框　　　　图 6-1-18　"本地连接属性"对话框

将两台计算机本地连接 IP 地址设置在同一个网段：双击本地连接属性对话框中的"TCP/IPv4"选项，弹出"TCP/IPv4 属性"对话框，将 IP 地址设为 192.168.1.1，子网掩码设为 255.255.255.0，完成后的结果如图 6-1-19 所示。第二计算机的 IP 地址设为 192.168.1.2，子网掩码为 255.255.255.0。

图 6-1-19 "Internet 协议版本 4（TCP/IPv4）属性"对话框

3. 配置文件共享

利用 Windows 7 中提供的"家庭组"新功能，可以简化该系统下文件和打印机的共享操作。（注意：所有版本的 Windows7 都可以加入家庭组，但家庭版的 Windows 7 不能创建家庭组。家庭组中的计算机都必须使用 Windows 7 操作系统）

操作步骤：

（1）设置机器名与工作组

为了方便在局域网内共享文件或打印机，我们需要给每一台计算机设置一个简洁并容易记忆和识别的名称，并将这些计算机配置为同一个工作组，操作方法为：右击桌面上"计算机"图标，选择"属性"，在弹出对话框中的计算机名称信息处单击"更改设置"，在"系统属性"对话框，如图 6-1-20 所示中单击"更改"，在"计算机名"对话框中输入计算机名和工作组的名称，如图 6-1-21 所示。

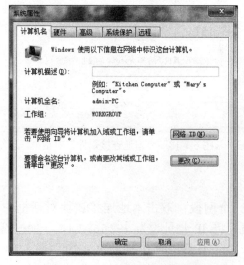

图 6-1-20 "系统属性"对话框

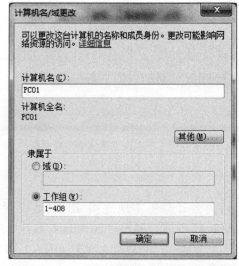

图 6-1-21 "计算机名/域更改"对话框

控制面板中检查"网络和共享中心"的设置，以确保我当前的网络位置设置为"家庭网络"。这是因为家庭组只能在拥有家庭网络位置的网络上工作。如果需要更改网络位置，只需单击当前的设置，然后选择"家庭网络"。

（2）创建家庭组

打开"控制面板——网络和 Internet"中的家庭组，然后单击"创建家庭组"，并选择共享内容。操作界面如图 6-1-22 和图 6-1-23 所示。创建完成后会显示自动生成的家庭组访问密码，如图 6-1-24 示。

（3）加入家庭组

在同一子网中，如果有一台主机创建了家庭组，则在局域网的其他电脑上，按步骤"1"的方法进入家庭组设置就会显示家庭组的相关信息，和 "立即加入"按钮，单击此按钮，输入家庭组的密码，就可以加入到家庭组中，操作界面如图 6-1-25 所示。

图 6-1-22　家庭组设置

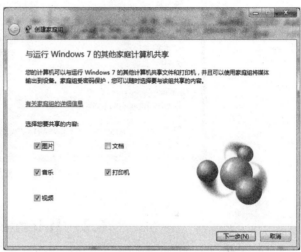

图 6-1-23　"创建家庭组"窗口

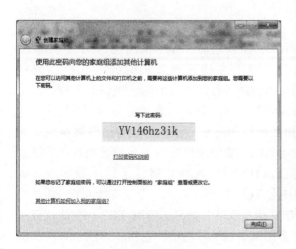

图 6-1-24　家庭组密码

图 6-1-25　加入家庭组

（4）设置和访问家庭组资源

现在，所有的计算机已经加入到家庭组中了，该怎么使用呢？双击桌面上的"计算机"图标，在弹出的窗口左侧单击"家庭组"，找到想访问的计算机名，然后单击打开，就可以访问家庭组内其他计算机的共享资源了。如图 6-1-26 所示。

（5）设置共享文件夹

加入家庭组后，如果我们想将某个文件夹共享给其他家庭组成员，只需在该文件夹名称上单击鼠标右键，选择"家庭组读取"或"家庭组读写"即可。

图 6-1-26　访问家庭组资源

6.2　Internet 基础

6.2.1　Internet 的起源与发展

1．Internet 的起源

Internet 的前身是 1969 年美国国防部高级研究计划局（Advanced Research Projects Agency，简称 ARPA）建立的一个只有四个节点的存储转发方式的分组交换广域网 ARPAnet（阿帕网）。该网是以验证远程分组交换网的可行性为目的的一项试验工程。在上世纪 70 年代计算机网络发展的初期，在 ARPANET 之外，还有各种使用不同的通信协议建立的计算机网络。这些网络各自为政，难以相互通信和共享资源。为了将这些网络连接起来，美国人温顿·瑟夫（Vinton Cerf）提出一个想法：在每个网络内部各自使用自己的通信协议，在和其他网络通信时使用 TCP/IP 协议。1982 年 ARPA 接受了这个设想，开放 ARPANET 允许各大学、政府或私人科研机构使用 TCP/IP 网络加入。于是在上世纪 80 年代大量局域网依靠 TCP／IP 协议，通过 ARPANET 相互联络，使得这种用 TCP／IP 协议互联的网络规模迅速扩大。除了在美国，世界上许多国家通过远程通信，也将本地的计算机和网络接入 ARPANET。这使得原用于军事试验的 ARPANET 逐渐衍化成美国国家科学基金会（National Science Foundation，简称 NSF）对外开放与交流的主干网 NSFNET，最终促成了

Internet 的诞生。

1993 年美国克林顿政府提出建设"信息高速公路"（又称国家信息基础设施，National Information Infrastructure，简称 NII）计划，在世界各国引起极大反响。欧洲和日本、韩国、东南亚各国纷纷提出了建设自己国家信息基础设施的有关计划和措施，在世界范围内掀起建设"信息高速公路"的高潮。作为"信息高速公路"的雏形，Internet 成为事实上的全球信息网络的原型。最终发展成当今世界范围内资源共享的国际互联网，成为事实上全球电子信息的"信息高速公路"。

2．我国十大互联网络单位

1994 年 4 月 20 日，中国科技网的前身中关村教育科研网（NCFC）以 TCP／IP 协议正式实现了与因特网的连接，这标志着中国从此与世界互联。几十年来，Internet 在中国发展迅速。目前我国可以与 Internet 互连的全国范围的公用计算机网络已经发展到十个，其中中国教育和科研计算机网（CERNET）是面向全国高校建立的。CERNET 主干网的网络中心设在清华大学，下设北京、上海、南京、西安、广州、武汉、成都、沈阳八个地区网路中心。第一批入网的高校有 108 所。现在全国大部分高校和部分中、小学已经接入"CERNET"，极大地改善了我国高校的教学、科研条件，促进了高校的校园网建设，对我国国民经济信息化建设也产生了深远的影响。

公益性互联单位：
- 中国科技网（CSTNET）
- 中国国际经济贸易互联网（CIETNET）
- 中国教育和科研计算机网（CERNET）
- 中国长城互联网（CGWNET）

经营性互联单位：
- 中国联通互联网（UNINET）
- 中国公用计算机互联网（CHINANET）
- 中国移动互联网（CMNET）
- 中国网通公用互联网（CNCNET）
- 中国铁通互联网（CRCNET）
- 中国卫星集团互联网（CSNET）

6.2.2 TCP/IP 协议

1．计算机网络协议

网络协议是管理网络上所有实体（网络服务器、客户机、交换机、路由器、防火墙等）之间通信规则的集合，是用来控制计算机之间数据传输的计算机软件。也就是说，计算机之间的相互通信需要共同遵守一定的规则，这些规则就称为网络协议。不同计算机之间必须使用相同的网络协议才能进行通信。网络协议多种多样，目前 Internet 上最为流行的是 TCP/IP 协议，它已经成为 Internet 的标准协议。

2. TCP/IP 协议

TCP/IP 协议实际上是一组网络协议的集合。IP（Internet Protocol）协议即"网际协议"，详细规定了计算机在通信时应该遵循的全部规则，是 Internet 上使用的一个关键的底层协议。该协议指定了所要传输的数据包的结构。它要求计算机把信息分解成为一个个较短的数据包发送。每个数据包除了包含一定长度的正文外，还包含数据包将被送往的 IP 地址，这样的数据包被称为"IP 包"。这样一条信息的多个 IP 包就可以通过不同的路径到达同一个目的地，从而可以利用网络的空闲链路传输信息。

TCP（Transmission Control Protocol）协议即"传输控制协议"。由于每个 IP 包到达目的地的中转路径及到达的时间都不尽相同，为防止信息包丢失，有必要在 IP 协议的上层增加一个对 IP 包进行验错的方法，这就是 TCP 协议。TCP 协议检验一条信息的所有 IP 包是否都已经收齐，次序是否正确，若有哪个 IP 包还没有收到，则要求发送方重发这个 IP 包；若各个 IP 包到达的次序出现混乱，则进行重排。TCP 协议的作用是确保一台计算机发出的报文流能够无差错地发送到网上的其他计算机，并在接收端把收到的报文再组装成报文流输出。

6.2.3 IP 地址与域名系统

TCP/IP 协议分为 IPv4 和 IPv6 两个版本。IP 地址是整个 IP 协议的核心，对于路由选择等有着很大的影响。

1. IP 地址

我们的每一部手机都有一个全球唯一的号码，类似的，为了完成计算机网络的通信，IP 协议为每一个网络接口分配一个唯一的 IP 地址。如果一台主机有多个网络接口，则要为它分配多个 IP 地址。如一台路由器可以同时拥有若干个 IP 地址。

IPv4 协议规定 IP 地址的长度为 32 位，分为四个字节。通常写成四个十进制的整数，每个整数对应一个字节，用小数点将它们隔开。这种表示方法称为"点分十进制表示法"。每个整数取值的范围为 0~255。

例如，主机的 IP 地址"11001010110000010100000100100011"可表示成 202.193.65.35，这就是实际使用的 IP 地址。如表 6-2-1 所示：

表 6-2-1

二进制	11001010	11000001	01000001	00100011
十进制	202	.193	.65	.35
缩写后的 IP 地址	202.193.65.35			

在我国，固定电话的号码由区号和话机号两个部分组成，类似的，一个 IP 地址也划分为两部分：网络地址和主机地址。网络地址标识一个逻辑网络的地址，也称为网络号。主机地址标识该网络中一台主机的地址，也称为主机号。

例如，上面提到的 IP 地址为 202.193.65.35 的这台主机来说，其 IP 地址由如下两部分组成。

1）网络地址：202.193.65（或写成 202.193.65.0）。

2）主机地址：35。

两者合起来得到的 202.193.65.35 是标识这台主机的 IP 地址。

IP 地址又分共有地址和私有地址。公有地址（Public Address）由 Inter NIC（Internet Network Information Center 因特网信息中心）负责。这些 IP 地址分配给注册并向 Inter NIC 提出申请的组织机构。通过它直接访问因特网。私有地址（Private Address）属于非注册地址，专门为组织机构内部使用。以下列出留用的内部私有地址 10.0.0.0--10.255.255.255、172.16.0.0--172.31.255.255、192.168.0.0--192.168.255.255。

2．IPv6

互联网协议第 6 版（Internet Protocol Version 6，简称 IPv6）被称为下一代互联网协议，其最显著的特征是使用 128 位长度的 IP 地址，通过采用 2128 个地址空间替代 IPv4 的 232 个地址空间来提高下一代互联网的地址容量。

3．域名

域名（Domain）是网络上用来表示和定位网络主机的字符串组合，由符号"."分隔为若干部分。例如 www.gxtc.edu.cn 就是一个域名。主机的域名与其 IP 地址一一对应，两者都能定位网络的主机。IP 地址太抽象，不容易记忆，而域名这种形式更容易为人们接受。

域名系统采用层次结构。域名的一般格式是：计算机主机名、…..三级域名、二级域名、顶级域名。

每级域名都是由英文字母和数字组成，最右边为级别最高的顶级域名，最左边为主机名。

通常顶级域名既可表示地理性顶级域名，也可以表示组织性顶级域名。如表 6-2-2 和表 6-2-3 所示。地理性顶级域名为两个字母的缩写形式，表示某个国家或地区；组织性顶级域名表示组织、机构类型。

4．域名服务器 DNS（Domain Name Server）

域名服务器是安装有域名解析处理软件的主机，用于实现域名解析（将主机名连同域名一起映射成 IP 地址）。此功能对于实现网络连接起着非常重要的作用。

例如，当网络上的一台客户机需要通过 IE 访问 Internet 上的某台 WWW 服务器时，客户机的用户只需在 IE 的地址栏中输入该服务器的域名地址，如 www.gxtc.edu.dn，即可与该服务器进行连接。而网络上的计算机之间进行连接是通过计算机的唯一的 IP 地址来进行的。因此，在计算机主机域名和 IP 地址之间必须有一个转换：将域名解释成 IP 地址。域名解释的工作由域名服务器来完成。

表 6-2-2 常用地理性顶级域名及其含义

区域	国家或地区	区域	国家或地区
be	比利时	ca	加拿大
de	德国	fr	法国
ie	爱尔兰	in	印度
it	意大利	il	以色列国
nl	荷兰（王国）	jp	日本

续表

区域	国家或地区	区域	国家或地区
es	西班牙	se	瑞典（王国）
ch	瑞士	cn	中国
gb	英国	us	美国

表 6-2-3　常用组织性域名及其含义

区域	含义
com	商业机构
edu	教育机构
gov	政府部门
int	国际组织
mil	军事网点
net	网络机构
org	非营利机构

6.3　因特网的基本服务

Internet 上提供了许多种类的服务，包括电子邮件服务（E-mail）、万维网服务（WWW）、文件传输服务（FTP）、远程登录服务（Telnet）、新闻组服务（Usenet）、电子新闻（Usenet News）、Archie 服务、Gopher 服务、广域信息服务系统（Wide Area Information Server，简称 WAIS）、电子公告牌（Bulletin Board System，简称 BBS）、电子商务、博客、网络聊天、网络电话等。

6.3.1　WWW 服务

WWW（World Wide Web），有时也叫 Web，中文译名为万维网、环球信息网等。WWW 是以 HTML 语言与 HTTP 协议为基础，用超链接将 Internet 上的所有信息连接在一起，并使用一致的用户界面提供面向 Internet 服务的信息浏览系统。通过 WWW 可以访问文本、声音、图像、动画、视频、数据库等多种形式的信息。

1. HTTP 协议

WWW 所使用的协议是超文本传输协议（HyperText Transfer Protocol，简称 HTTP），HTTP 协议基于 TCP/IP 连接实现。WWW 服务器和客户端程序必须遵守 HTTP 协议的规定来通信。

2. URL

统一资源定位器（Uniform Resource Locator，简称 URL）是用于完整地描述 Internet 上网页和其他资源的地址的一种标识方法。URL 的格式如下（带方括号[]的为可缺省项）：

协议名：//主机地址[:端口号]/路径/文件名。

例如：http：//www.baidu.com/index.html
　　　ftp：//ftp.microsoft.com/
　　　mailto：lxs@gxtc.edu.cn

3．超文本（Hypertext）

WWW 将文本及语音、图形、图像和视频等多媒体元素组织成为一种超文本，其中的文字包含有可以链接到其他位置或者文件的超链接，可从当前浏览的文本直接切换到超文本链接所指向的位置。较常用的超文本的格式是 HTML 格式及富文本格式（Rich Text Format，简称 RTF）。用户上网所浏览的网页都属于 HTML 格式的超文本。

4．WWW 服务器

管理和运行 WWW 服务的计算机称为 WWW 服务器。WWW 由 Web 站点和网页组成。当 WWW 服务器通过 HTTP 协议接收到来自浏览器的访问请求时，WWW 服务器就通过 HTTP 协议把相应的网页传给浏览器，浏览器再按照 HTML 标准解释显示此网页。

5．浏览器

用户所用的浏览器为 WWW 的客户端程序，也称为 Web 浏览器。浏览器通过 HTTP 协议与 WWW 服务器相连接，浏览 Internet 上的网页。常用的浏览器有 IE9.0 浏览器、360 安全浏览器等。下面主要以 IE 浏览器为例，介绍在 Internet 中浏览 WWW 信息的有关操作。

（1）启动 IE

单击 Windows 7 桌面任务栏中的"Internet Explorer"快速启动图标，即可启动 IE。成功后出现预先设置的默认网站主页（Home Page）画面，如图 6-3-1 所示为进入预先设置的广西师范学院主页（http：//www.gxtc.edu.cn）画面。

图 6-3-1　广西师范学院主页

（2）浏览网页

在地址栏中输入相应网站的网址（URL），即可访问该网站。例如，在地址栏中输入 http：//www.baidu.com，回车，即可进入百度搜索主页。在浏览的网页中单击超链接也可以跳转浏览其他页面。

（3）使用收藏夹访问网页

将当前网页地址添加到收藏夹中，以后只需要单击收藏夹列表中的选项，就可以快速访问该网页而不必逐一搜索查找。

1）将网址添加到收藏夹：单击 IE 菜单栏的"收藏→添加到收藏夹"，在"添加到收藏夹"窗中单击"确定"按钮。

2）整理收藏夹：单击 IE 菜单栏的"收藏→整理收藏夹"，在"整理到收藏夹"窗中根据需要删除或移动收藏夹的网站标题。

3）通过收藏夹来访问网页：先单击 IE 工具栏上的"收藏夹"按钮，或单击 IE 菜单栏的"收藏"，再单击需要访问的网站标题。

（4）保存当前浏览的网页

单击 IE 菜单栏的"文件→另存为"，指定保存的文件名和保存类型，单击"保存"按钮，即可保存当前浏览的网页，如图 6-3-2 所示。有四种保存类型：1）网页，全部（*.htm；*.html）；2）Web 档案，单一文件（*.mht）；3）网页，仅 HTML（*.htm；*.html）；4）文本文件（*.txt）。可以根据需要选择其中一种。

图 6-3-2　保存当前浏览的网页

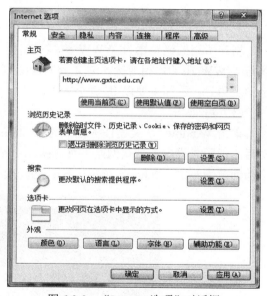

图 6-3-3　"Internet 选项"对话框

（5）保存当前浏览的网页的图片

1）保存图片：在网页的图片上右击鼠标，在弹出菜单选择"图片另存为"，然后选择保存位置和保存使用的文件名。

2）保存背景图：在网页的背景图片上右击鼠标，在弹出菜单选择"背景另存为"，然后选择保存位置和保存使用的文件名。

（6）Internet 选项设置

1）设置浏览器主页：单击 IE 菜单栏的"工具→Internet 选项→常规"选项卡，在"主页"区单击"使用当前页"按钮，可将当前正在浏览的网页（如：http://www.sina.com.cn/）设置为默认主页，如图 6-3-3 所示。

2）管理临时文件与历史记录。在图 6-3-3 的"浏览历史记录"区单击"删除"按钮，可分别将本机上的 Cookies 与 Internet 临时文件删除，以提高浏览速度。

在图 6-3-3 "历史记录"区中单击"清除历史记录"按钮，以清除本机上保存的浏览历史记录。在"历史记录"区中设置"网页保存在历史记录中的天数"，可设置为 0 天。

3）自动完成设置：单击 IE 菜单栏的"工具→Internet 选项→内容"选项卡，在"自动完成"区单击"设置"按钮，出现"自动完成设置"对话框，如图 6-3-4 所示，勾选"表单上的用户名和密码"、"在保存密码之前询问我"。这样做的目的是防止自动完成功能在用户访问以前访问的网站时保存用户的账号和口令等历史信息，并弹出提示信息，避免用户的账号和口令泄露。

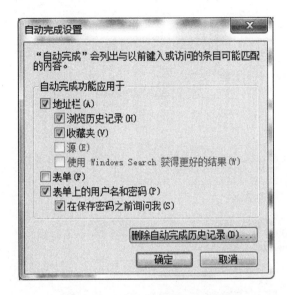
图 6-3-4 "自动完成设置"对话框

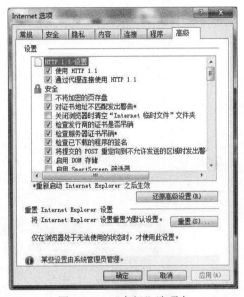
图 6-3-5 "高级"选项卡

4）高级设置：单击 IE 菜单栏的"工具→Internet 选项→高级"选项卡，将有关多媒体的设置如图 6-3-5 所示的复选项去掉，刷新当前浏览的网页，则网页上只显示文本。

在"高级"选项卡中单击"还原默认设置"按钮，再刷新当前浏览的网页，则网页显示恢复正常。

6.3.2 FTP 服务

FTP 服务允许 Internet 用户将本地计算机上的文件与远程计算机上的文件双向传输。使用 FTP 几乎可以传送所有类型的文件：文本文件、可执行文件、图像文件、声音文件、数据库文件等。互联网络上有许多公共 FTP 服务器，提供大量的最新的资讯和软件供用户免费下载。可以通过 URL 来访问 FTP 服务器来传输文件，也可以使用 FTP 工具来连接 FTP 服务器。FTP 工具有很多种，我们这里主要介绍简单易用的 FlashFXP 工具的使用。

（1）下载安装 FlashFXP 工具

在搜索引擎中搜索 FlashFXP 4.1.8 Buil，找到下载地址，下载并安装。

（2）新建 FTP 站点

单击"FlashFXP"菜单栏"站点→站点管理"打开站点管理器。然后点新建站点，输入站点名称，单击确定，如图 6-3-6 所示。编辑站点管理器里新建的站点的相关信息，包括站点名称、地址、用户名称、密码等。编辑完成，选择应用保存站点信息，点连接，FlashFXP 开始连接 FTP。如图 6-3-7 所示。

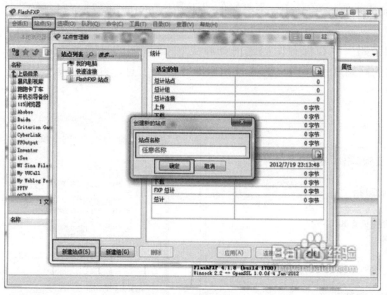

图 6-3-6 新建站点

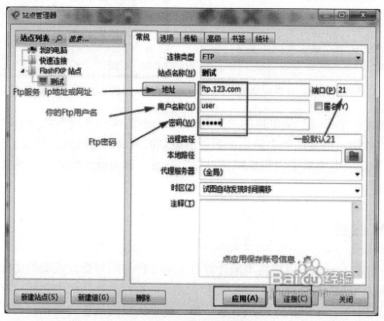

图 6-3-7 连接 FTP 服务器

（3）FTP 文件传输

连接 FTP 成功后，右侧窗口会显示 FTP 服务器（站点）目录。可以上传、下载、修改、删除 FTP 服务器（站点）中的内容，如图 6-3-8 所示。

图 6-3-8　FTP 文件传输

6.3.3　E-mail 服务

这是 Internet 上最常用的基本功能之一，通过电子信箱，世界各地的用户能够方便、快捷地收发电子邮件，及时获取信息。

收发电子邮件有两种方式：服务器端的浏览器方式和客户机端的专用软件方式。无论使用哪一种方式，用户都先登录提供电子邮件信箱服务的网站申请免费邮箱或付费邮箱，注册获取用户名和口令（密码）。

1）服务器端的浏览器方式（Web 方式）。用户在任何一台联网的计算机上启动浏览器，访问提供电子邮件服务的网站，在其登录界面输入自己的用户名和口令，就可使用网站提供的页面接收、书写、发送电子邮件。其优点是用户无需在客户机安装专用的软件，使用方便。缺点是本地机与服务器交换信息频繁，占用网络线路时间较多，容易受到网络阻塞的影响。

2）客户机端的专用软件方式（POP3 方式）。用户使用客户机上安装的专用电子邮件应用软件来接收、书写、发送电子邮件。这样的软件有 Foxmail、Outlook Express 等。其优点是书写、阅读邮件在本地机进行，占用网络线路时间较少，下载保存邮件方便。缺点是只有在安装了专用电子邮件应用软件的机器上才能使用。

下面以 Web 方式的 QQ 邮箱为例，介绍收发电子邮件的有关操作。

1. 建立电子邮箱

在邮件服务器为注册用户建立一个账户，留出一定的存储空间来存储邮件，这个工作称为建立电子邮箱。电子邮件地址的格式如下：

用户名@邮件服务器名。

用户名可以自己设定，邮件服务器名由服务提供商提供。如：abc@qq.com。

在 Internet 上，有许多 ISP 提供免费电子邮箱服务，提供免费邮件服务的网站也很多，

图 6-3-9 邮箱登录

如 163 网易免费邮箱（Email.163.com）、126 网易免费邮箱（www.126.com）、网易免费邮箱（www.yeah.net）、新浪免费邮箱（mail.sina.com.cn）、QQ 邮箱（mail.qq.com）等，用户可以从中挑选邮箱存储空间大、服务质量好、网速快的网站进行申请。因此，我们需要申请注册 QQ 邮箱账户，后者使用我们的 QQ 号登录邮箱。如图 6-3-9 所示。

2．收发邮件

在 QQ 邮箱的界面中，单击"写信"按钮，进入邮件发送编辑界面如图 6-3-10 所示。在"收件人"输入框中填写收件人的邮箱地址，在"主题"输入框中填写邮件主题，以及在"正文"部分输入邮件的主要内容，最后单击"发送"按钮，就完成了邮件发送。如图 6-3-11 所示。

图 6-3-10 邮件发送编辑界面

图 6-3-11 发送邮件

在 QQ 邮箱的界面中，单击"收信"或者"收件箱"，就可以查看所有邮件列表，单击具体的邮件主题，可以查看详细邮件内容。依次，在 Web 形式的 QQ 邮箱中还可以进行邮件的删除、转发等。

6.3.4 即时通信服务

即时通信（Instant Messaging，简称 IM）是一个终端服务，允许两人或多人使用网路即时的传递文字信息、档案、语音与视频交流。即时通信按使用用途分为企业即时通信和网站即时通信，根据装载的对象又可分为手机即时通信和 PC 即时通信，手机即时通信代表是短信，网站、视频即时通信。即时通信是目前 Internet 上最为流行的通信方式，各种各样的即时通信软件也层出不穷；服务提供商也提供了越来越丰富的通信服务功能。

其中广泛使用的即时通信软件有 QQ、微信、YY 语音等个人即时通信和以阿里旺旺、MSN 为代表的商务即时通信。下面，我们主要介绍 QQ 即时通信的常用操作。

1．视频会议

如果对谈话内容安全性、会议质量、会议规模没有要求，可以采用如腾讯 QQ 这样的视频软件来进行视频聊天。而政府机关、企业事业单位的商务视频会议，要求有稳定安全的网络、可靠的会议质量、正式的会议环境等条件，则需要使用专业的视频会议设备，组建专门的视频会议系统。由于这样的视频会议系统都要用到电视来显示，也被称为电视会议、视讯会议。下面介绍通过 QQ 视频可以实现两个或者多个地点的人们面对面的交谈会议。

打开需要视频对话的好友窗口，单击"发起视频通话"图标（如图 6-3-12 所示），等待对方的接受邀请后，就可以进行两个人的视频会议了。

在 QQ 群中开启"群视频"，可以实现多人不同地点的视频会议。通过单击"群应用"中的群视频，打开群视频界面。如图 6-3-13 所示。

图 6-3-12　QQ 视频通话

图 6-3-13　QQ 群视频

2．远程协助

当遇到问题需要请求他人远程帮助的时候，就常常使用到远程协助功能。如果单独设置远程桌面链接比较麻烦，而且受到不同网络的限制。然而通过 QQ 的远征桌面就可以避免这些麻烦，只需要远征的双方联网登录 QQ 就可以实现。通过邀请他人远程协助自己完成无法解决的难题。通过单击好友窗口的"远程桌面"旁的下拉三角形，选择需要的操作；"请求控制对方电脑"或"邀请对方远程协助"，等待对方接受，就可以实现远程桌面了。如图 6-3-14 所示。

图 6-3-14　QQ 远程桌面

6.3.5　搜索引擎服务

搜索引擎服务（Search Engine）是指根据一定的策略、运用特定的计算机程序从互联网上搜集信息，在对信息进行组织和处理后，为用户提供检索服务，将用户检索相关的信息展示给用户的系统。搜索引擎包括全文索引、目录索引、元搜索引擎、垂直搜索引擎、集合式搜索引擎、门户搜索引擎与免费链接列表等。其中搜索引擎的代表有谷歌、百度、好搜等。

1．搜索技巧

在搜索引擎中输入关键词，然后单击"搜索"，系统很快会返回查询结果，这是最简单的查询方法，使用方便，但是查询的结果却不准确，可能包含着许多无用的信息。因此常常会使用一些分词方法和搜索技巧。

使用双引号（""）可以精确搜索。给要查询的关键词加上双引号（半角，以下要加的其他符号同此），可以实现精确的查询，这种方法要求查询结果要精确匹配，不包括演变形式。例如在搜索引擎的文字框中输入"电传"。

使用加号（+）可以多关键词搜索。在关键词的前面使用加号，也就等于告诉搜索引擎该单词必须出现在搜索结果中的网页上，例如，在搜索引擎中输入"+电脑+电话+传真"就表示要查找的内容必须要同时包含"电脑、电话、传真"这三个关键词。

使用减号（-）可以将减少关键词筛选。在关键词的前面使用减号，也就意味着在查询结果中不能出现该关键词，例如，在搜索引擎中输入"电视台—中央电视台"，它就表示最后的查询结果中一定不包含"中央电视台"。

2. 使用逻辑检索

所谓逻辑检索，又称布尔检索，是指通过标准的布尔逻辑关系来表达关键词与关键词之间逻辑关系的一种查询方法，这种查询方法允许我们输入多个关键词，各个关键词之间的关系可以用逻辑关系词来表示。

And/Or/Not（与/或/非）的使用。用 And 连接关键词，表示同时满足多个关键词条件；用 Or 连接关键词，表示满足其中一个关键词条件；用 Not 连接关键词，表示从前一个关键词中排除后一个关键词的结果，类似使用减号（-）搜索。

3. 以图搜图

以图搜图，是通过搜索图像文本或者视觉特征，为用户提供互联网上相关图形图像资料检索服务的专业搜索引擎系统，是搜索引擎的一种细分，通过上传与搜索结果相似的图片或图片 URL 进行搜索。下面介绍百度的以图搜图相关操作。

在"百度图片"首页，如图所示位置单击一个类似于未打开图片的图标。这样就打开了"百度识图"的界面。如图 6-3-15 所示。

图 6-3-15　打开百度识图

在百度识图界面，你可以复制并粘贴你想要查询的图片的网址或者从你的电脑上传一张图片查询源。最后单击搜索即可完成图片搜索。如图 6-3-16 所示。

图 6-3-16　百度识图界面

6.3.6　文献检索

文献检索（Information Retrieval）是指根据学习和工作的需要获取文献的过程，随着现代网络技术的发展，文献检索更多是通过计算机技术来完成。常用的文献检索工具有美国《科学引文索引》（SCI）、美国工程信息公司出版的著名工程技术类综合性检索工具（EI）、中国知网（CNKI）以及维普网等。下面根据我校图书馆资源，介绍文献检索相关操作。

1. 馆藏图书目录检索

访问广西师范学院图书馆主页 http：//lib.gxtc.edu.cn/，在馆藏目录栏，输入关键词，单击"搜索"就可以得到我校图书馆藏信息。或者进入广西师范学院图书馆书目检索系统（http：//210.36.84.33：8080/opac/search.php），在简单检索中，选择相应的检索项，并输入关键词，即可检索到所需馆藏目录信息。如图 6-3-17 所示。

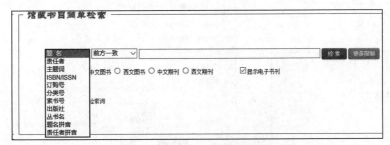

图 6-3-17　图书馆藏信息检索

2. CNKI 文献检索

广西师范学院图书馆的中文数据库有很多，比较常用的有 CNKI 硕博学位论文库、CNK 期刊全文库等。在日常学习使用中，我们常常需要检索一些比较具有参考价值的文章，如核心期刊、南大核心期刊等。下面介绍如何在 CNKI 中检索到核心期刊。

单击"CNKI 中国期刊全文数据库"，进入期刊数据库检索界面。选择检索项，如选择"篇名"，并将检索的关键词填写在输入框中，如果需要多条件检索，可以单击"输入检索条件"下的"+"号按钮，添加多个检索条件，最后在"来源类别"中勾选"核心期刊"或者"CSSCI"（南大核心期刊）。就可以检索到我们所需的核心文献。如图 6-3-18 所示。

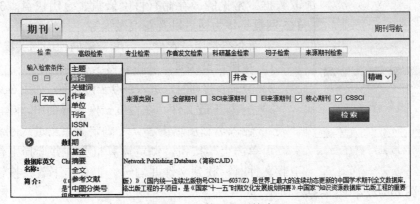

图 6-3-18　核心期刊检索

3. 图书馆文献传递

当急需某一本图书的部分资料，然而网络搜索却没有相应电子图书的时候怎么处理呢？

以读秀网为例，免费得到某图书的部分电子资料。通过广西师范学院图书馆，单击"读秀"，进入读秀网搜索界面。这里选择"图书"并输入关键词检索，单击所得到的结果项，进入图书详细面板，在图书详细界面的右上角有获取此书"图书馆文献传递"如图 6-3-19 所示。单击就可以进入"广西地区文献资源共享与服务平台"，填写相应信息，即可得到部分电子图书资料。如图 6-3-20 所示。

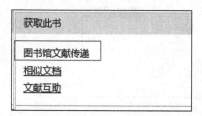

图 6-3-19　图书馆文献传递

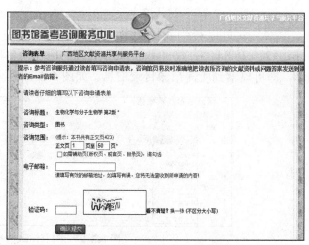

图 6-3-20　资源共享与服务平台

6.3.7　网络存储（云存储）

网络存储，或者云存储是在云计算（Cloud Computing）概念上延伸和发展出来的一个新的概念，是一种新兴的网络存储技术，是指通过集群应用、网络技术或分布式文件系统等功能，将网络中大量各种不同类型的存储设备通过应用软件集合起来协同工作，共同对外提供数据存储和业务访问功能的一个系统。使用者可以在任何时间、任何地方，透过任何可连网的装置连接到云上方便地存取数据。常见的云存储有百度云盘、金山快盘、360 云盘、115 网盘、华为网盘以及新浪微盘等。

下面介绍常用云存储，百度云盘的使用相关操作。

1）注册百度账号，获得百度云盘使用。

2）登录百度账号，进入百度云盘界面。如图 6-3-21 所示。

3）上传/下载文件。在百度云网盘界面中，单击"新建文件夹"，输入名称后单击"√"确定。单击进入刚新建的文件夹，再单击上传按钮，浏览计算机文件并选择上传。当需要下载文件时，找到文件并勾选，再单击下载"按钮"即可完成下载。如图 6-3-22 和图 6-3-23 所示。

图 6-3-21　百度云网盘登录

图 6-3-22　百度云网盘上传文件

图 6-3-23　百度云网盘文件下载

6.3.8 博客和微博

博客，正式名称为网络日志，是一种通常由个人管理、不定期张贴新的文章的网站。博客就是以网络作为载体，简易迅速便捷地发布自己的心得，及时有效轻松地与他人进行交流，再集丰富多彩的个性化展示于一体的综合性平台。博客是继 Email、BBS、ICQ 之后出现的第四种网络交流方式，至今已十分受大家的欢迎，是网络时代的个人"读者文摘"，是以超级链接为武器的网络日记，代表着新的生活方式和新的工作方式，更代表着新的学习方式。比较广泛使用的有新浪、网易等博客。如图 6-3-24 所示。

图 6-3-24　个人博客界面

微博，即微型博客的简称，也即是博客的一种，是一种通过关注机制分享简短实时信息的广播式的社交网络平台。微博是一个基于用户关系信息分享、传播以及获取的平台。用户可以通过 WEB、WAP 等各种客户端组建个人社区，以 140 字（包括标点符号）的文字更新信息，并实现即时分享。较为著名的微博有新浪微博、腾讯微博等。如图 6-3-25 所示。

图 6-3-25　个人微博界面

6.4 无 线 网 络

6.4.1 无线网络概述

无线网络（Wireless Network）是采用无线通信技术实现的网络。无线网络既包括允许用户建立远距离无线连接的全球语音和数据网络，也包括为近距离无线连接进行优化的红外线技术及射频技术，与有线网络的用途十分类似，最大的不同在于传输媒介的不同，利用无线电技术取代网线，可以和有线网络互为备份。主流应用的无线网络分为通过公众移动通信网实现的无线网络（如4G、3G或GPRS）和无线局域网（WLAN）两种方式。

由于无线局域网（WLAN）具有易安装、易扩展、易管理、易维护、高移动性、保密性强、抗干扰等特点，因而各团体、企事业单位广泛地采用了 WLAN 技术来构建其办公网络。1990 年 IEEE802 标准化委员会成立 IEEE802.11WLAN 标准工作组，随后 WLAN 技术得到了快速的发展。

6.4.2 无线通信技术

无线通信（Wireless Communication）是利用电磁波信号可以在自由空间中传播的特性进行信息交换的一种通信方式。无线通信主要包括微波通信和卫星通信，其中微波通信有蓝牙、Wi-fi 以及红外线等。

蓝牙技术（Bluetooth）是一种无线技术标准，可实现固定设备、移动设备和楼宇个人域网之间的短距离数据交换（使用 2.4～2.485GHz 的 ISM 波段的 UHF 无线电波）。蓝牙的波段为 2400～2483.5MHz（包括防护频带）。这是全球范围内无需取得执照（但并非无管制的）的工业、科学和医疗用（ISM）波段的 2.4 GHz 短距离无线电频段。蓝牙存在于跟多产品中，如电话、平板电脑、媒体播放器、机器人系统、手持设备、笔记本电脑、游戏手柄以及一些高音质耳机、调制解调器、手表等。蓝牙技术在低带宽条件下临近的两个或多个设备间的信息传输十分有用。蓝牙常用于电话语音传输（如蓝牙耳机）或手持计算机设备的字节数据传输（文件传输）。

Wi-fi 也称为无线保真，是一种可以将个人电脑、手持设备（如平板电脑、手机）等终端以无线方式互相连接的技术，事实上它是一个高频无线电信号。"无线保真"是一个无线网络通信技术的品牌，由 Wi-fi 联盟所持有。目的是改善基于 IEEE 802.11 标准的无线网路产品之间的互通性。虽然由无线保真技术传输的无线通信质量不是很好，数据安全性能比蓝牙差一些，传输质量也有待改进，但传输速度非常快，可以达到 54Mbps，符合个人和社会信息化的需求。无线保真最主要的优势在于不需要布线，可以不受布线条件的限制，因此非常适合移动办公用户的需要，并且由于发射信号功率低于 100mw，低于手机发射功率，所以无线保真上网相对是最安全健康的。

6.4.3 无线局域网

无线局域网络英文全名：Wireless Local Area Networks，简写为：WLAN。无线局域网的网络标准主要采用 802.11 协议族。使用不必授权的 ISM 频段中的 2.4GHz 或 5GHz 射频波段进行无线连接。目前已被广泛应用于家庭、企业作为 Internet 接入热点。

1．802.11 协议族所逐步实现的物理速率

1999 年，802.11 的基础协议完成了 WLAN 的基本架构定义，并定义了两种调制模式和速率，为 WLAN 提供了 1Mbps 和 2Mbps 的物理接入速率。

1999 年，802.11b 协议直接致力于物理速率的提升，在 802.11 的基础上提出了"High Rate"的概念，通过调试模式 CCK，将 WLAN 的最大物理接入速率从 2Mbps 直接提升到 11Mbps。

1999 年，802.11a 的问世一方面跳出了原来 2.4GHz 频段的限制为 WLAN 应用争取了更多的空间媒介资源（5GHz 的三段频点，可以提供多达十三个不重叠的工作信道），另外一方面则通过 OFDM 调制模式又一次将物理速率提升到了 54Mbps。如果单单从数据的传输速率角度，该物理速率已经是一个骄人的成绩，在当时一定程度上可以和以太网网络进行比较和抗衡。

2003 年，OFDM 调制模式引入到 2.4GHz 推出了 802.11g 协议，该协议在 802.11b 的基础上扩充支持了 OFDM 调制模式，使得 WLAN 在 2.4GHz 上也能够实现 54Mbps 的物理传输速率。802.11g 并没有为 WLAN 协议的物理速率的提升，而只是对于已有技术的扩展应用。

2009 年，在长达 10 年的沉默后，802.11n 协议的推出重新对 WLAN 物理速率进行了一次洗牌。引入了 MIMO 技术、实现了两个信道的捆绑使用，甚至对信号间隔调整，将 WLAN 的物理传输速率推到了 300Mbps，特别在三条流的基础上可以达到 450Mbps 的物理速率。

2．无线局域网的组建

简单的家庭无线局域网的组建，只需要一台价格便宜家用型无线路由器作为接入点（AP），即可方便地将手机、笔记本、平板等设备进行无线接入。网络连接方式如图 6-4-1 所示。

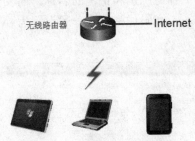

图 6-4-1　无线局域网示意图

家用型无线路由器在使用前一般要先进行基本的网络和安全设置，下面我们介绍无线路由器的基本操作：

1）接通无线路由器的电源以及网口（用于连接 Internet）网线，然后从缆口接一根网线连通到电脑。查看无线路由器的设备标签，获知设备的管理地址和管理账号（多数路由器会使用 192.168.1.1 作为管理地址），将计算机的 IP 地址设置为与此管理地址同网段，如 192.168.1.2，子网掩码 255.255.255.0，通过浏览器访问路由器管理地址，如果设置正确，会出现登录界面，如

图 6-4-2 所示，根据提示输入用户名和密码，就可以登录到路由器 Web 管理界面。

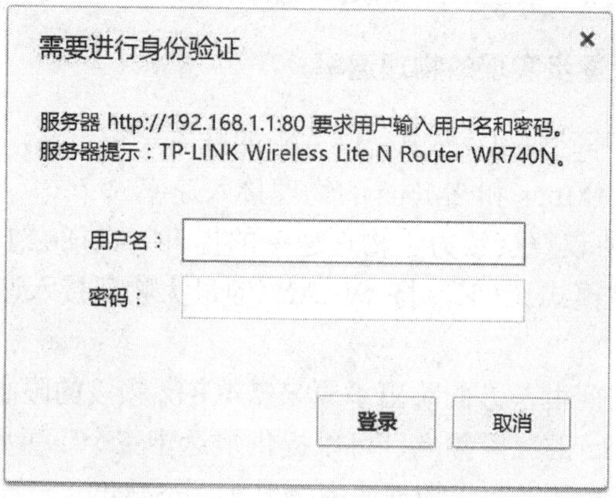

图 6-4-2　无线路由器登录

2）选择上网方式并填写上网账号和密码。一般有三种上网方式：PPPoE 是以拨号方式上网（从电信、移动等 ISP 申请的宽带一般使用此方式），需要填写上网账号和密码；动态 IP，即无需填写 IP 地址，上层有 DHCP 服务器，一般电脑直接插上网络就可以用；静态 IP，则需要填写对应的 IP 地址、DNS 服务器地址等网络信息，一般是专线网络类或者小区带宽等。操作界面类似图 6-4-4。

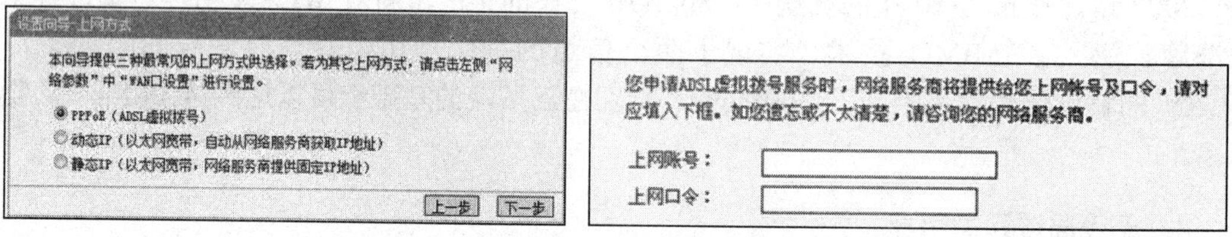

图 6-4-4　上网参数设置

3）路由器无线设置。无线参数的设置主要有 SSID 和安全设置。其中，SSID 就是 wi-fi 接入点的名称，最好设置为一个容易识别和记忆的名称，而安全设置则是为接入的设置一个密码，防止未经允许的设备接入，密码加密方式一般设置为 wpa-psk/wpa2-psk。操作界面类似图 6-4-5 所示。

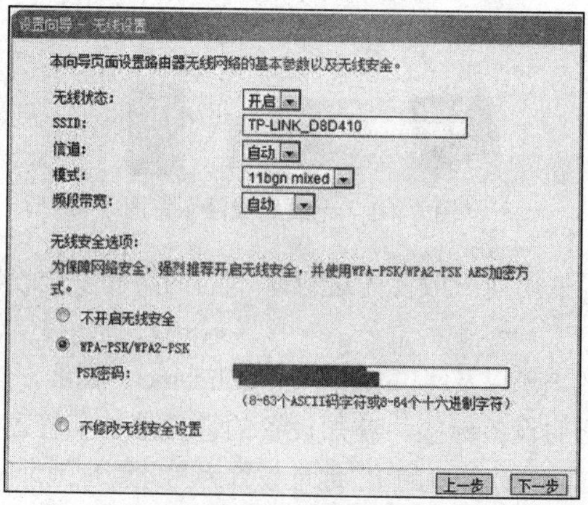

图 6-4-5　无线设置

6.5 网络与信息安全

网络作为信息的载体,当今社会的信息化高速公路,维护网络系统的硬件、软件以及网络系统中的数据越发显得重要。同时信息安全技术作为合理、安全地使用信息资源的有效手段,正受到世界各国的广泛重视。世界上经济越发达、综合国力越强的国家对信息安全技术越重视。计算机作为采集、加工、存储、传输、检索及共享等信息处理的重要工具,被广泛应用于信息社会的各个领域。因此,计算机网络与信息安全显得尤为重要。

6.5.1 网络安全概述

网络安全是指网络系统的硬件、软件及其系统中的数据受到保护,不因偶然的或者恶意的原因而遭受到破坏、更改、泄露,系统连续可靠正常地运行,网络服务不中断。网络安全主要特性有保密性、完整性、可用性、可控性和可审查性。网络安全体系主要包括访问控制、检查安全漏洞、攻击监控、加密通讯、认证以及备份和恢复,具体如下:

1)访问控制主要实现控制特定网段的访问和服务的建立,将绝大多数攻击阻止在到达攻击目标之前。

2)检查安全漏洞,则是通过对安全漏洞的周期检查,即使攻击可到达攻击目标,也可使绝大多数攻击无效。

3)攻击监控,要通过对特定网段、服务建立的攻击监控体系,可实时检测出绝大多数攻击,并采取相应的行动(如断开网络连接、记录攻击过程、跟踪攻击源等)。

4)加密通信,也就是主动的加密通信,可使攻击者不能了解、修改敏感信息。

5)认证加密,建立良好的认证体系可防止攻击者假冒合法用户,如校园的 AAA 登录认证。

6)最后建立良好的备份和恢复机制,即使当攻击造成损失时,也可尽快地恢复数据和系统服务。

6.5.2 防火墙技术

使用广泛的网络安全技术是防火墙(Firewall)技术,即在 Internet 和内部网络(Internal Network)之间设置一个网络安全系统。

在古代,人们在木制结构房屋之间用坚固的石块堆砌一道墙作为屏障,当火灾发生时可以防止火灾的蔓延,从而达到保护自己的目的,这道墙被称为防火墙。在当今的电子信息世界里,人们借助这个概念,使用防火墙来保护计算机网络免受非授权人员的骚扰与黑客的入侵。不过这些防火墙是由先进的计算机系统构成的。

1. 什么是防火墙

防火墙是一种特殊网络互联设备,用来加强网络之间访问控制,对两个或多个网络之间的连接方式按照一定的安全策略来实施检查,以决定网络之间的通信是否被允许,并监视网络运行状态。通常防火墙由一组硬件设备和相关的软件构成。硬件可能是一台路由器或一台普通计算机，更多的情况下可能是一台专用计算机。这台计算机控制受保护区域访问者的出入，为墙内的部门提供安全保障。如图 6-5-1 所示。当然，防火墙必须依靠在具体网络系统中实施安全控制策略的软件。这些软件具有网络连接、数据转发、数据分析、安全检查、数据过滤和操作记录等功能。

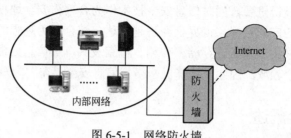

图 6-5-1　网络防火墙

2．防火墙的作用

1）防火墙能有效地记录因特网上的活动，并提供网络是否受到监测和攻击的详细信息。

2）防火墙可以强化网络安全策略。

3）防止内部信息的外泄。

4）支持具有 Internet 服务特性的企业内部网络技术体系 VPN（虚拟专用网）。

5）数据安全与用户认证、防止病毒与黑客侵入等。

3．个人防火墙应用案例

用户为了保护计算机，可以在计算机中安装杀毒软件和防火墙软件。通常设置防火墙的方法有两种：

（1）使用 Windows 7 自带的 Windows 防火墙

Windows 防火墙可以阻止未授权用户通过 Internet 或其他网络访问用户的计算机，或者阻止用户计算机访问 Internet。可以为用户的电脑提供一定的安全保护。

在安装 Windows 7 操作系统时，系统会按照默认值设置好 Windows 防火墙；用户安装应用软件时，系统会提示用户，并根据用户的回答来设置好 Windows 防火墙。

单击"开始"→"控制面板"→"系统和安全"→"Windows 防火墙"，出现如图 6-5-2 所示的"Windows 防火墙"窗口。

通过在以上对话框左上部分的"打开或关闭 Windows 防火墙"可以对 Windows 防火墙进行控制。由图 6-5-2 也可以看到 Windows 7 防火墙可分别对"公用"和"家庭或工作（专用）网络"进行设置。上图中两个类型的网络连接均已启用防火墙。用户可以单击"允许程序或功能通过 Windows 防火墙"根据需要决定允许哪些程序或功能通过防火墙。

若要将 Windows 防火墙设置恢复为系统默认值，则在以上对话框左侧单击"还原默认设置"。

（2）使用专用的防火墙软件

在开启 Windows 防火墙的同时，还可以再使用某种专用的防火墙软件来保护计算机，如集成在 360 安全卫士中的 360 木马防火墙。用户在安装 360 安全卫士时，该软件会根据计算机的联网情况自动设置好防火墙。启动 Windows 7 时，360 木马防火墙也会启动，对计算机进行安全保护。

图 6-5-2 "Windows 防火墙"窗口

右击任务栏上"360 安全卫士"图标,选择进入"木马防火墙",出现如图 6-5-3 所示的窗口,显示 360 木马防火墙的工作状态。用户可根据需要,单击"设置"、"入口防御"等按钮,分别进行相关设置。

图 6-5-3 360 木马防火墙

6.5.3 信息时代的信息安全

信息安全是指信息系统(包括硬件、软件、数据、人、物理环境及其基础设施)受到保护,不受偶然的或者恶意的原因而遭到破坏、更改、泄露,系统连续可靠正常地运行,信息服务不中断,最终实现业务连续性。计算机信息安全技术分两个层次,第一层次为计算机系统安全，第二层次为计算机数据安全。针对两个不同层次，可以采取相应的安全技术。

1. 系统安全技术

系统安全技术可分成两个部分，物理安全技术和网络安全技术。物理安全是计算机信息安全的重要组成部分。物理安全技术研究影响系统保密性、完整性、可用性的外部因素和应采取的防护措施。

通常采取的措施有：1）减少自然灾害（如火灾、水灾、地震等）对计算机硬件及软件资源的破坏。2）减少外界环境（如温度、湿度、灰尘、供电系统、外界强电磁干扰等）对计算机系统运行可靠性造成的不良影响。3）减少计算机系统电磁辐射造成的信息泄露。4）减少非授权用户对计算机系统的访问和使用等。

2. 数据安全技术

由于计算机系统的脆弱性及系统安全技术的局限性，要彻底消除信息被窃取、丢失或其他有关影响数据安全的隐患，还需要寻找一种保证计算机信息系统的数据安全技术。对数据进行加密，即所谓密码技术，正是这种保证数据安全行之有效的方法。在计算机信息安全中，密码学主要用于数据加密。在计算机网络内部及各网络间通信过程中，为了保证通信保密，可采用密码编码技术。

（1）加密和解密

1）加密就是指对数据进行编码，使其看起来毫无意义，同时仍保持其可恢复的形态。

加密算法：在加密过程中使用的规则或者数学函数。

密钥：在加密过程中使用的加密参数。

密文：加密后的数据。

明文：加密前的数据。

如果密文被别人窃取了，因为窃取者没有密钥而无法将之还原成原始未经加密的数据，无法识别，从而保证了数据的安全；接收方因为有正确的密钥，因此可以将密文还原成正确的明文。可以说，加密技术是计算机通信网络最有效的安全技术之一。

2）加密的逆过程称为解密。解密就是从密文恢复为明文的过程。

要对一段加密的信息进行解密，需要具备两个条件：一个是需要知道解密规则或者解密算法，另一个是需要知道解密的密钥。加密和解密的过程如图6-5-4所示。

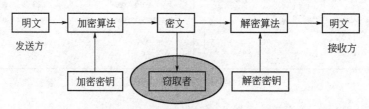

图 6-5-4 加密和解密的过程示意图

（2）加密算法

按收发双方密钥是否相同来分类，加密算法分为两类：对称加密算法和非对称加密算法。

1）对称加密算法。在对称加密算法体制中，收信方和发信方使用相同的密钥，如图 6-5-5 所示。即对信息的加密密钥和解密密钥都是相同的，也就是说一把钥匙开一把锁。

对称加密体制不仅可用于数据加密，也可用于消息认证。使用最广泛的是 1977 年美国国家标准局颁布的由 IBM 公司提出的美国数据加密标准 DES（Data Encryption Standard）。

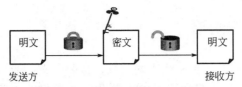

图 6-5-5　对称加密算法示意图

2）非对称加密算法。在非对称加密算法中，收信方和发信方使用的密钥各不相同，如图 6-5-6 所示，而且几乎不可能从公开密钥（加密密钥）推导出私有密钥（解密密钥）。公开密钥用于加密，私有密钥用于解密，公开密钥公之于众，谁都可以用，私有密钥只有解密人自己知道。

非对称加密方式可以使通信双方无需事先交换密钥就可以建立安全通信，它广泛应用于身份认证、数字签名等信息交换领域。

迄今为止的所有公钥密码体系中，RSA 系统是最著名、最广泛使用的一种。它是由美国麻省理工学院的三位年轻博士 Ronald L·Rivest、Adi Shamir 和 Leonard Adleman 于 1977 年提出的，故取名为 RSA。

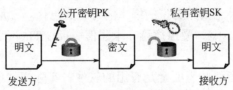

图 6-5-6　非对称加密算法示意图

（3）密码的使用和设置方法

这里的"密码"是指用户的口令（Password）。以下是创建有效密码的一些常用规则：

有效密码不能太短，应有一定的长度，但又不能太长，以免记不住。如：密码只有三个字符则太过于简单。

以合理的方式使用特殊字符、中文、大写字母和数字。

以下是设置有效密码的具体办法：

1）中文密码混合法。

可在密码中使用中文。例如："我赢了 2008 年奥运"。这种密码设置方法最有利之处在于目前国外的破译程序都不支持双字节的中文，因此可以把中文混进密码中，以增加破译的难度。例如：Goodboy 哈有[6667]。

2）使用特殊键和特殊字符。例如，使用"Ctrl+H"组合键在密码前面加一个控制符。这种方法是很复杂的，一般很难破译。使用像"#"或"%"这样的特殊字符也会增加密码的复杂性。采用"money"一词，在它后面添加"#"（money#），这就是一个相当有效的密码。可以用数字或符号替换单词。例如，假设"$"符号相当于"money"一词，那么，可以将"$"代替 money，生成密码"Ilove$"。这是一个容易记忆却又难以破译的密码。

3）使用复合键。复合键是指常用的三个键："Shift"、"Ctrl"和"Alt"。在设置密码时，当输入到一定位数时，用手指按着其中一个键，例如"Shift"，输入密码后，再放开。这种办法有一个好处，就是按下的复合键不容易被发现。

4）间隔法。例如，!Q1E9T9U9O，生成方法是取键盘上的间隔的几个字母 QETUO，再将有序的数字 1999 拆开逐个插入。然后再在前面或者任何一个地方再加一个符号。

6.5.4 计算机病毒与防治

在网络日益发达的今天，计算机病毒的蔓延、威胁和破坏能力与日俱增，所以了解进而防范计算机病毒尤为重要。根据《中华人民共和国计算机信息系统安全保护条例》，病毒（Computer Virus）的明确定义是"指编制或者在计算机程序中插入的破坏计算机功能或者破坏数据，影响计算机使用，并且能够自我复制的一组计算机指令或者程序代码"。下面是计算机病毒的两个例子。

（1）蠕虫病毒

蠕虫（Worm）也可以算是病毒中的一种，但是它与普通病毒有着很大的区别。一般认为：蠕虫是一种通过网络传播的恶性病毒，它具有病毒的一些共性，如传播性、隐蔽性、破坏性等，同时具有自己的一些特征，如不利用文件寄生（有的只存在于内存中），对网络造成拒绝服务以及和黑客技术相结合，等等。蠕虫病毒的传染目标是因特网内的所有计算机。电子邮件、网络中的恶意网页、大量存在着漏洞的服务器、局域网条件下的共享文件夹等，都是蠕虫传播的良好途径。蠕虫病毒可以在几个小时内蔓延全球，而且蠕虫的主动攻击性和突然爆发性会使得人们束手无措。典型的蠕虫病毒有红色代码、尼姆达、SQL SLAMMER、冲击波、威金、Sasser、Blaster、爱虫病毒、求职信病毒、iPhone 蠕虫病毒等。

（2）特洛伊木马病毒

所谓的特洛伊木马是指那些表面上是有用的软件、实际却是危害计算机安全并导致严重破坏的计算机程序。它是具有欺骗性的文件，是一种基于远程控制的黑客工具，具有隐蔽性和非授权性的特点。木马主要以窃取用户相关信息为主要目的。一旦中了木马，你的系统可能就会门户大开，毫无秘密可言。特洛伊木马与其他病毒的重大区别是不具有传染性，它并不能像病毒那样复制自身，也并不"刻意"地去感染其他文件，它主要通过将自身伪装起来，吸引用户下载执行。典型的特洛伊木马有灰鸽子（Hack.Huigezi）、网银大盗、犇牛、机器狗、扫荡波、磁碟机等。

1. 计算机病毒的特点

当前流行的计算机病毒主要由三个模块构成：即病毒安装模块（提供潜伏机制）、病毒传染模块（提供再生机制）和病毒激发模块（提供激发机制）。病毒程序的构成决定了病毒的特点。

计算机病毒的特点主要有：

（1）传染性

传染性是计算机病毒的重要特性。计算机系统一旦接触到病毒就可能被传染。用户使用带病毒的计算机上网操作时，网络中的计算机均有可能被传染病毒，且病毒传播速度极快。

（2）隐蔽性

计算机病毒在发作前，一般隐藏在内存（动态）或外存（静态）之中，难以被发现，体现出隐蔽性较强的特性。

（3）潜伏性

一些编制巧妙的病毒程序，可以在合法文件或系统备份设备内潜伏一段时间而不被发现。在此期间，病毒实际上已经逐渐繁殖增生，并通过备份和副本传染到其他系统上。

（4）可激发性

在一定的条件下，可使病毒程序激活。根据病毒程序制作者的设定，某个时间或日期、特定的用户标识符的出现、特定文件的出现或使用、用户的安全保密等级或者一个文件使用的次数等，都可使病毒被激活并发起攻击。

（5）破坏性

计算机病毒的主要目的是破坏计算机系统，使系统资源受到损失、数据遭到破坏、计算机运行受到干扰，严重的甚至会使计算机系统瘫痪，造成严重的破坏后果。

2. 计算机病毒的分类

按照不同的划分标准，计算机病毒可以大概分为以下几类：

（1）按破坏性划分

良性病毒：此类病毒不直接破坏计算机的软、硬件，对源程序不做修改，一般只是进入内存，侵占一部分内存空间。病毒除了传染时减少磁盘的可用空间和消耗 CPU 资源之外，对系统的危害较小。

恶性病毒：这类病毒可以封锁、干扰和中断输入、输出，甚至中止计算机运行。这类病毒给计算机系统造成严重的危害。

极恶性病毒：可以造成系统死机、崩溃，可以删除普通程序或系统文件并且破坏系统配置，导致系统无法重启。

灾难性病毒：这类病毒破坏分区表信息和主引导信息，删除数据文件，甚至破坏CMOS、格式化硬盘等。这类病毒会引起无法预料的、灾难性的破坏。

（2）按传染方式划分

引导型病毒：此类病毒攻击目标首先是引导扇区，它将引导代码链接或隐藏在正常的代码中。每次启动时，病毒代码首先执行，获得系统的控制权。由于引导扇区的空间太小，病毒的其余部分常驻留在其他扇区，并将这些空间标识为坏扇区。待初始引导完成后，跳到另外的驻留区继续执行。

文件型病毒：此类病毒一般只传染磁盘上的可执行文件（.COM 和.EXE）。在用户调用染毒的可执行文件时，病毒首先被运行，然后病毒体驻留内存并伺机传染其他文件或直接传染其他文件。其特点是附着于正常程序文件中，成为程序文件的一个外壳或部件。例如：CIH 病毒就是一种文件型病毒，千面人病毒（Polymorphic /Mutation Virus）是一种高级的文件型病毒。

混合型病毒：这类病毒兼有以上两种病毒的特点，既感染引导区又感染文件。

3. 计算机病毒的防治

（1）计算机病毒的传染途径

1）通过网络传染。这是最普遍的传染途径。一方面是单机用户使用带有病毒的计算机上网，使网络染上病毒，并传染到其他网络用户；另一方面是网络用户上网时计算机被感染病毒。

2）通过光盘和 U 盘传染。当使用带病毒的光盘和 U 盘运行时，首先机器（如硬盘及内存)被感染病毒,并传染给未被感染的 U 盘。这些染上病毒的光盘和 U 盘再在别的计算机上使用,就会造成病毒扩散。

3)通过硬盘传染。如:机器维修时装上本身带病毒的硬盘或使用带有病毒的移动硬盘。

4)通过点对点通信系统和无线通道传播。据报道,近期在中国 Android 市场中又发现一种新的病毒,这款被称为短信僵尸病毒(英文名:Trojan SMSZombie)的恶意应用能进行大量涉及支付的恶意操作,对 Android 智能手机用户来说具有极大威胁。 "短信僵尸病毒"对于网银的攻击方式不是直接攻击网银系统,而是间接攻击,当病毒拦截到含有"转、卡号、姓名、行、元、汇、款"等内容的短信时,就会删除这条短信,并把原短信中的收款人账号改成病毒作者的,再将伪造过的短信发到中毒手机。短信僵尸病毒还具有后门程序的功能,可通过更新指令篡改短信内容,从而使病毒的危险性倍增。

(2)计算机病毒的症状

计算机病毒症状主要表现为:

1)异常要求用户输入口令。

2)系统启动异常或者无法启动。

3)机器运行速度明显减慢。

4)频繁访问硬盘,其特征是主机上的硬盘指示灯快速闪烁。

5)经常出现意外死机或重新启动现象。

6)文件被意外删除或文件内容被篡改。

7)发现不知来源的隐藏文件。

8)计算机上的软件突然运行。

9)文件的大小发生变化。

10)光驱自行打开、关闭。

11)磁盘的重要区域(如引导扇区、文件分配表等)被破坏,导致系统不能使用或文件丢失。

12)突然弹出不正常消息提示框或者图片。

13)不时播放不正常声音或者音乐。

14)调入汉字驱动程序后不能打印汉字。

15)邮箱里包含有许多没有发送者地址或者没有主题的邮件。

16)磁盘卷标被改写。

17)汉字显示异常。

(3)防范计算机病毒的措施

1)在计算机上安装杀毒软件和防火墙,并经常升级。

2)给系统安装补丁程序。通过 Windows Update 安装好系统补丁程序(关键更新、安全更新和 Service Pack),不要随意访问来源不明的网站。

3)严禁使用来历不明的程序和在不信任的网站下载的文件,例如,邮件中的陌生附件、外挂程序等。不要随便打开 QQ、MSN 等聊天工具上发来的链接信息。

4)对重要程序或数据经常做备份。特别是硬盘上的重要参数区域(如主引导记录、文件分配表、根目录区等)和自己的工作文件和数据,要经常备份,以便系统遭到破坏时能及时恢复。

5)对重要软件采用加密保护措施,文件运行时先解密。若感染上病毒,往往不能正常解密，从而起到预防作用。

6）不做非法复制操作。最好不要在公共机房或网吧的计算机上复制文件。

7）避免将各种游戏软件装入计算机系统。游戏软件常常带有病毒，使用时要格外慎重。

8）局域网的计算机用户尽量避免创建可写入的共享目录，已经创建的共享目录使用完毕的应立即停止共享。

9）关闭一些不需要的服务，如关闭自动播放功能。完全单机的用户也可直接关闭 Server 服务。

（4）计算机抗病毒技术

计算机抗病毒技术有两类，即抗病毒硬件技术和抗病毒软件技术。

1）抗病毒硬件技术：防病毒卡。将检测病毒的程序固化在硬卡中，主要用来检测和发现病毒，可以有效地防止病毒进入计算机系统。由于防病毒卡升级困难，只对一定范围内出现的病毒具有防护能力，但不具备杀毒能力，用户往往选择安装杀毒软件。

2）抗病毒软件技术：杀毒软件。杀毒软件的优点主要在于升级方便，操作简单。缺点在于杀毒软件本身易受病毒程序攻击，安全性和有效性受到限制。专用检测病毒的工具软件有许多种，如 360 杀毒、金山毒霸、瑞星杀毒软件、卡巴斯基反病毒软件、诺顿反病毒软件等。

思 考 题

1. 什么是计算机网络？计算机网络的主要功能有哪些？
2. 根据学校校园网的拓扑图，说明其中包含了哪些拓扑结构？
3. 计算机网络的传输介质有哪些？分别适用于什么场合？学校的校园网使用了哪些传输介质？
4. 计算机 IP 地址、子网掩码、网关地址、DNS 服务器地址分别是多少？
5. Internet 上最常用的接入方式有哪些？
6. 在公共机房中使用计算机时，如何清除浏览器的历史信息？
7. 概述收发电子邮件的基本步骤。试通过创建新邮件、发送邮件、接收和阅读邮件、打开或存储附件、回复邮件等几个环节加以说明。
8. 如何管理邮箱中的联系人地址簿的？
9. 如何在一个办公室中通过网络进行文件和打印机的共享？
10. 简述一个简单的无线局域网组建过程。
11. 何谓防火墙？防火墙有哪些作用？
12. 何谓加密和解密？列举两个加密软件，并说明它们分别使用了何种加密算法？
13. 什么是计算机犯罪？计算机犯罪大致可分为哪几个方面？
14. 什么是计算机病毒？计算机病毒有哪些特点？使用计算机的过程中遇到过哪些病毒？
15. 根据传染方式来划分，计算机病毒分为哪几类？分别具有什么特征？
16. 简述计算机病毒的防范措施和清除方法。

第7章 网页设计与制作

7.1 网页制作基础

随着网络的迅速发展,互联网技术广泛应用到人们的生产、经营和休闲活动中,其中最常见的形式就是通过网站提供各种各样的信息服务和交互沟通。而网站通过网页进行信息的交互,良好的网页设计和制作会提高访问量,从而提高网站的知名度,带来更大的收益。

7.1.1 网站相关概念

1. 网页与网站

网页(WEB PAGE),指的是构成网站的基本元素,本质是一种页面文件或脚本文件。是承载各种网站应用的平台,用户可以通过客户端浏览器来访问这些页面或脚本文件。

网页文件格式是纯文本格式,可以使用记事本或相应开发工具软件如 Dreamweaver、Microsoft Frontpage 等编辑。网页内容是符合某些语言标准而编写的字符代码,类似于程序。

用户访问特定网页需要通过浏览器向服务器发送请求,服务器会根据请求处理相应的页面并产生结果网页,浏览器读取结果网页内容并在浏览器窗口展现页面内容。结果网页通常是 html 格式的。根据结果网页生成方式不同,可以分静态网页和动态网页两种:静态网页通常以.html、.htm、.shtml 为文件名扩展名,页面内容是固定的,客户访问时,服务器直接把网页内容作为结果返回给用户的网页。动态网页通常通过特定服务器引擎执行后才动态产生结果页面内容返回给客户端,这类文件常见的扩展名是.cgi、.jsp、.asp、.php、.aspx 等。

网站(WEBSITE)是多个网页和相关资源文件的集合,是发布在网络上提供相关网络服务的 Web 应用程序。用户通过网站域名地址访问某个网站,首先看到的页面叫网站的首页,或主页,通过超级链接,用户可以从主页跳转到网站中的其他页面或其他关联的网站。

首页或主页的名称一般是特定的,常用的主名有 index、default,扩展名可以是 html、htm、asp、jsp 等。

2．网页页面元素

（1）LOGO

LOGO 就是网站或企业的标志，通过形象的标志可以让用户记住网站特色和文化内涵，所以要求 LOGO 设计要动感、简约、大气、色彩搭配合理，能够充分体现核心理念，让用户印象深刻。如：腾讯网和新浪网的 LOGO 标志，如图 7-1-1 所示。

图 7-1-1　LOGO

（2）导航栏

导航栏是网站重要组成部分，是浏览者浏览网页时快捷有效的导航链接标志。常见的导航栏可分框架导航、文本导航和图片导航等，根据导航栏放置的位置，可以分为横排导航栏和竖排导航栏。如：学信网的导航栏，如图 7-1-2 所示。

图 7-1-2　导航栏

（3）Banner

Banner 是横幅广告，是互联网广告中最常见的广告形式。 Banner 可以位于网页的顶部、中部或底部任意一处。 Banner 的尺寸有许多，常见的尺寸是 468*60 像素，使用 GIF 格式或 JPGE 格式的图像文件，也有使用动画 SWF 格式的文件。如图 7-1-3 所示。

图 7-1-3　横幅广告

（4）文本

文本是网页传递信息的主要载体，文本显示速度快，能准确表达信息的内容和含义，不足就是不像图片那样可以轻松成为网页的焦点，但可以通过对网页文本进行字体、大小、颜色、段落等属性的设置，让文本也具备独特的风格。图 7-1-4 所示就是使用文本的网页。

（5）图像

图像可以展示形象、美化页面，让网页更加直观生动，带给浏览者强烈的视觉冲击，因此，使用图像可以使网页更加有吸引力。一般在网页中使用的图像格式有 GIF、JPEG 和 PNG 等。

图 7-1-4　使用文本的网页

图 7-1-5　FLASH 动画截图

（6）动画

在网页中加入美观的动画，可以使网页更具动感，能吸引更多浏览者的眼球，目前常见的动画文件有 SWF 和 GIF 动画格式。SWF 格式动画是 Flash 软件制作的，也称 Flash 动画，是目前的主流动画制作工具。图 7-1-5 所示就是一个 Flash 格式动画截图。

3．URL 与浏览器

统一资源定位符（Uniform Resource Locator，URL）是对可以从互联网上得到的资源的位置和访问方法的一种简洁的表示，是互联网上标准资源的地址。互联网上的每个文件都有一个唯一的 URL，它包含的信息指出文件的位置以及浏览器应该怎么处理它。用户通过浏览器的地址栏中输入 URL 地址，便可以访问到该资源文件。

浏览器是指可以显示网页服务器或者文件系统的 HTML 文件内容，并让用户与这些文件交互的一种软件。用户想访问网站的某些页面，可通过浏览器的地址栏输入该页面的 URL，提供网站服务的服务器根据请求 URL，返回 HTML 结果网页给浏览器，浏览器接收到网页内容（标记语言编写的代码），进行解释，从而显示在浏览器窗口中。

7.1.2　HTML 基础

1．HTML 概念

HTML（Hyper Text Markup Language），超文本标记语言，是标准通用标记语言下的一个应用。它使用一些约定的标记对网页上的各种信息进行标记。"超文本"就是指页面内可以包含图片、链接，甚至音乐、程序等非文字元素。

HTML 语言主要是用来制作静态网页。HTML 文档是用 ASCII 写成的，可由任何文本编辑器或网页专用编辑器编辑，例如 Windows 自带的记事本等，保存时文件的扩展名为 HTM 或 HTML。

HTML 文档的内容就是由各种符合 HTML 标准的标记符号和文本构成，通过这些标记，可以告诉浏览器如何显示网页内容，比如文本以什么样的格式放哪个地方显示，在什么地方显示某个图片等。其中图片、视频、音乐等资源是以描述性标记语句告诉浏览器去哪里找。

2. HTML 基本语法

HTML 标记是组成 HTML 文档元素，每一个标记描述了一个功能。HTML 标记两端有两个包括字符："<"和">"，中间是标记名。

HTML 标记一般成对出现，比如<table>和</table>。无斜杠的标记的为开始标记，有斜杠的为结束标记，在开始和结束标记之间的对象是元素内容。如<table>表示一个表格的开始，</table>表示一个表格的结束。

但也有单标记形式，格式为<TAG/>，如
表示换行、<hr/>表示水平线

为了增强标记的功能，许多单标记和双标记的始标记内可以包含一些属性，其语法是：<标记名字 属性1="属性值1" 属性2="属性值2" 属性3="属性值3" … >

3. HTML 常用基本标记

通常一个 HTML 网页文件结构如下：

```
<html>
<head>
    <title>网站标题</title>
</head>
<body>
..............正文内容...............
</body>
</html>
```

其中：

1) html 标记是网页文件的根标记，<html>用来标识 HTML 文档的开始，放在最开始；</html>放在文档的结束。这对标记告诉浏览器，这是一个 HTML 网页文件。

2) head 标记是标识网页文件的头部分标记，在头部分标记<head>…</head>中间可以使用其他标记比如<title>…</title>，<meta>、<script>...</script>标记用户对 HTML 文档相关信息进行描述，头部分间的内容不会被浏览器显示。

3) body 标记是网页文档的主体部分，<body>…</body>标记间主要包含需要显示在浏览器中的内容，包含文本、表格、图片、超链接等等。

除了这三个基本标记外，还有许多标记，表 7-1-1 列出部分标记的形式和功能。

表 7-1-1　常见标签及其用法

标记名	功能和用法
<title>…</title>	网页标题，位于<head>…</head>之间，标题内容显示在浏览器窗口标题栏中
 	换行标记，单标记，HTML 文档中无法用回车符分行，需要用 强行分行
<p>…</p>	分段标记，作用是创建一个段落。如 <p align="center">…</p> 段落居中对齐显示
<img />	图像标记，用于显示指定路径中的图片到显示器上。 如<img src="images/logo.jpg" /> 显示网站 images 目录下的 logo.jpg 图片。
<a>…</a>	超链接标记。如<a href="http：//www.baidu.com">百度</a>
<table>..</table>	表格标记，包含<tr>..</tr>行标记和<td>..</td>单元格标记，主要用于页面内容的输出

续表

标记名	功能和用法
<div>…</div>	层标记，主要用于页面内容的输出，常配合 CSS 实现页面布局
<form>…</form>	表单标记，是与用户交互的一种手段，有多种表单元素用于接收用户的输入。
<!-->… < -->	注释标记。该标记间的内容不显示在浏览器中

例 用记事本建立一个简单的 HTML 网页，如图 7-1-6 所示。

步骤：准备一张图片文件"class.jpg"放在桌面，打开记事本，新建文档，键入如下代码：

```
<html>
<head>
<title>我的家</title>
</head>
<body>
<p><a href="http://www.gxtc.edu.cn">学校 </a>| 百度 ｜ 新浪</p>
<hr />
<p><img src="class.jpg" width="1200" height="170" /></p>
<hr />
</body>
</html>
```

保存文档时文件名为"first.html"或"first.htm"，关闭记事本。

双击 first.html，浏览器显示 first.html 的内容。

图 7-1-6 建立简单的 HTML 网页

7.1.3 网站设计步骤

网站设计步骤包括从网站的构思开始到完成并发布到服务器中供用户浏览整个过程，步骤如下：

1）网站的需求分析。
2）确定主题、规划结构。
3）搜集网站资源。
4）制作网页图像。
5）调试本地网站。
6）申请域名和网站空间。
7）发布网站。
8）网站的维护与推广。

7.1.4 Dreamweaver 简介

Dreamweaver CS6 是一款专业的网页设计开发软件，Dreamweaver 最早版本由 Macromedia 公司开发，它与 Fireworks、Flash 一起被称作网页制作三剑客。后被 Adobe 公司收购，Adobe 公司于 2012 年发布新版本 DWCS6 功能也随之得到增强。

它用户界面（工作区）如图 7-1-7 所示。

图 7-1-7 用户界面

1. 菜单栏

菜单栏包含网页设计中的大多数命令，共有"文件"、"编辑"、"查看"、"插入"、"修改"、"格式"、"命令"、"站点"、"窗口"和"帮助"十个一级菜单，如图 7-1-8 所示。

图 7-1-8 菜单

单击菜单项，会打开一个级联下拉菜单供选择二级菜单或更细的菜单分类。

2．"文档"窗口

DWCS6 采用选项卡形式的文件窗口，用于显示和编辑当前文档，窗口分三部分：文档标题、文档内容和文档状态，如图 7-1-9 所示。

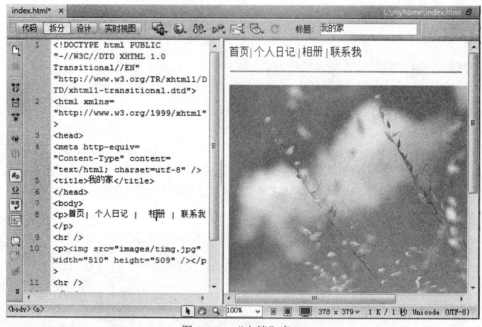

图 7-1-9　"文档"窗口

3．"应用程序"工具栏

该栏位于窗口标题栏上，整合了多个网页制作中最常用命令。如图 7-1-10 所示。

图 7-1-10　"应用程序"工具栏

4．"文档"工具栏

位于"文档"窗口内部，如图 7-1-11 所示。通过它可以轻松切换"文档"窗口的四种视图模式："代码"、"拆分"、"设计"和"实时视图"。

图 7-1-11　"文档"工具栏

5．插入栏

新插入栏以插入面板形式表现前版本的插入栏，如图 7-1-12 所示。

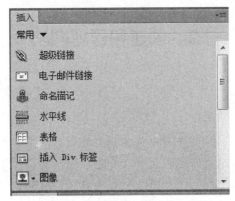

图 7-1-12　插入

6．属性

通过属性选项卡可以检查和编辑当前选定标记或对象最常用的属性，如图 7-1-13 所示。

图 7-1-13　"属性"选项卡

7．面板组

面板组位于窗口的右侧，是网页编辑的辅助工具，如图 7-1-14 所示。

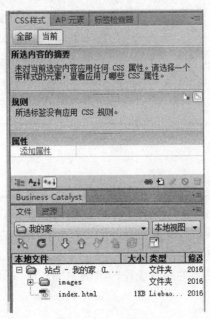

图 7-1-14　面板组

7.2 创建和管理网站

7.2.1 创建本地站点

利用 DW 编辑网页之前，应该创建一个本地站点，DW 提供强大的站点管理功能实现网站的完整性不被破坏，如当站点内资源文件改变路径时，不必手工去更改每一处引用该文件的标记属性，站点管理自动帮我们统一更改所有的页面，这样大大减少路径出错、超链接出错的问题。

创建站点步骤如下：

1）启动 DWCS6 程序，在菜单栏中选择"站点"→"管理站点"命令。
2）在随后出现的"管理站点"对话框中，单击"新建站点"命令，如图 7-2-1 所示。
3）在站点设置对话框中，填写站点名称，选择本地站点文件夹即可。

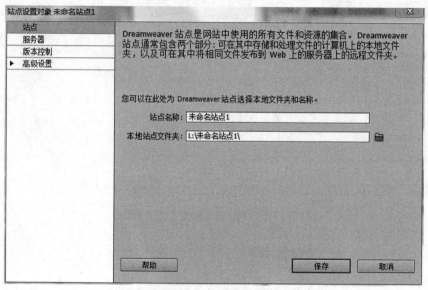

图 7-2-1 管理站点

7.2.2 站点的编辑

建立站点后，可以对站点进行打开、编辑、复制、删除、导入和导出等操作。

如需要修改某个网站内容，必须先打开站点。单击在窗口右侧文件面板中左边的下拉按钮，在出现的列表中，选择准备打开的站点，即可打开相应的站点。

如需要编辑站点。可以单击菜单"站点"→"管理站点"，选中站点后，单击"编辑"，可以在弹出的对话框中进行站点的编辑操作，编辑完毕，可以单击"完成"按钮即可完成站点的编辑。

7.2.3 建立站点结构

创建站点后,就可以在文件面板中对站点进行文件操作了。在制作网页前,首先要根据网站规划,建立站点的目录结构。良好合理的结构,可以方便对站点文件进行分类保存管理。一般情况下,图片文件都放在 Images 文件夹中,所以需要创建 Images 文件夹,其他网页文件或资源文件,也可以建立相应的文件夹存放。

鼠标右键单击"文件"面板中的站点,在快捷菜单中选择创建文件夹,文件夹命名就可以得到新文件夹,反复操作,形成适合自己站点的目录结构。其中一种常用的站点结构如图 7-2-2 所示。

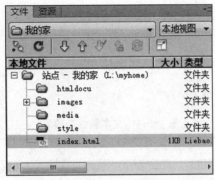

图 7-2-2 站点结构

7.3 添加页面元素

站点结构设计好后,可以往里面添加网页文件了,我们可以在站点的根目录下创建首页文件,文件名用"index.html"。然后双击"index.html"文件,进入首页的编辑状态。下面开始往网页中添加各种页面元素。

7.3.1 插入文本

文本是网页中最主要的组成元素,是信息传递的主要载体。

1. 插入普通文本

插入普通文本到网页中有三种方式,一种是直接输入:在设计视图中,光标定位到想输入的地方,通过键盘就可以输入文本;需要插入新段落,使用"回车"键。第二种方式是从外部文件中复制粘贴,DW 支持从剪切板中粘贴文本到网页中。第三种是从外部文件导入:首先定位光标,然后选择"文件"→"导入"→"word 文档"即可导入文本。

2. 插入特殊字符

DW 允许插入特殊字符,通过菜单"插入"→"HTML"→"特殊字符",即可选择各种特殊字符。其中换行和空格也在特殊字符类别中,也可以通过用"Shift+回车"组合键实现换行。空格不能直接通过键盘"Space"键输入，可以通过"Ctrl+Shift+空格"组合键输入一个空格。

3．文本的属性设置

DW 提供两种方式设置文本属性：使用 HTML 标记设置和使用 CSS 设置。默认是使用 CSS 设置，CSS 即层叠样式表，是最流行的一种格式化各种网页元素的方式，通过 CSS 控制网页元素的格式，实现样式和页面内容分离，可以简化代码，提高样式的重用性。

1）使用 HTML 标记设置，如图 7-3-1 所示。

图 7-3-1　文本 HTML 属性面板

面板中的设置项如表 7-2-1 所示。

表 7-2-1　文本属性选项表

名　　称		作　　用
格式		用于设置文本的基本格式，可选无格式文本、段落或各种标题文本等
类		设置当前文本所应用的 CSS 类名称
粗体		设置当前文本以 HTML 方式加粗（插入<strong>标记）
斜体		设置当前文本以 HTML 方式倾斜（插入<em>标记）
项目列表		为当前文本应用项目列表
编号列表		为当前文本应用编号列表
文本突出		将选择的文本向左侧推移一个制表位
文本缩进		将选择的文本向右侧推移一个制表位
标题（超链接）		选择的文本设置为超链接时，可定义当鼠标划过改文本时显示的工具提示信息
ID（标记）		定义当前选择的文本所属的标记 ID 属性，从而通过脚本或 CSS 样式对其进行调用、添加行为或定义样式
链接（地址）		定义超链接目标文档的 URL 地址
指向文件按钮		打开"文件"面板后，通过拖动按钮指向本地文档可以快速实现链接地址的设置
浏览文件		单击该按钮，弹出对话框来设置链接地址
目标（超链接）	_blank	选择的文本为超链接时，定义将链接的文档以新窗口方式打开
	_parent	选择的文本为超链接时，定义将链接文档加载到包含该链接的父框架集或窗口中。如果包含链接的框架不是嵌套的，则链接文档加载到整个浏览器窗口中
	_self	选择的文本为超链接时，定义在当前窗口中打开链接文档
	_top	选择的文本为超链接时，定义将链接的文档到整个浏览器窗口中，并删除所有框架
页面属性		单击按钮，可以打开"页面属性"对话框，定义文档的属性
项目列表		选择的文本为项目列表或编号列表时，可通过该按钮定义列表的样式

2）使用 CSS 设置。通过样式来设置文本的格式。如图 7-3-2 所示。具体设置样式可以参考后面关于 CSS 一节。

图 7-3-2　文本 CSS "属性" 选项卡

7.3.2　插入图像

图像是网页中最基本的元素之一，适当的图像可以增加页面的美观，增强网页的表现力。

（1）插入图像

首先将光标定位到需要插入图像的位置，选择菜单 "插入" → "图像"，或者插入工具栏中选择图像，将弹出 "选择图像源文件" 对话框，如图 7-3-3 所示，在对话框中选择图像后，按确定即可，如果图像位于本地站点以外，会提示是否把图像复制到本地站点内，要选择同意，并设置图像文件的存放地方（一般放 images 文件夹内）即可。

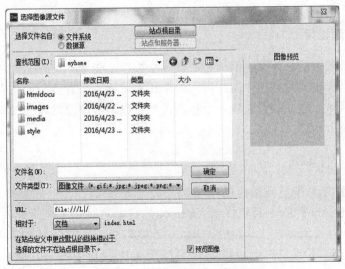

图 7-3-3　选择图像源文件对话框

（2）图像的属性设置

图像的属性可以通过 "属性面板" 来设置，设置前，需要先选定，然后在 "属性面板" 中进行参数的设置。如图 7-3-4 所示。

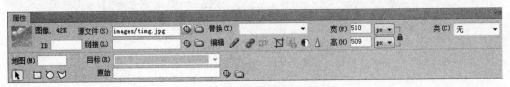

图 7-3-4　图像属性面板

其中：替换是设置当鼠标划过图像时显示的文本。地图用于绘制图像上的热点区域工具，使图像具有多个不同的热点区域。

7.3.3 创建超链接

超级链接是网页的重要组成部分，它是一种允许当前页面同其他网页或站点之间进行连接的元素。各个网页链接在一起后，才能真正构成一个网站。所谓的超链接是指从一个网页指向一个目标对象的连接关系，这个目标对象可以是另一个网页，也可以是相同网页上的不同位置，还可以是一个图片，一个电子邮件地址，一个文件，甚至是一个应用程序。而页面中具备超链接的元素，可以是一段文本或者是一个图片，我们称之为热点。当浏览者单击具链接的热点文字或图片后，链接目标将显示在浏览器上，并且根据目标的类型来打开或运行。

1．创建文本超链接

文本超链接是网页中最常见的一种链接方式，为文本添加超链接常用两种方法：

1）选中页面中的文字，在属性面板中设置"链接"属性，添加链接对象，或通过"浏览文件"按钮或"指向文件"按钮来设置链接对象即可。

2）选中页面中的文字，选择菜单"插入"→"超链接"，弹出"超级链接"对话框，设置对话框各内容即可。

2．创建图片超链接

图片设置超链接方法和为文本添加超链接方法类似：先选择图片，再通过属性面板或菜单命令来设置。这样设置是把整个图片当做一个超链接元素来看待。如果需要让图片具备不同的超链接响应区域，也就是说具备多个热点，则可以通过图像的属性面板中的设置热点区域按钮来实现。

3．创建电子邮件链接

电子邮件链接的动作是向指定的电子邮箱发送电子邮件，一般客户端计算机会打开本机的默认发送电子邮件的工具软件如 Outlook，自动填写指定电子邮件，等待用户编辑发送。

创建过程：选定超链接热点对象，设置链接属性窗口中的链接输入框为：mailto：name@serveraddr.com，其中 name@serveraddr.com 是你指定的邮箱名称，如图 7-3-5 所示。

图 7-3-5　创建电子邮件链接

4．创建空链接

空链接是未指派的链接，一般用于向页面上的对象附加行为。

在文档窗口中，选择超链接热点对象。在属性面板中的链接输入框中输入"#"或"javascript:;"，如图 7-3-6 所示。

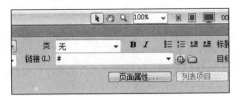

图 7-3-6　创建空链接

7.3.4　多媒体

1．插入声音

网页中常见的音频文件格式有 WAV、MP3、MIDI 等。网页中使用声音的方式常见有两种：嵌入声音和背景声音。

（1）嵌入声音

将光标定位到需要显示声音播放器的地方，选择"插入"→"媒体"→"插件"命令，弹出"选择文件"对话框，如图 7-3-7 所示，在对话框中选择所需要的音频文件，单击"确定"按钮，插入的声音将以插件的形式显示在页面上，选中该插件图标，如图 7-3-8 所示，可以在属性面板上设置播放器的属性。

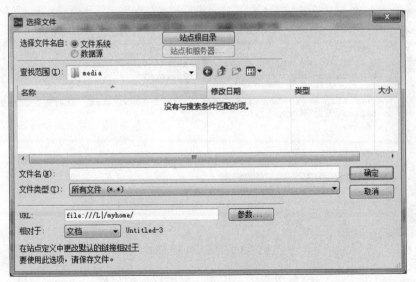

图 7-3-7　"选择文件"对话框

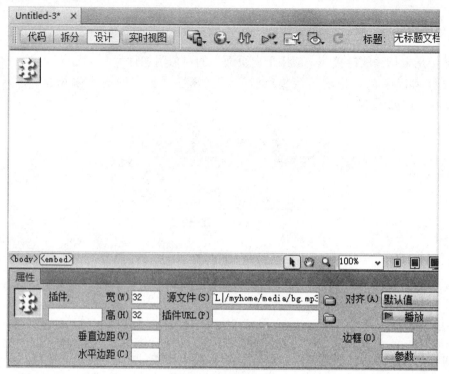

图 7-3-8　插件属性

（2）背景声音

背景声音可以通过上述方式插入插件，然后修改插件的 hidden 属性为 true，Autostart 属性为 true；另一种方式是通过标记<bgsound>来添加背景音乐：打开当前页的代码视图，在<body>后添加"<"符号，提示选择标记列表，在列表中选择 bgsound，如图 7-3-9 所示。

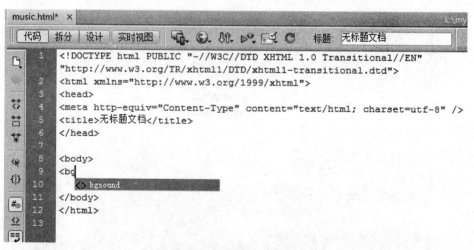

图 7-3-9　插入<bgsound>

选完 bgsound 标记后，接着按空格，提示选择该标记的属性，选 src 属性，单击浏览图标，打开"选择文件"对话框，在对话框中选择音乐文件后，按确定即可，如需添加其他属性，继续按空格，选择其他属性，如需结束，则键入"/>"结束标记代码的编辑。

最后结果代码如图 7-3-10 所示。

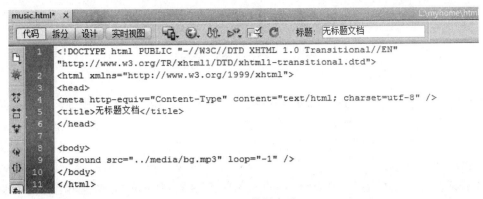

图 7-3-10　背景音乐

2．插入 Flash 动画

将光标定位到需要插入 Flash 动画的位置，选择"插入"→"媒体"→"SWF"命令，在弹出的选择"SWF"对话框中选择 Flash 文件，如图 7-3-11 所示，完毕单击"确定"按钮即可插入。

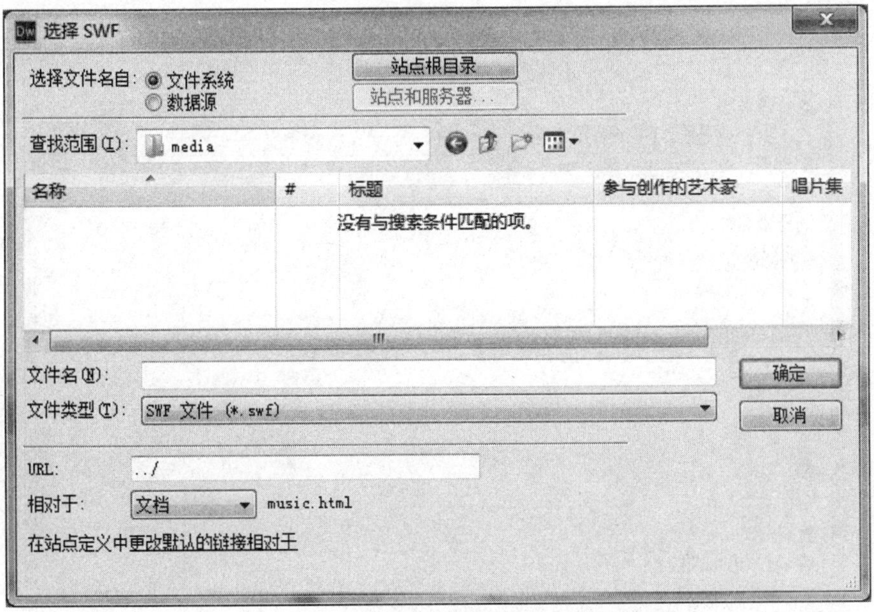

图 7-3-11　"选择 SWF"对话框

插入 Flash 文件后，可以通过属性面板修改属性，常用的属性是 Wmode，设置它为"透明"模式，可以让 Flash 文件背景透明。

3．插入其他视频

除了插入"SWF"格式文件，还可以插入 WMA、AVI、MPEG、RMVB 和 FLV 等视频格式。FLV 是当前主流的 Flash 视频格式，文件小，下载速度快，可以边下载边播放，是大多数视频网站中资源文件的格式。

插入"FLV"视频可以通过"插入"→"媒体"→"FLV"来实现。

插入其他普通视频格式可以通过"插入"→"媒体"→"插件"来实现。

7.4 CSS 样式表

CSS 指层叠样式表 (Cascading Style Sheets)，它是一组格式设置规则，用于控制页面对象的外观表现。它的出现解决了网页中内容与表现分离的问题，之前 HTML 控制标签的样式是通过对特定标签的属性设置来进行，随着页面元素的增多，对不同的标签设置属性的代码量也增多，并且修改麻烦，不能对多个标签同时设定样式，形成统一风格。1996 年 CSS 技术诞生后，大大减轻了网页设计者的工作。CSS 可以对网页的外观和排版进行更加精准、灵活的控制，样式与内容分离，也使文档代码更加简练，易于维护和更新。

1．创建 CSS

创建 CSS 样式方法如下。

选择"菜单"→"CSS 样式"→"新建"命令，或者在"CSS 样式"面板中，单击新建 CSS 规则按钮都可以打开"新建 CSS 规则"对话框，进行下一步的规则设置和保存。如图 7-4-1 所示。

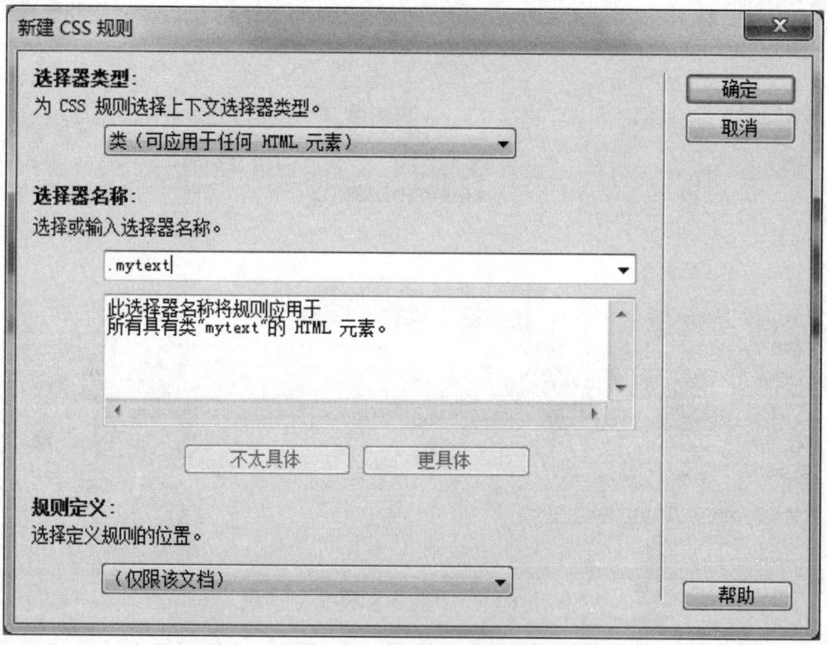

图 7-4-1　新建 CSS 规则

在"新建 CSS 规则"对话框中，首先要确定创建的 CSS 样式类型，单击"选择器类型"（选择器：它是 CSS 中重要的概念，所有 HTML 中的标记样式都是通过不同的选择器进行控制的，用户只需要创建不同的选择器，实现对单个或多个页面元素进行样式的设置，并应用样式，就可以实现控制表现。）下拉列表选取提供的四种类型：

（1）类（可应用于任何 HTML 元素）

相当于自定义新的 CSS 样式规则，通过标签的 class 属性应用到指定标签中。

（2）ID（仅应用于一个 HTML 元素）

将设置的 CSS 样式应用于页面上唯一的一个带 ID 属性的元素，如图 7-4-2 所示。

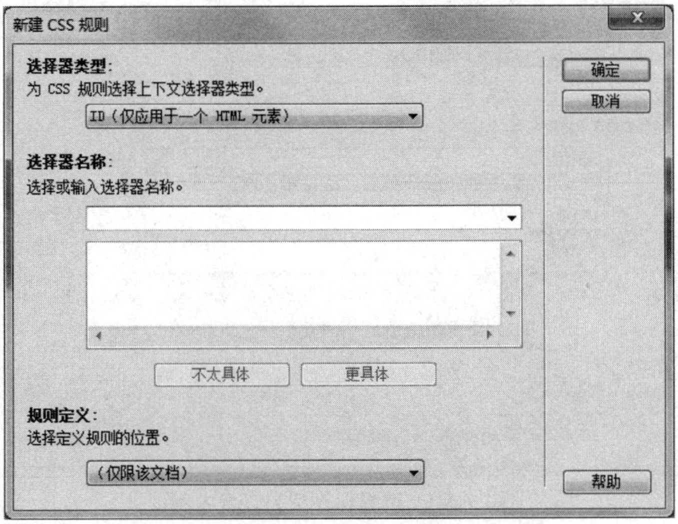

图 7-4-2　选择器类型为 ID

（3）标签（重新定义 HTML 元素）

对 HTML 标签样式重新定义，设置后页面中所有该标签元素的样式都自动应用了新的规则。如图 7-4-3 所示。

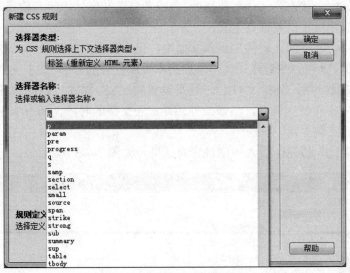

图 7-4-3　选择器类型为标签

（4）复合内容（基于选择的内容）

复合内容可以设置超链接的不同状态样式，也可以设置带限定条件的标签样式，也可以集体声明多个标签。如下图 7-4-4 所示。

Body p 表示位于 Body 标签内的 p 标签，其中限定条件可以多个嵌套；a：visited 表示超链接的访问后的状态；h1，h2，h3，p 这样的选择器名称就是集体声明。

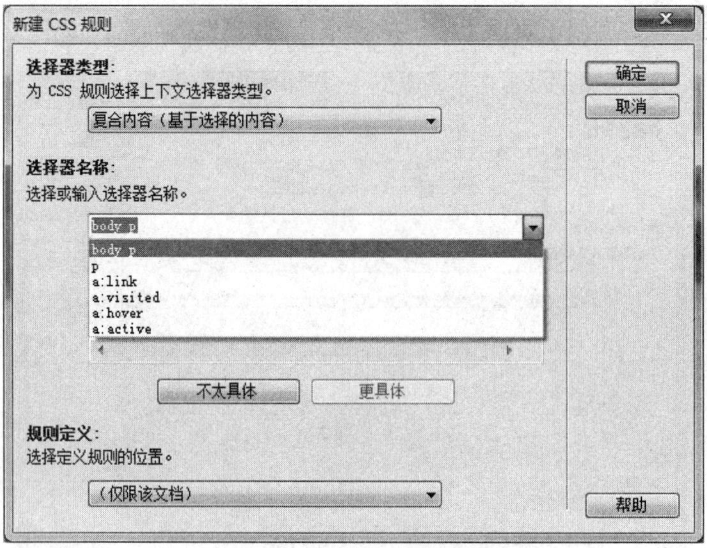

图 7-4-4 选择器类型为复合内容

选择类型后，需要确定选择器名称。名称的选定是根据类型变化而有所不同的，当类型为类的时候，需要自己定义选择器名，名称前加点"."；当类型为 ID 的时候，必须是"#"开头，紧跟英文开头的 ID 名称；当类型是标签的时候，可以通过下拉列表选择原有的 HTML 标签；当时复合内容的时候，可以自定义带限定性的包含选择器名，也可以通过下拉列表选择超链接的四种状态名（伪类选择器），或者自定义集体声明名称等。

选择器名称确定后，设置规则定义。

仅限该文档：CSS 样式代码添加到本文档中，仅本文档中的元素样式被控制。

外部样式表文件：把 CSS 样式代码添加到本页面以外的外部 CSS 文件中，可以新建，也可以指定以存在的外部 CSS 文件。好处是设置的 CSS 样式可以同时应用到不同的网页中，实现样式的共享和统一风格，当修改外部样式表文件的时候，所有应用到该外部样式表文件的网页都可以实现更新。

然后单击"确定"按钮，进入规则设置对话框，如图 7-4-5 所示。

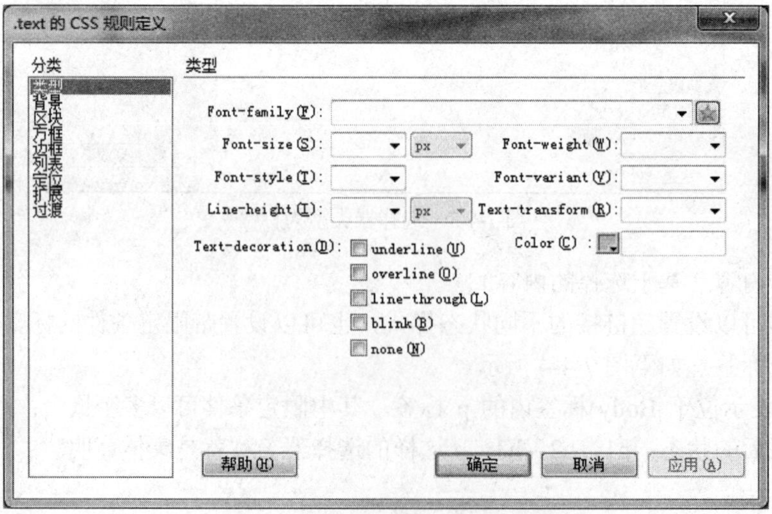

图 7-4-5 "CSS 规则定义"对话框

在 CSS 规则定义对话框中，提供了不同分类多种属性的设定。其中类型分类是设置文本样式，背景分类是设置背景样式；区块设置段落的间距和对齐和首行缩进等；方框分类设置容器元素的大小，位置和浮动方式等，主要用于布局控制；边框分类是设置元素的边框；列表分类设置列表标签的属性；定位分类可以设置层的相关属性；扩展分类可以设置分页和视觉效果属性。

2. 应用 CSS

在当前页中添加 CSS 样式后，如果是仅限该文档，则样式代码写到本网页的<head>头部分的<style></style>标签中。如果是写到外部样式表文件，则会在<head>头部分添加该外部样式表文件的链接代码。

在这些 CSS 样式中，如果选择器类型是非类类型，则自动给相应的页面元素应用 CSS 样式，比如 CSS 样式属于标签类型，则本网页中的所有指定标签的样式都修改为自定义的样式。如果选择器类型是类类型，则需要设置指定的标签属性 class="CSS 样式名"来应用该样式。如在本文档定义了类类型样式 .text1。

```
<style type="text/css">
.text1 {
    font-family:"微软雅黑";
    font-size:12px;
    line-height:1.5;
    color:#660;
    text-decoration:none;
    text-indent:2em;
}
</style>
```

想应用该样式到文本段落中，则单击文档状态栏中的<p>标记，通过属性面板修改<p>的 class 属性为 text。如图 7-4-6 所示。

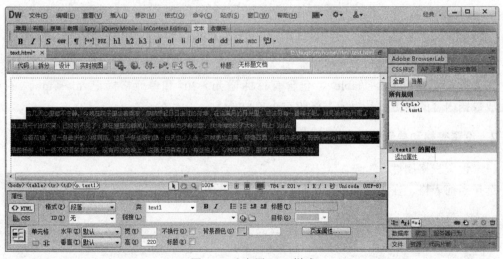

图 7-4-6 应用 CSS 样式

这时候该<p>的代码变为：
<p class="text">这是段落文本内容</p>。

7.5 页面布局

7.5.1 表格布局

表格是网页中重要的元素之一，可以作为其他页面元素的容器，也可以快速实现版面布局，使得页面元素排列有序、条理清楚。

1. 创建表格

表格插入步骤如下：

单击菜单栏"插入"→"表格"，在表格对话框中，设置表格的行数、列数、表格宽度、单元格间距、单元格边框和边框粗细等，如图7-5-1所示。

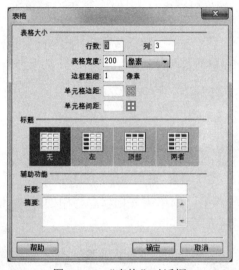

图 7-5-1 "表格"对话框

表格创建完毕，可以向单元格中添加文本，图像或其他数据。

表格的标记是<table></table>，包含有行标记<tr></tr>和单元格标记<td></td>，单元格是存放数据内容的地方，是组成表格的自小单位。

2. 设置表格和单元格属性

（1）设置表格属性

选择当前表格，在属性面板中就可以设置表格的属性，如图7-5-2所示。

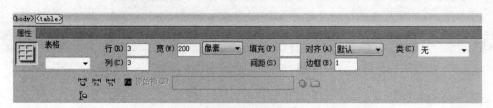

图 7-5-2 表格属性

其常用选项的作用如下：

1)"行"和"列"选项：用于设置表格中行和列的数目。

2)"宽"：以像素或百分比来设置表格的宽度。

3)"填充"：设置单元格边距，是单元格内容和单元格边框之间的距离，单位是像素数。

4)"间距"：设置单元格间距，是相邻的单元格之间的距离，单位是像素数。

5)"边框"：表格边框的宽度，单位是像素数。

6)"对齐"：设置表格在当前容器中的对齐方式，当前容器可以是 body，或者是一个表格的单元格中。

7)"类"：设置表格的 CSS 样式。

一般情况下，作为布局使用的表格，它的"填充"、"间距"和"边框"的设置为"0"。

(2) 设置单元格属性

光标定位都当前单元格，或选择多个单元格，然后在属性面板中就可以设置单元格的属性，如图 7-5-3 所示。

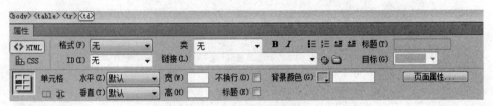

图 7-5-3　单元格属性

一般需要设置单元格的对齐方式：水平或垂直的三种对齐方式，单元格的合并和拆分等。

3．表格的编辑

(1) 调整表格和单元格的大小

选择整个表格，在表格的右边框、下边框和右下角将会出现三个控制点，用于拖动三个控制点来实现表格横向、纵向和整体的放大和缩小。

将鼠标移动到单元格边框上，当光标变成左右箭头或上下箭头时，拖动可以实现改变行列大小（单元格大小）。

(2) 选择表格和单元格

单击表格上的任意一个边框线可以选择整个表格，或将鼠标指针移动到表格上右击，在弹出的菜单中选择"表格→选择表格"命令也可以选择整个表格。将鼠标移动到表格中某个单元格，按"Ctrl"键，当指针变成小方框形状时单击，即可选中所需单元格。

(3) 单元格合并与拆分

在表格中选中相邻的多个单元格，可以实现合并操作，操作步骤是：选中多个相邻单元格，单击右键，选择快捷菜单中的"表格→合并单元格"命令即可。

光标定位到当前单元格，可以进行拆分操作，操作步骤是：选中一个单元格，单击右键，选择快捷菜单"表格→拆分单元格"，弹出拆分单元格对话框，如下图 7-5-4 所示。设置拆分的参数，单击"确定"按钮即可。

图 7-5-4 "拆分单元格"对话框

4．表格的嵌套

表格嵌套是指在一个表格的单元格中插入另一个表格。插入到单元格中的表格我们称嵌套表格，嵌套表格的插入跟普通表格一样操作，也可以进行属性的设置和表格的编辑等。需要注意的是，嵌套表格的宽度单位可以设置为"%"百分比，这样嵌套表格就可以根据所在的单元格的宽度而自动调整大小了。网页中的表格布局多用到嵌套表格来实现复杂布局。

如图 7-5-5 所示就是一种表格的嵌套方式。

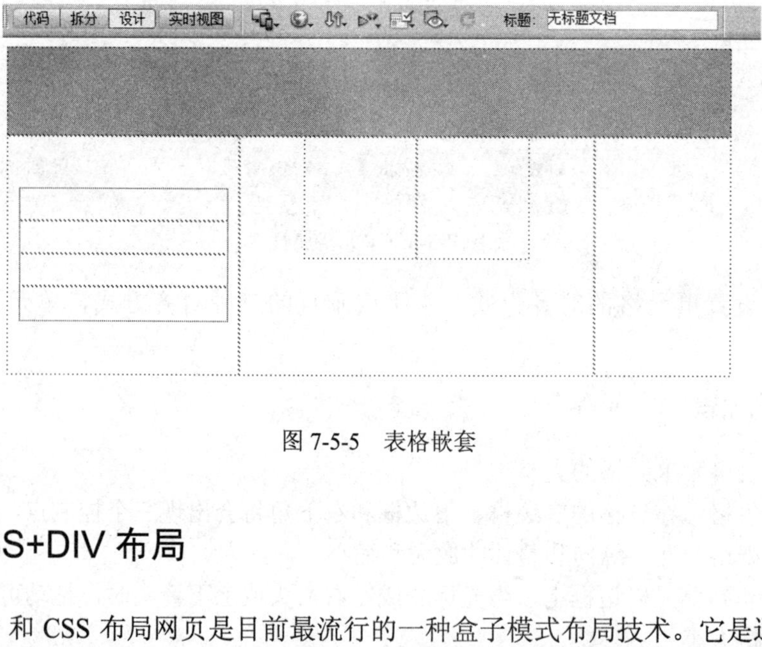

图 7-5-5 表格嵌套

7.5.2 CSS+DIV 布局

利用 DIV 和 CSS 布局网页是目前最流行的一种盒子模式布局技术。它是通过由 CSS 定义的大小不一的盒子和盒子嵌套来布局网页，代码简介，控制精准，浏览器兼容性好，所以很受欢迎。

CSS 假定所有的 HTML 元素都生成一个描述该元素在 HTML 文档布局中所占空间的矩形元素框，这个矩形框我们可以形象地看做一个盒子。CSS 利用对盒子的属性的设置来实现精确的排版和布局。

1．盒子模型及其属性

我们常见的表格、层就是一种盒子，类似容器，可以装东西。这些盒子具备了一些公共属性，盒子模型和属性如下图 7-5-6 所示。

每一个盒子除了 content 内容外包含三个属性：margin 边界、border 边框和 padding 填充。每个属性又可以分别设置上 top、下 bottom、左 left、右 right 属性来实现，如 margin-top、margin-bottom、margin-left 和 margin-right。

图 7-5-6 盒子模型

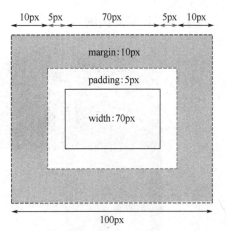

图 7-5-7 盒子宽度计算

盒子尺寸的计算如图 7-5-7 所示。如果设置了盒子的 CSS 样式为：

```
#box1
{ width:70px;
Padding:5px;
Margin:10px;
}
```

则盒子的总宽度=10+5+70+5+10=100px

2、DIV 标签

DIV 标签又称层，是一种区块容器标签，是布局中常用的页面元素，相当于一个盒子，里面可以放各种页面元素。DIV 又分 AP DIV 和普通 DIV，AP DIV 是绝对定位层，是 DIV 标签内加了属性 position：absolute；并设置了宽度和高度，这样的层可以在设计视图中直接拖动定位，也可以通过 CSS 设置定位。而普通的 DIV 标签插入时只是一个虚线框起来的容器，CSS 通过 ID 选择器或类选择器来控制 DIV 的大小位置等。

插入 DIV 标签的常用方法是：单击菜单"插入"→"布局对象"→"DIV 标签"，弹出对话框如图 7-5-8 所示。

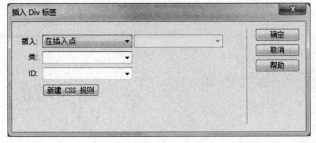

图 7-5-8 插入 DIV

其中"插入"：用于选择 DIV 标签的插入位置。"类"：为新添加的 DIV 标签附加已有的类样式；"ID"：为新插入的 DIV 标签创建唯一的 ID 号。确定后即可插入 DIV 标签。

3. DIV+CSS 布局实例

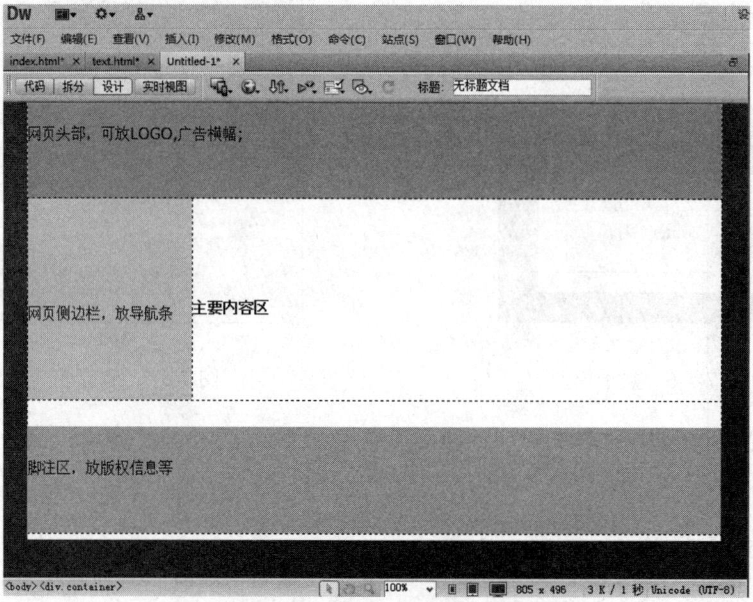

图 7-5-9　DIV+CSS 布局实例

如图 7-5-9 所示，利用 DIV 和 CSS 布局，本实例把网页布局分成四部分：头部区、侧栏区、主要内容区和脚注区。并利用一个大盒子把四个区都装在一起，实现居中对齐。这样在本网页里就出现有五个盒子标签，盒子的名称和代码如下：

```
<body>
<div class="container">
  <div class="header">
    <p>网页头部，可放 LOGO，广告横幅；</p>
  </div>                              /*-- end .header -
  <div class="sidebar1">
      <p>网页侧边栏，放导航条</p>
      </div>                          /*-- end .sidebar1 --
  <div class="content">
      <h4>主要内容区</h4>
    </div>                            /*-- end .content --
  <div class="footer">
      <p>脚注区，放版权信息等</p>
      </div>                          /*-- end .footer --
</div>                                /*-- end .container --
</body>
```

盒子的 CSS 设置为：

```css
.container {                    /*最大的盒子,包含其他四个盒子
    width:750px;
    background-color:#FFF;
    margin:0 auto;              /* 侧边的自动值与宽度结合使用,可以将布局
居中对齐 */
}
.header {
    background-color:#ADB96E;
    height:100px;
}
.sidebar1 {
    float:left;                 /*浮动属性多用于盒子同行并排时使用
    width:180px;
    background-color:#EADCAE;
    padding-bottom:10px;
    height:200px;
}
.content {
    width:570px;
    float:left;
    height:190px;
    padding-top:10px;
    padding-right:0;
    padding-bottom:10px;
    padding-left:0;
}
.footer {
    background-color:#CCC49F;
    position:relative;          /* 这可以使 IE6 hasLayout 以正确方式进行清除 */
    clear:both;         /* 此清除属性强制 .container 了解列的结束位置以及包含列的位置 */
    height:90px;
    padding-top:10px;
    padding-right:0;
    padding-bottom:10px;
    padding-left:0;
}
```

7.6　模板与库项目

为了统一风格,很多页面需要具备相同的导航条、布局和页脚版权信息,模板和库项目技术就是为了实现统一制作和管理页面中相同的部分,提高工作的效率,方便维护管理。

7.6.1　模板网页

模板页把网站中需要出现在每一页的部分做成固定的模板,然后通过模板来创建新的网页,网页中就具有了模板中已定义好的公共部分了。维护的时候通过修改模板页,保存时DW 会自动提示是否应用修改到所有的通过模板创建的网页中,选择修改,就可以实现全网站更新公共部分了。

1．创建模板

创建模板有三种方式:

1)通过菜单创建。选择"文件"→"新建"菜单命令,弹出"新建文档"对话框,然后在左侧列表框中选择"空模板",在中侧选择"HTML 模板",在右侧列表框中选择相关模板类型,单击"创建"按钮即可。

2)利用"模板"面板。打开"资源"面板,选择"模板"按钮,单击"新建模板"按钮,在模板列表中就会出现一个未命名的模板文件,命名并编辑即可。

3)将普通网页另存为模板。打开一个已经制作好的网页,删除网页中不需要的元素,保留网页中共同需要的部分,比如导航条,页脚版权信息。然后选择"文件"→"另存为模板"菜单命令即可另存为模板文件,文件默认扩展名为.dwt。

2．创建可编辑区

模板文件中有两种类型区域:可编辑区和不可编辑区域。可编辑区允许应用该模板的网页添加新的内容,不可编辑区在应用该模板的网页中是不能修改的。

创建可编辑区过程:在文档窗口中,选中需要设置为可编辑区域的部分,单击鼠标右键,在弹出的菜单中选择"模板"→"新建可编辑区域"命令,打开"新建可编辑区域"对话框,如图 7-6-1 所示,在对话框中填写名称,单击"确定"按钮即可。也可以通过插入菜单来实现:"插入"→"模板对象"→"可编辑区域"。

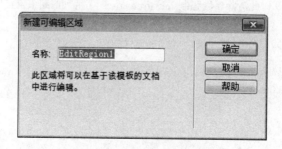

图 7-6-1　新建可编辑区对话框

3. 应用模板

菜单"文件"→"新建",在新建文档对话框中选择"模板中的页",在单击本站点上的模板文件名即可,如图 7-6-2 所示。

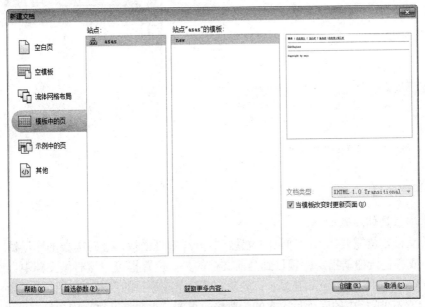

图 7-6-2 应用模板

7.6.2 库项目

库与模板的作用是相同的,是实现网页中部分对象的重复使用的工具。在网页中一些对象如站点导航条、版权信息,是需要经常更新的,但并不是在每个页面中,这些对象位置都固定,所以不能用模板的形式统一起来,而是根据网页的布局情况需要插入的时候才使用。这种情况下,可以把需要复用的部分页面元素作为一个库项目保存为一个库文件,在需要的时候再插入库项目,而更新的时候可以通过修改库项目实现快速全部更新。

1. 创建库项目

创建库项目的具体步骤如下:

选中文档中需要保存为库项目的部分(如是一张图片,或整个导航条标签,或几个组成版权信息的标签),选择菜单"修改"→"库"→"增加对象到库"。然后在自动打开的"资源"窗口中修改库项目名称即可,这时候自动在站点中添加文件夹 Library,里面有以库项目名称为主名的.lbi 库文件,如图 7-6-3 所示。

当需要修改更新库项目时,可以打开"资源"窗口,单击"库"按钮,如图 7-6-4 所示,选中库项目双击打开,可以在文档窗口中修改该库文件。修改完毕保存,可以实现自动更新所有应用库的网页。

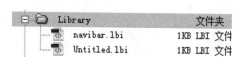

图 7-6-3　Library 文件夹

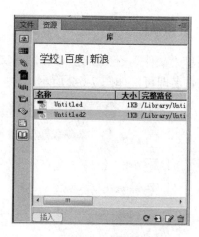

图 7-6-4　资源窗口

2. 使用库项目

使用库项目具体步骤如下：

在当前文档定位需要插入库项目的位置，打开库管理面板，选择需要的库项目，单击"插入"即可，或者直接拖动指定库项目到当前文档的具体位置也可。这时候文档中会出现库项目所表示的内容，同时以淡黄色高亮显示，表明它是一个库项目的内容，如图 7-6-5 所示。这时，用户是不可以修改文档中的库项目内容的，要修改更新，需要打开这个库项目文件来更新。

图 7-6-5　插入库项目

如果只想插入库项目的内容，而不关联库项目，可以在拖动库项目前，按"Ctrl"键，然后再拖动库项目到文档页面中，这时候网页中插入的内容与库项目是分离的，以后更新库项目时跟本文档的内容无关。

思 考 题

1．网站和网页的关系是什么？
2．简述网站的设计流程。
3．可以插入到网页中的图像格式有哪几种？
4．如何创建热点链接？
5．使用 CSS 样式设置链接文本默认状态为绿色、字号 14px、无下划线；鼠标经过时的样式为颜色蓝色、字号 18px、有下划线；访问过后颜色为黑色、有删除线。
6．创建一个外部样式表文件，将字体设置为 12px，灰色，无修饰，宋体，首行缩进 2em。
7．模板和库的作用是什么？

第 8 章

计算思维概述

计算思维（Computational Thinking）一个看似遥远与抽象的概念，当中却蕴含着丰富的人生大智慧。小到洗衣做饭，大到公司决策，人类的工作生活都与计算思维息息相关、紧密相连。计算思维对人类行为产生了深远影响。计算思维究竟是什么？计算机科学家在解决计算科学问题时蕴含着怎样的思想和方法？如何更好地在我们的工作生活甚至发明创造中掌握与运用这一能力？

8.1 计算思维

20 世纪 40 年代以来，计算机科学得到了蓬勃的发展，计算机作为一种研究工具促进了其他学科的发展，而且其思维方式也深刻地影响着很多的研究工作。什么是计算思维？国际上广泛认同的计算思维的定义来自周以真（Jeannette M.Wing）教授。2006 年 3 月，时任美国卡内基·梅隆大学（CMU）的周以真（Jeannette M.Wing）教授，在美国计算机权威刊物《Communications of the ACM》上，首次提出了计算思维（Computational Thinking）的概念："计算思维是运用计算机科学的基础概念去求解问题、设计系统和理解人类的行为。它包括了涵盖计算机科学之广度的一系列思维活动。"如同所有人都具备"读、写、算"（简称 3R）能力一样，计算思维已经成为必须具备的科学思维能力。

8.1.1 科学思维

计算思维属于科学思维，科学思维是人类科学活动中所使用的思维方式。在人类认识世界的过程中，形成了多种类型的思维方式，除了科学思维外还有艺术思维、宗教思维等。

人类在认识世界和改造世界的科学活动中离不开思维活动。思维不仅可以使人们产生对物质世界的理解和洞察，更重要的是思维活动可以促进人类之间的交流，从而可以使人类获得知识交流和传承的能力。思维的重要性是不言而喻的。事实上，人类对于自身的思维活动很早就开展了研究，并且提出了一些原则，这些原则提示了思维活动的关键特点：

1）思维活动的载体是语言和文字。
2）思维活动的表达方式必须遵循一定的格式，需要符合一定的语法和语义规则。
3）必须能用合理的表达方式陈述思维逻辑。

这三点对于人类文化传承和知识积累是非常重要的。到目前为止，符合这三点的科学思维方式大体有三种：

1）以观察和归纳自然规则为物证的实证思维（或实验思维）。
2）以推理和演绎为特征的逻辑思维。
3）以抽象化和自动化为特征的计算思维。

这三种思维方式各有特点，相辅相成，共同组成了人类认识世界和改造世界的基本科学思维内容。实证思维起源于物理学的研究，集大成者的代表是伽利略、开普勒和牛顿。实证思维要符合三项原则：第一是解释以往的实验现象；第二是逻辑上不自相矛盾；第三是能预见新的现象，即思维结论必须能够经得起实验的验证。逻辑思维的研究起源于希腊时期，集大成者是苏格拉底、柏拉图、亚里士多德等，他们基本上构建了现代逻辑学的体系。以后又经过众多逻辑学家的贡献，例如莱布尼兹、希尔伯特等，使得逻辑学成为人类科学思维的模式和工具。逻辑思维也要符合一些原则：第一有作为推理的公理集合；第二有一个可靠的推演系统。任何结论都是从公理集合出发，经过推演系统的合法推理，最终得出结论。

计算思维是人类科学思维中，以抽象化和自动化为主要特征的思维方式。尽管与前面两个思维一样，计算思维也是与人类思维活动同步发展的思维模式，但是计算思维概念的明确和建立却经历了较长的时期。

8.1.2 什么是计算思维

思维是与时俱进的，人类的思维水平随着认识工具的进步而逐步由浅入深、由单纯到复杂。正如 1972 年图灵奖得主 Edsger Dijkstra 所说，"我们所使用的工具影响着我们的思维方式和思维习惯，从而也将深刻地影响着我们的思维能力。"实际上，计算工具的发展，计算环境的演变，计算科学的形成，计算文明的迭代中到处都闪耀着思维的光芒。这种思维活动在人类科学思维中早已存在，并非一个全新的概念，只不过其研究比较缓慢。而随着电子计算机的出现，这些思维带来了根本性的变化，形成了自己独特的概念和方法。计算机将人的科学思维和物质的计算工具合二为一，反过来又大大拓展了人类认知世界和解决问题的能力和范围。或者说，计算思维帮助人们发明、改造、优化和延伸了计算机。同时，计算思维借助于计算机，其意义和作用进一步浮现。

自从 2006 年周以真教授提出计算思维这一概念后，立即得到美国教育界的广泛支持，也引起了欧洲的极大关注。目前，计算思维是当前国际计算机界广为关注的一个重要概念。近年来，很多学者提出了各种计算思维的说法。

2011 年，美国国际教育技术协会（International Society for Technology in Education，ISTE）联合计算机科学教师协会（Computer Science Teachers Association，CSTA）基于计算思维的表现性特征，给出了一个操作性定义："计算思维是一种解决问题的过程，该过程包括明确问题、分析数据、抽象、设计算法、评估最优方案、迁移解决方法六个要素。"

2012 年，英国学校计算课程工作小组（Computing at School WorkingGroup，CAS）在研究报告中阐述：计算思维是识别计算，应用计算工具和技术理解人工信息系统和自然信息系统的过程，是逻辑能力、算法能力、递归能力和抽象能力的综合体现。

2013 年，南安普顿大学 John Woollard 研究员在"计算机科学教育创新与技术"（ITiCSE）会议报告中提出"计算思维是一项活动，通常以产品为导向，与问题解决相关（但不限于问题解决)。它是一个认知或思维过程,能够反映人们的抽象能力、分解能力、算法能力、评估能力和概括能力,其基本特征包括思维过程,抽象和分解"。

中国科学院自动化研究所王飞跃教授认为,"计算思维是一种以抽象、算法和规模为特征的解决问题之思维方式。广义而言,计算思维是基于可计算的手段,以定量化的方式进行的思维过程;狭义而言,计算思维是数据驱动的思维过程。"

分析上述定义,大家所侧重的层面和维度有所不同,我们可以这样理解:计算思维是一种独特的解决问题的过程,反映出计算机科学的基本思想方法。

1. 计算思维是概念化,不是程序化

计算机科学不是计算机编程。像计算机科学家那样去思维意味着远不止能为计算机编程,还要求能够在抽象的多个层次上思维。计算机科学不只是关于计算机,就像音乐产业不只是关于麦克风一样。

2. 计算思维是根本的技能,不是刻板的技能

计算思维是一种根本技能,是每一个人为了在现代社会中发挥职能所必须掌握的。刻板的技能意味着简单的机械重复。计算思维不是一种简单、机械的重复。

3. 计算思维是人的思维,不是计算机的思维

计算思维是人类求解问题的一条途径,但决非要使人类像计算机那样地思考。计算机枯燥且沉闷,人类聪颖且富有想象力。人类赋予了计算机激情,计算机赋予了人类强大的计算能力。人类应该好好地利用这种力量去解决各种需要大量计算的问题。

4. 计算思维是思想,不是人造物

计算思维不只是将生产的软硬件等人造物到处呈现给我们的生活,更重要的是计算概念,它被人们用来问题求解、日常生活的管理,以及与他人进行交流和互动。

5. 计算思维是数学和工程思维的互补与融合

计算机科学在本质上源自数学思维,它的形式化基础建筑于数学之上。计算机科学又从本质上源自工程思维,因为我们建造的是能够与实际世界互动的系统。所以计算思维是数学和工程思维的互补与融合。

6. 计算思维面向所有的人,所有地方

计算思维是面向所有人的思维,而不只是计算机科学家的思维。如同所有人都具备"读、写、算"能力一样,计算思维是必须具备的思维能力。当计算思维真正融入人类活动的整体时,它作为一个问题解决的有效工具,人人都应当掌握,处处都会被使用。例如当前各个行业领域中面临的大数据问题,都需要依赖于计算算法,来挖掘有效内容,这意味着计算思维已成为一种普适思维方式。

计算思维的本质是抽象(Abstraction)和自动化(Automation)。它反映了计算的根本问题,即什么能被有效地自动进行。计算是抽象的自动执行,自动化需要某种计算机去解释抽象。

从操作层面上讲，计算就是如何寻找一台计算机去求解问题，隐含地说就是要确定合适的抽象，选择合适的计算机去解释执行该抽象，后者就是自动化。

需要强调的是，计算思维虽然被冠以"计算"两个字，但绝不是只与计算机科学有关的思维，而是人类科学思维的一个组成部分，它是在计算机出现之前就已经存在的。实际上，即使没有计算机，计算思维也在逐步发展，并且有些内容与计算机也没有关系。只是由于计算机的发展极大促进了这种思维的研究和应用，并且在计算机科学的研究和工程应用中得到广泛的认同，所以人们习惯地将这种思维叫作计算思维。

8.1.3 计算思维的应用

计算机科学发展异常迅猛，有目共睹。在计算机时代，计算思维的意义和作用提到了前所未有的高度。如 1998 年和 2013 年的诺贝尔化学奖授予一个计算手段的研究者说明：计算思维对非计算机学科人才实现复合性跨学科创新是非常重要的。

计算思维代表着一种普适的态度和一种普适的技能，已经渗透到了各学科、各领域，并影响和推动着各学科、各领域的发展。计算思维的影响主要体现在科学研究和生活应用两个方面，包括给传统学科提供新的发展方向、开发交叉学科的新研究域以及生活的方方面面等。

1. 学科发展

计算思维已经影响到所有科学和工程学科的研究，不仅限于传统的理工学科，更多的学科正在受到其影响，并发生改变。从几十年前开始的运用计算机建模和仿真，到现在利用数据挖掘和机器学习来分析海量数据，计算、理论和实验一起，被公认为科学的第三大支柱。

在生物学中，计算机科学许多领域诸如数据库、数据挖掘、人工智能、算法、图形学、软件工程、并行计算和网络技术等都被用于生物计算的研究。从各种生物的 DNA 数据中挖掘 DNA 序列自身规律和 DNA 序列进化规律，可以帮助人们从分子层次上认识生命的本质及其进化规律。又如，许多人曾以为，生物燃料能很好地替代石油。但经过多年研究后并没有达到预期效果，反而遭遇瓶颈。近年来，突破这种屏障的一个灵感来自于切叶蚁。在大湖生物能源研究中心，切叶蚁在塑料箱中乱转，弄出可以将树叶碎屑转化为油滴。生物学家以前都是想办法直接收集这些微生物，利用这些微生物本身，而现在则思考利用计算机将微生物所含的编码酶的基因分离出来，直接用于工业过程中分解植物细胞壁。

在数学中，十八名世界顶级数学家凭借他们不懈的努力，借助超级计算机，计算了四年零七十七个小时，处理了 2000 亿个数据，完成了世界上最复杂的数学结构-E8（E8 Lie Group）。如果在纸上列出整个计算过程所产生的数据，所需纸面积可以覆盖整个曼哈顿。四色问题是公认的数学难题，经历几个世纪，经历数百位数学家的努力，它仍巍然不动。后来有数学家提出四色问题可以进行分类讨论。只不过，虽然这位数学家明确指出，分类的状况是有限的，仍然数字巨大，非人力所能及。而后来美国伊利诺伊大学哈肯与阿佩尔利用计算机程序对这有限而众多的情况进行了计算分析，凭借计算机"不畏重复不惧枯燥"、快速高效的优势证明了四色定理。

在神经科学中，大脑是人体最难研究的器官。一直以来，难以从大脑中提取活检组织，无法观测活的大脑细胞一直是精神病研究的障碍。精神病学家目前从患者身上提取皮肤细胞,转成干细胞,然后将干细胞分裂成所需要的神经元,最后得到所需的大脑细胞,首次在细胞水平上观测到精神分裂患者的脑细胞。通过转变新的思维方法,科学家们找到了以前不曾想到的解决方案。

在经济学中,囚徒困境是博弈论专家设计的典型示例,但是囚徒困境博弈模型可以用来描述两家企业的价格大战等许多经济现象。计算思维正在改变经济学,通过广告植入、网上拍卖、信誉服务甚至是寻找最优肾脏移植捐赠者的诸多应用,开拓出计算微观经济学的新领域。

在统计学中,计算思维正在改变统计学,通过机器学习贝叶斯方法的自动化以及可能的图形化模型的使用,从而从大量的数据集中进行模式识别和异常检测,包括多样化的天文学图谱、工具性图像扫描、信用卡购买以及食品超市的发票等。

在人文艺术领域,通过数据挖掘和数据联邦等计算方法生成的电子图书馆,文物收藏等,为探究理解人类行为的新趋势、新模式和新关联创造了机会。

在环境学中,大气科学家用计算机模拟暴风云的形成来预报飓风及其强度。最近,计算机仿真模型表明空气中的污染物颗粒有利于减缓热带气旋。因此,与污染物相似但不影响环境的气溶胶被研发并将成为阻止和减缓这种大风暴的有力手段。

在计算机科学内部,计算思维也引发了一场革命。周以真以自己曾经任教的卡耐基梅隆大学为例提到,"计算思维无处不在。我们有学位课程,选修课程,或者"计算 X",其中"X"代指应用数学,生物,化学,设计,经济学,金融学,语言学,力学,神经科学,物理学,统计学习。我们甚至拥有一门计算摄影课程。我们有计算机音乐项目,涉及计算、组织和社会。我们还拥有计算机科学和其他学科的合作项目,比如算法,组合和优化(计算机科学、数学和商业);人机交互(计算机科学和心理学);语言技术(计算机科学和语言学);逻辑和计算(计算机科学和哲学);纯粹与应用逻辑(计算机科学,数学和哲学);以及机器人(计算科学,电子与计算机工程和机械工程)。"

此外,很多实证思维和逻辑思维无法解决的问题,可以使用计算思维来理解并解决。计算思维不仅仅为了解决问题效率,甚至可以延伸到经济问题、社会问题。大量复杂问题求解、宏大系统建立、大型工程组织都可通过计算来模拟,包括计算流体力学、物理、电气、电子系统甚至同人类居住地联系在一起的社会和社会形态研究,当然还有核爆炸、蛋白质生成、大型飞机等,都可应用计算思维借用现代计算机进行模拟。

2. 生活应用

计算思维不局限于科学研究,还包括了对现实生活问题的探索与解决。这种思维将成为不仅仅是其他科学家,而且是其他每一个人的技能组合之部分。计算普遍化之于今天就是计算思维之于明天。计算普遍化是已变为今日之现实的昨日之梦,计算思维就是明日之现实。

在日常生活中,在超市付费时,应当去排哪一队才能最有效率,这就是"多服务器系统"的性能模型;停电时电话依然可以使用,这是设计的"冗余性"问题;某计算机科学学院的院长为了加快学院毕业典礼,通过对个人位置的仔细安排,设计了一条高效的管线,以便学位委员会主席在读每一位毕业生的名字和荣誉的时候,这位毕业生都能得到自己的文凭,并与主席握手或拥抱,并拍摄照片。而这条管线使得学生们源源不断通过主席台;还有自助餐的管线总是把调味品放在沙拉之前,把调味汁放在主菜之前,而一开始就摆放镀银餐具，这些就是所谓的"管线"理论的应用。

音乐的欣赏也是人们娱乐的一个重要组成部分。《命运交响曲》、《蓝色多瑙河》、《安魂曲》等大师的作品令人陶醉。许多人苦于不识音律，无法谱出自己的乐曲，（噪音偏多）。而现在随着计算机技术的发展，不识音律者也可以圆谱曲之梦。简单地以诺基亚手机上的自谱铃声来说，计算机事先将音乐转化为符号，并将其运行程序储存起来，用户键入音符时，会在提示下键入符合声乐规律的符号，（一个避免噪声的很有效的措施），用户将符号进行组合，然后计算机将之转化为声音输出出来。声音被抽象为符号，避免了不会操纵乐器的尴尬，而正常情况下，每个人都可以操纵按键。在用户输入后，计算机自动地提示并执行。这一过程中，声乐（数据）被转化为符号，符号又被转化为声乐（数据）。这一技术把演奏乐器与识别音律这一难题分解为用户可以解决的问题，即键入符号。用户发挥了作为人类的创造性，而计算机提供了音乐法则并担当了乐器的角色。计算思维让每个人都成为音乐家。这就是生活中的"大师"普通化。

下面的故事摘录于一封 Roger Dannenberg 发送的电子邮件。他是一位专业鼓手和计算机科学家。"我出现在一个大型乐队的演出，乐队队长分发的材料包括了大概 200 张无序的图表和大约 40 个曲目单。每个人都开始一张张图表的搜索，我决定按字母表顺序排列这 200 张图表然后拉出来。当其他乐队成员已经看了一半的时候，我还在整理图表，并且我已经开始得趣，但最后，我第一个完成了。这就是计算思维。"运用计算思维改变生活，可以使现实生活更加高效，更加合理。

当今社会，运用计算思维来考虑和陈述问题，已经成了越来越普遍的事实。计算思维已经成了现代人必备的素质。周以真教授认为，计算思维是 21 世纪中叶每个人都要用到的工具，它将会像数学和物理那样成为人类学习知识和应用知识的基本组成和基本技能。陈国良教授认为，当计算思维真正融入人类活动的整体时，它作为一个解决问题的有效工具，人人都应当要掌握，处处都会被使用。计算思维在人类思维活动中的地位越来越重要，它对当今的科学发展有着重要的意义。

总之，计算思维改变着人们的科研，改变着人们的生活，改变着我们周围的世界。

8.2 程 序 基 础

计算思维反映的是利用计算机技术解决问题的思维方法，而利用计算机解决实际问题，必定需要编写相应的应用程序。用计算机编程，其实质也是人的认知过程在计算机上的实现，因此程序设计本质上也是抽象和理性思维过程。开发应用程序当然要理解程序设计过程中的特定思维，本节我们主要介绍程序设计语言基础和程序设计的技术和方法，这些知识都将为我们学习计算机语言和程序设计都将打下坚实的基础。

8.2.1 高级程序设计基础

1. 程序设计的基本原则

要设计出一个好的程序，除了要熟练地掌握一种程序设计语言之外，必须要了解利用计算机解决实际问题的过程，以及掌握程序设计的基本方法。

一般认为，用计算机解决一个具体问题时，主要经过以下几个步骤：首先要对问题进行分析，从具体问题中抽象出一个适当的数学模型，然后设计一个解此数学模型的数据结构和算法，最后运用某种程序设计语言编写程序，进行测试、调整直至得到最终解答。寻求数学模型的实质就是分析问题，从中提取操作的对象，并找出这些操作对象之间含有的关系，然后用数学的语言加以描述。

如图 8-2-1 所示为计算机解决具体问题的基本过程。

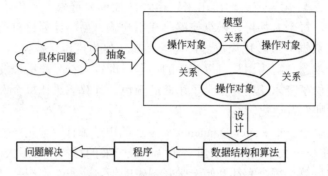

图 8-2-1　计算机解决问题的一般过程

如何才能编写出高质量的程序呢？下面是设计程序时应遵循的基本原则：

1）正确性。正确性是指程序本身必须具备且只能具备程序设计规格说明书中所列举的全部功能。它是判断程序质量的首要标准。

2）可靠性。可靠性是指程序在多次反复使用过程中不失败的概率。

3）简明性。简明性的目标是要求程序简明易读。

4）有效性。程序在计算机上运行需要使用一定数量的计算机资源，如 CPU 的时间、存储器的存储空间。有效性就是要在一定的软、硬件条件下，反映出程序的综合效率。

5）可维护性。程序的维护可分为校正性维护、适应性维护和完善性维护。一个软件的可维护性直接关系到程序的可用性，因此应特别予以关注。

6）可移植性。程序主要与其所完成的任务有关，但也与它的运行环境有着一定的联系。软件的开发应尽可能远离机器的特征，以提高它的可移植性程度。

2．程序设计的方法

程序设计是一项工程，也是一门艺术。一个良好的程序应该具有可靠性、易读性、高效性和易维护性等特点。为了达到这个目标，就要采用科学的程序设计方法进行指导。程序设计方法经历了从传统的结构化程序设计方法到目前广泛被接受的面向对象程序设计方法。

（1）结构化程序设计方法

结构化程序设计方法的思想主要包括两个方面：

1）在软件设计和实现过程中，提倡采用自顶向下、逐步细化的模块化程序设计原则。其程序结构是按功能划分为若干个基本模块；各模块之间的关系尽可能简单，在功能上相对独立。

2）编写代码时，强调采用单入口单出口的三种基本控制结构，避免使用 goto 语句。

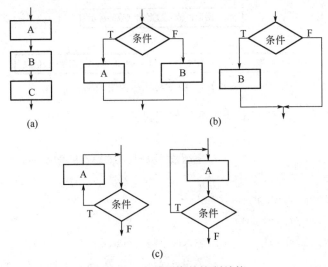

图 8-2-2 三种基本的控制结构
（a）顺序结构；（b）选择结构；（c）循环结构

下面结合一个例子，说明结构化程序设计方法是如何运用在具体的程序设计中。

例：求两个正整数的最大公约数和最小公倍数。

求解过程：

1）采用"自顶向下、逐步细化"的原则进行问题的分析。

该问题可以把它分解为如图 8-2-3 所示的四个子问题。

第一，输入两个正整数。

第二，求这两个数的最大公约数。

第三，求这两个数的最小公倍数。

第四，显示求得的结果。

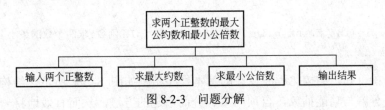

图 8-2-3 问题分解

该问题比较简单，经过分解后每个子问题都已经非常的具体明确，没有必要再继续细分。对于较复杂的问题，在第一轮分解后还需再次进行分解，直到分解后问题都非常具体明确时不再细分下去。

2）采用"模块化"结构进行程序设计。

分解后四个子问题，每个子问题可以作为一个功能模块来设计。在 C 语言中，用一个个函数来分别实现程序中的各子功能模块，在 main() 函数中，通过流程控制语句，将这些函数有机地组织成完整的程序。本例中的这四个功能模块分别用三个函数来实现，其中输入数据和输出结构功能模块合并放在 main() 函数中。函数功能和函数调用关系如图 8-2-4 所示。

```
                    ┌─────────────────────────────────┐
                    │ main函数：输入数据和结果的显示  │
                    └─────────────────────────────────┘
        ┌─────────────────────────┐    ┌─────────────────────────┐
        │ divisor函数：求最大公约数 │    │ multiple函数：求最小公倍数│
        └─────────────────────────┘    └─────────────────────────┘
```

图 8-2-4 函数功能和调用关系

3）运用 C 语言采用三种基本结构进行代码设计。

```c
#include"stdio.h"
void main()                         //主函数：完成数据的输入和输出，负责函数的调用
{int a,b,g,l;
int divisor(int m,int n);
int multiple(int m,int n);
scanf("%d,%d",&a,&b);               //输入两个整数到a,b
g= divisor (a,b);                   //调用divisor函数，求a,b的最大公约数
l= multiple (a,b,g);                //调用multiple函数，求a,b的最小公倍数
printf("greatest common divisor is %d ,The lowest common multiple is %d
",g,l);                             //输出最大公约数和最小公倍数
}
int divisor(int m,int n)            //divisor 函数：求最大公约数
{int r,t;
if(m<n)                             //选择结构
  { t=m;m=n;n=t;}                   //顺序结构,实现两个数的交换
while((r=m%n)!=0)                   //循环结构,实现辗转相除法
{m=n;n=r;}
return n;
}
int multiple(int m,int n,int k)     //multiple 函数：求两个数的最小公倍数
{return m*n/k;}
```

从以上分析可知，结构化程序设计的基本程序结构如图 8-2-5 所示。结构化程序设计由于采用了模块分解与功能抽象，自顶向下、分而治之的方法，从而有效地将一个较复杂的程序设计任务分解成许多易于控制和处理的子任务，便于开发和维护。其特点是结构良好、条理清晰，功能明确，描述方式适合人们解决复杂问题的普遍规律。对于需求稳定、算法密集型的领域（如计算科学领域），采用结构化程序设计方法是非常有效和适用的。因此，结构化程序设计方法在软件开发中起到了非常重要的作用。

（2）面向对象程序设计方法

结构化程序设计方法学确实给程序设计带来了巨大进步，并在许多中小规模的软件项目获得了成功。随着信息技术的飞速发展，计算机软件也从单纯的科学和工程计算渗透到社会生活的方方面面，软件的规模也越来越大，复杂性急剧提高，此时结构化程序设计方法逐步暴露出诸多问题和缺陷。结构化程序设计方法把数据和处理数据的过程分离为相互独立的实体，当数据结构改变时，所有相关的处理过程都要进行相应的修改，每一种相对于老问题的新方法都要额外的开销，程序的可重用性差，难以维护，严重影响了

程序开发的效率。为此，一种全新的、强有力的程序设计开发方法--面向对象程序设计方法应运而生。

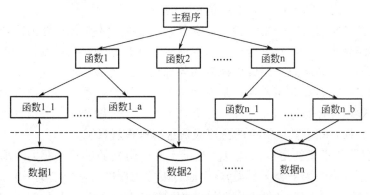

图 8-2-5　结构化程序设计的程序结构

面向对象程序设计出发点和基本原则是直接面对客观存在的事物来进行软件开发，将人们在日常生活中习惯的思维方式和表达方式应用在程序设计中，使程序设计从过分专业化的方法、规则和技巧中回到客观世界，回到人们通常的思维方式。它直接反映了人们对客观世界的认知模式——从特殊到一般的归纳过程和从一般到特殊的演绎过程。它的出现，实际上是程序设计方法发展的一个返璞归真过程。

面向对象程序设计方法是将数据和对数据的操作方法放在一起，作为一个相互依存、不可分离的整体对象。对同类型对象抽象出其共性，形成类。类中的大多数数据，只能用本类的方法进行处理。类通过一个简单的外部接口与外界发生关系，对象与对象之间的通过消息进行通信。

2）面向对象程序设计的基本概念

a．对象。从一般意义上讲，对象是现实世界中一个实际存在的事物，它可以是有形的（一个学生、一台电脑），也可以是无形的（如一场演出，一个计划）。

客观世界都是由客观世界的实体及实体之间的相互关系构成，我们把客观世界的实体称为问题空间的对象。复杂对象由相对较简单的对象以某种方法组成。从这个意义上说，整个客观世界可认为是一个最复杂的对象。对象通常有自己的属性，而且能够执行特定的操作。例如一个人可以描述为"姓名：张三，性别：男，身高：170"，这里的"姓名"、"性别"、"身高"就是对象的属性，而"张三"、"男"、"170"则是对应的属性值。该对象还有"走路"、"说话"等行为，在面向对象程序设计中，也称为方法。属性用于描述对象的静态特征，而行为用于描述对象的动态特征。

b．类。把众多的事物进行归纳并划分为一些类，是人类在认识客观世界时经常采用的思维方法。分类所依据的原则是抽象，即忽略事物的非本质特性，只注意那些与当前目标有关的本质特性，把具有相同性质的事物划分为一类，得出一个抽象的概念。如，汽车，书，教室，学生等都是人们在长期的生产实践中得出的抽象概念。

面向对象方法中的"类"是指具有相同属性和行为的一组对象的集合。它描述的不是单个对象，而是一类对象的共同特征。例如，图书管理系统中可以定义"读者"类，而"张三"、"李明"、"王杨"这些学生就是属于该类的对象，或者叫作类的实例。它们都具有该类的属性和操作，但每个对象的属性值可以不同。

c．封装。封装是面向对象方法一个非常重要的原则，即将对象的属性和方法封装起来形成一个对象，并尽可能地隐藏对象的内部细节。封装是一种信息隐藏技术，用户只能见到对象封闭界面上的信息，对象内部对用户是隐蔽的。

封装的目的在于将对象的使用者和设计者分开，使用者不必知道行为实现的细节，只需用设计者提供的消息来访问该对象即可。这与现实生活是相吻合的。例如，电视机有一个外壳将它们的内部细节封装起来，通过电视机的外部按键或者遥控器来控制电视机使其正常工作。内部细节如果不被封装对用户使用是不利的，而且用户也不需要知道其内部构造。由此看出封装可以有效地保证数据的安全性，并能隐藏类的实现细节，程序员使用时不需要知道类是如何实现的，只要知道其所提供的公用成员进行操作就行了。

d．继承。继承是指新类可以在现有类基础上派生得到的过程。新类继承了原有类的特性，新类又称为原有类的派生类（子类），而原有类称为新类的基类（父类）。

世界上的事物有很多相似之处，而在这些相似的事物之间具有某种继承关系。例如，孩子和父亲之间往往有许多相似之处，因此可以说孩子从父亲那里继承了许多特性；汽车与卡车、轿车、客车之间存在着一般化与具体化的关系，可以用继承来实现。

继承具有可传递性。例如，"学生"类从"人"类继承而来，"本科生"和"研究生"类再从"学生"类继承而来，那么"本科生"和"研究生"类也就自动继承了人的姓名、身高等属性。这样的派生类就能享受其各级基类所提供的服务，从而实现高度的可复用性；当基类的某项功能发生变化时，对它的修改也会自动体现到各派生类中，这提高了软件的可维护性。

客观现实中还存在多继承关系。如鸭嘴兽既有鸟类的特征，又有哺乳动物的特征，那么可以把它看成是鸟类和哺乳动物共同的派生类。又如，一名在职研究生具有老师和学生的双重身份。现代程序设计语言既支持单继承，又支持多继承，具有很大的灵活性。

e．多态。多态性是指在一般类中定义的属性或行为，被特殊类继承之后，可以具有不同的数据类型或变现出不同的行为。这使得同一个属性或行为在一般类及其各个特殊类中具有不同的意义。比如某个公司的员工，都有计算员工工资的行为，但这个行为不具备具体的含义，因为一个公司的员工有多种类型，例如总经理、销售主管、销售人员等，不同的身份计算工资的方法是不一样的。但可以定义员工的一些派生类，如总经理类、销售主管类、销售人员类等，他们都继承了一般员工类的计算工资的行为，因此也就具有了计算工资的能力。接下来，可以通过在派出类中根据需要来实现不同类中的计算工资的行为，这样就能根据员工的身份来合理地计算员工的工资了。这就是面向对象方法中的多态性。

2）面向对象程序设计的程序结构

面向对象程序设计的基本元素是对象，即程序就是若干个对象的集合。图 8-2-6 给出了面向对象程序设计的程序结构，它的主要结构特点是：第一，程序一般由类的定义和类的使用两部分组成，在主程序中定义各对象并规定它们之间传递消息的规律；第二，程序中的一切操作都是通过向对象发送消息来实现的，对象接收消息后，启动有关方法并完成相应的操作。一个程序中涉及的类，可以由程序设计者自己定义，也可以使用现成的类（包括类库中为用户提供的类和他人已构建好的类）。

图 8-2-6　面向对象程序设计的程序结构

很明显，结构化程序设计方法和面向对象程序设计方法有着很大的差异。从提高程序的重用性和可维护性的角度看，面向对象方法有较好的应用前景。但面向对象程序设计方法的基础仍然是结构化程序设计，即由顺序、分支与循环三种结构来组成。

8.2.2　抽象

抽象是计算思维的本质特征之一，也是计算学科中的一个非常重要的概念。抽象是注重把握系统的本质内容，而忽略与系统当前目标无关的内容，它是一种基本的认知过程和思维方式。

1. 什么是抽象

抽象是对实际事物进行人为处理，抽取所关心的、共同的、本质特性的属性，并对这些事物和特性属性进行描述，从而大大降低系统元素的数量。例如苹果、香蕉、生梨、葡萄、桃子等，它们共同的特性就是水果。得出水果概念的过程，就是一个抽象的过程。要抽象，就必须进行比较，没有比较就无法找到在本质上共同的部分。在抽象时，同与不同，决定于从什么角度上来抽象。抽象的角度取决于分析问题的目的。

2. 计算的三个抽象层次

第一个抽象层次是"计算理论"，它是信息处理机（如图灵机）的抽象。在这个层次上，信息处理机的工作特性（计算）是映射，即把一种信息映射成另一种信息。

第二个抽象层次是"信息表示与算法"，它涉及输入、输出信息的选择，以及用来把一种信息变换成另一种信息的算法选择，它关注的问题是如何实现计算？计算的复杂度如何？

第三个抽象层次是"硬件"，这一层次关注的问题是在物理上如何实现这种信息的表示和算法。而一个算法可以用软件或硬件的形式来实现，如防火墙，也可以采用不同的技术途径来实现。

理论上讲，最抽象的计算理论与最现实的机器硬件之间没有直接的关系，它们是相互独立的。而算法是一个中介，它既与计算理论相关联，又与机器硬件关联。不过，从现实上看，这三个层次是相互关联的，即任何一个问题的计算，都是这三个层次相互协调的结果。

3. 程序设计中的抽象

计算机要解决客观世界的现实问题，首先必须要对客观事物进行抽象，即将现实世界中的事物、事件以及其他对象或概念用数据（符号）来表示，这样计算机才能运算处理。这里的数据主要包括数值、字符和字符串等多种形式。

实际上，抽象渗透在整个程序设计之中，它与程序设计语言有特别的双重关系。一方面

`语言是软件人员来实现抽象的工具,另一方面语言本身就是处理机的抽象,它的目的是在这个处理机上实现的。然而,早期的语言并未完全体现出抽象在程序设计中的重要作用,如机器语言、符号汇编语言等,直到五十年代末设计出第一个高级语言,才为定义抽象机制提供了丰富内容。程序设计中的抽象主要包括两个方面:数据抽象和控制抽象。

1)数据抽象。在早期的程序设计语言中,机器语言(包括早期的汇编语言)中数据具有最原始的形式,根本谈不上抽象。50 年代末逐渐产生的 FORTRAN、COBOL、ALGOL 60 等高级语言,引入了数据类型,实现了数据抽象。例如,在 C 语言中,有如下变量定义语句:int a;这里变量 a 实际上就是对应某个存储单元的地址,也就是对存储单元的抽象。变量 a 的值实际是两个连续存储单元的内容,实际上是对这两个存储单元中的二进制代码的抽象。对 a 的操作要按整数运算规则进行。实际上,类型规定了我们对二进制代码的解释,也就规定了一组值的集合和可以对其施加的操作的集合。

在类型的基础上可以定义数据包或类,类的名字所代表的数据更加抽象,规定了其中的一些不同类型的数据,以及这些数据所允许的计算(即操作)。类名代表了一个复杂的数据。

数据的抽象使我们能在更高的层次上操纵数据。每个高层数据运算的实现在其内部完成。

2)控制抽象。控制抽象通过把基本操作组合成任意复杂的模式,使计算模型化。简单地说,控制抽象隐含了程序控制机制,而不必说明它的内部细节。控制结构描述语句或一组语句(程序单位)执行的顺序。

8.3 数据结构与算法基础

一个程序应包括以下两方面内容:
1)对数据的描述。在程序中要指定数据的类型和数据的组织形式,即数据结构。
2)对操作的描述。即操作的步骤,也就是算法。

数据是操作的对象,操作的目的是对数据进行加工处理,以得到期望的结果。比如,厨师要做菜,需要有菜谱。菜谱上一般包括:1)配料,指出应使用哪些材料。2)操作步骤,指出如何使用这些原料按规定的步骤加工成所需的菜肴。面对同样的材料可以加工出不同风味的菜肴。作为设计人员,必须认真考虑和设计数据结构和操作步骤(即算法)。

著名计算机科学家沃思(Nikiklaus Wirth)曾经提出一个公式:数据结构+算法=程序。随着时代的发展以及计算机技术的进步,这个公式已经不够准确了。但是数据结构和算法在程序设计中依然占据极其重要的地位。其中,数据结构是程序的加工对象,也是程序的基础,算法是程序的灵魂。

8.3.1 数据结构基础

利用计算机进行数据处理时,实际需要处理的数据一般会很多。要提高数据处理效率,且节省存储空间,如何组织数据就非常的关键。而数据结构用来反映数据的内部组成,即数据由哪些成分构成,以什么方式构成,是什么结构。下面我们给出数据结构的基本概念,并概要地介绍几种典型的数据结构。

1. 什么是数据结构

数据结构是指相互之间具有一定联系的数据元素的集合。数据结构有逻辑上的数据结构和物理上的数据结构之分。逻辑上的数据结构反映成分数据之间的逻辑关系即逻辑结构，而物理上的数据结构反映成分数据在计算机内部的存储安排即存储结构。通常，算法的设计取决于数据的逻辑结构，算法的实现取决于数据的物理存储结构。因而研究数据结构的逻辑结构与存储结构显得十分重要。

2. 逻辑结构

数据元素之间的相互关系称为逻辑结构。逻辑结构有四种基本类型，如图 8-3-1 所示。

（1）集合结构

结构中的数据元素除了同属于一个集合外，它们之间没有其他关系，这样的结构称为集合结构。各个数据元素是"平等"的，它们的共同属性是"同属于一个集合"。数据结构中的集合关系就类似于数学中的集合。

如果将紧密相关的数据组合到一个集合中，则能够更有效地处理这些紧密相关的数据。代替编写不同的代码来处理每一单独的对象，可以使用相同的调用代码来处理一个集合的所有元素。

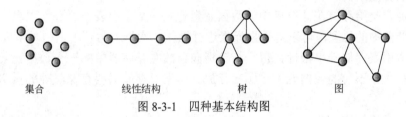

集合　　　　　线性结构　　　　　树　　　　　图

图 8-3-1　四种基本结构图

（2）线性结构

结构中的数据元素之间是一对一的关系，这样的结构称为线性结构。线性结构中的数据元素之间是一种线性关系，数据元素一个接一个地排列。如排队的队列、表格中一行行的记录等。

（3）树形结构

结构中的数据元素之间存在一种一对多的层次关系，这样的结构称为树形结构。树形结构是一层次的嵌套结构。一个树形结构的外层和内层有相似的结构，所以，这种结构多可以递归的表示。

（4）图形结构

结构中的数据元素是多对多的关系，这样的结构称为图形结构。图形结构的数据元素之间存在着多对多的关系，也称网状结构。

3. 数据存储结构

数据元素的存储结构形式有以下四种：

（1）顺序存储结构

把逻辑上相邻的数据元素存储在物理位置上相邻的存储单元中，元素之间的逻辑关系由存储单元的邻接关系来体现。由此得到的存储表示为顺序存储结构，通常顺序存储结构是借助于计算机程序设计语言（例如 C 语言/C++语言）的数组来描述的。线性的数据结构通常采用顺序存储结构。非线性的数据结构也可通过某种线性化的方法实现顺序存储。

特点：节省存储空间，因为分配给数据的存储单元全用来存放数据元素的值（不考虑 C 语言/C++语言中数组需指定大小的情况），元素之间的逻辑关系没有占用额外的存储空间。采用这种方法时，可实现对数据元素的随机存取，即每一个元素对应一个序号，由该序号可以直接计算出来元素的存储地址。但顺序存储方法的主要缺点是不便于修改，对数据元素的插入、删除操作时，可能要移动一系列的元素，效率较低。

（2）链式存储结构

把数据元素存放在任意的存储单元里，这组存储单元可以是连续的，也可以是不连续的。数据元素间的逻辑关系由附加的指针字段表示，由此得到的存储表示称为链式存储结构。在这种结构中，每存放一个数据元素，还要存放一个指针，用来描述元素之间的关系。我们把这样一个既存放数据元素又存放指针的存储块称为节点。链式存储结构可以借助程序设计语言中的指针类型来实现。

特点：逻辑上相邻的节点物理上不必相邻。插入、删除灵活（不必移动节点，只要改变节点中的指针）。但是每个节点是由数据域和指针域组成，导致存储效率不高。查找节点时链式存储要比顺序存储慢。

（3）索引存储结构

该方法通常是给存储在计算机中的数据元素建立一个索引表。通过索引表，可以得到数据元素在存储器中的位置，可以对数据元素进行操作。索引表由若干索引项组成。

它使用索引表存储一串指针，每个指针指向存放在存储器中的一个数据元素。它的最大特点是可以把大小不等的数据元素按顺序存放。但索引存储需要存储额外的索引表，增加了额外的开销。

（4）散列存储结构

根据数据元素的关键字直接计算出该元素的存储地址，由此得到的存储表示称为散列存储结构。理想状态下，这种方法相当妙。但很难达到理想状态，这时需解决的关键问题是：选择适当的散列函数和研究解决冲突的方法。

数据结构的四种基本存储方法，既可单独使用，也可组合起来对数据结构进行存储映像。同一逻辑结构采用不同的存储方法，可以得到不同的存储结构。选择何种存储结构来表示相应的逻辑结构，视具体要求而定，主要考虑运算方便及算法的时空要求。

4．几种典型的数据结构

下面简单地介绍几种典型的数据结构，包括：线性表、栈和队列。

（1）线性表

线性表是最常用的一种数据结构。线性表是具有相同类型的 n 个数据元素组成的有限序列，通常记为 (a_1, a_2, … a_{i-1}, a_i, a_{i+1}, …a_n)。其中，a_i 是表中元素，n 是表的长度，当 n=0 时线性表为空表。当 n≠0 时，a_1 是第一个元素，也称为表头元素，a_n 是最后一个元素，也称为表尾元素。a_1 是 a_2 的直接前驱元素，a_2 是 a_3 的直接前驱元素，而 a_2 是 a_1 的直接后继元素，a_3 是 a_2 的直接后继元素。不同的线性表中的数据元素可以是多种多样的，例如：英文字母表（A,B,C,…,Z），某校从 1980 年到 1985 年的计算机的拥有量的变化情况表（6,15,28,52,90,186）。更复杂地，如一个班所有学生的某学期课程成绩表也是一个线性表。

其中数据元素是由每一个学生的某学期课程的成绩组成的记录，记录由学号、姓名、各门课程名等数据项组成，这些数据项也称为字段。

线性表是一种相当灵活的数据结构，它的长度可根据需要增长或缩短，即线性表的元素不仅可以访问，还可以进行插入、删除等操作。在计算机中，线性表通常可以采用顺序存储和链式存储两种存储结构。

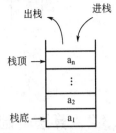

图 8-3-2　进栈和退栈操作

（2）堆栈

栈（Stack）是限制仅在表的一端进行插入和删除运算的线性表。通常称插入、删除的这一端为栈顶（Top），另一端称为栈底（Bottom）。设栈 $S=(a_1,a_2,…a_n)$，a_1 是最先进栈的元素，a_n 是最后进栈的元素，则称 a_1 是栈底元素，a_n 是栈顶元素。进栈和出栈的操作是按照"后进先出"（Last In First Out，LIFO）的原则进行的。进栈和退栈操作如图 8-3-2 所示。

栈一般采用顺序存储结构，即使用一个连续的存储区域来存放栈元素，并设置一个指针 top 指示栈顶的位置，以 top=0 表示空栈。图 8-3-3 展示了栈中数据元素和栈顶指针之间的关系，其中栈中元素按照 A，B，C 次序进栈和 C 出栈的过程。

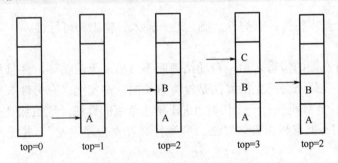

图 8-3-3　堆栈的存储结构示例

（3）队列

队列（queue）是限制仅在表的一端进行插入，而在表的另一端进行删除操作的线性表。允许插入元素的一端称为队尾。允许删除元素的一端称为队首。设队列 $Q=(a_1, a_2, … a_n)$，其中的元素按照 $a_1, a_2, … a_n$ 的顺序进入，则 a_1 是第一个退出队列的元素。进入队列和退出队列的操作是按照"先进先出"（First In First Out，FIFO）的原则进行的。入队和出队的操作的示意图如图 8-3-4 所示。

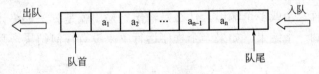

图 8-3-4　队列操作示意图

由于队列中的数据元素变动较大，通常队列采用链式存储结构。用链表表示队列，称为链队列。一个链队列需要设置两个指针，一个为队首指针，另一个为队尾指针，分别指向队列的头和尾。图 8-3-5 给出了链队列的示意图。

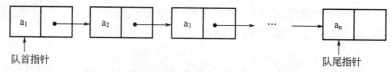

图 8-3-5　链队列示意图

8.3.2　算法基础

1. 什么是算法

广义地说，为解决一个问题而采取的方法和步骤，就称为算法。事实上，所有的问题都有算法，并非只有计算学科中的问题才有算法。例如描述太极拳动作的图解，就是"太极拳的算法"。一首歌曲的乐谱，也可称为该歌曲的算法。这些算法跟计算学科中的算法最大的差别就在于，前者是人执行的算法，而后者则是由计算机执行。不管怎样，解决问题的过程就是算法实现的过程。

2. 算法的特性

算法具有五个基本特性：有穷性、确定性、输入、输出和可行性。

（1）有穷性

指算法在执行有限的步骤之后，自动结束而不会出现无限循环，并且每一个步骤在可接受的时间内完成。任何不会终止的算法是没有意义的，事实上"有穷性"往往指"在合理的范围之内"。如果让计算机执行一个历时 1000 年才结束的算法，这虽然是有穷的，但超过了合理的限度，人们不把它视为有效算法。究竟什么算"合理限度"，并无严格标准，由人们的需要而定。

（2）确定性

算法中的每一个步骤都应当是确定的，而不应当是含糊的、模棱两可的。算法中的每一个步骤应当不致被解释成不同的含义，而应是十分明确的。算法在一定条件下，只有一条执行路径，相同的输入只能有唯一的输出结果。算法的每个步骤被精确定义而无歧义。

（3）有零个或多个输入

一个算法可以没有输入，也可以有多个输入，输入是在执行算法时从外界取得的必要的信息，即算法所需的初始量等。

（4）有一个或多个输出

一个算法可以有一个或多个输出。什么是输出？输出就是算法最终计算的结果。编写程序的目的就是要得到一个结果，如果一个程序运行下来没有任何结果，那么这个程序本身也就失去了意义。

（5）可行性

算法的每一步都必须是可行的，也就是说，每一步都能够通过执行有限次数完成。可行性意味着算法可以转换为程序上机运行，并得到正确的结果。尽管在目前计算机界也存在那种没有实现的极为复杂的算法，不是说理论上不能实现，而是因为过于复杂，我们当前的编程方法、工具和大脑限制了这个工作，不过这都是理论研究领域的问题，不属于我们现在要考虑的范围。

3. 算法的描述

对于一些问题的求解步骤,需要一种表达方式,即算法描述。其作用是可以使他人通过这些算法描述了解算法设计者的思路。为了表示一个算法,可以用不同的方法,常用的有自然语言、流程图和伪代码等,下面将对算法的描述做进一步介绍。

(1) 自然语言表示算法

自然语言可以理解为日常用语,就是人们日常所使用的语言,如英文或中文等,这种表示方式通俗易懂,但是采用自然语言进行描述也有很大的弊端,就是容易产生歧义。语句烦琐冗长,并且用自然语言来描述较为复杂的算法就显得不是很方便。所以除了那些很简单的问题外,一般情况下不采用自然语言来描述。

(2) 流程图表示算法

流程图是一种传统的算法表示法,它用一些图框来代表各种不同性质的操作,用流程线来指示算法的执行方向。例如,用矩形框表示处理,用菱形框表示判断,用平行四边形表示输入输出,用带有箭头的折线表示控制流程等。由于它直观形象,易于理解,所以应用广泛,特别是在语言发展的早期阶段,只有通过流程图才能简明地表述算法。

(3) 用伪代码表示算法

伪代码是用介于自然语言和计算机语言之间的文字和符号来描述算法。它保留了程序设计语言严谨的结构、语句的形式和控制成分,忽略了烦琐的变量说明,在高层抽象地描述算法一些处理和条件等容许使用自然语言来表达。伪代码不是真正的程序代码,还需要进一步通过程序设计来具体实现。

4. 算法设计举例

算法分为数值计算算法和非数值计算算法两类。数值计算是计算机最早的应用领域,算法较成熟,目前,大多数数值计算问题现均有现成的算法可供选用。非数值计算发展较晚,涉及面较广,常用于事务管理领域,例如:图书检索、人事管理、行车调度等,有时程序员需要根据具体的问题,自行设计数据结构和算法。算法设计的方法很多,如枚举法、递推法、递归法、分治法、动态规划法等。这里仅举一个简单的例子,说明算法的概念和表示方法,更深入的内容将在算法分析与设计课程中进行学习。

例 8-2 若给定两个正整数 m 和 n,写出求它们的最大公约数的算法——欧几里德算法。

方法一:用自然语言描述欧几里德算法

1) 读入两个正整数 m 和 n,假定 m>n。
2) 求 m 除以 n 的余数 r=mod (m, n)。
3) 用 n 的值取代 m,用 r 的值取代 n。
4) 判定 r 的值是否为零,若 r=0,则 m 为最大公约数,否则返回 step 2。
5) 输出 m 的值,即为 m 和 n 的最大公约数。

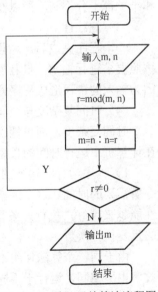

图 8-3-6 欧几里德算法流程图

方法二：用流程图来表示欧几里德算法，如图 8-3-6 所示。
方法三：用伪代码表示欧几里德算法。

```
begin
  read(m,n);
    repeat;
      r⇐mod(m,n);
      m⇐n;
      n⇐r;
    until r=0;
  printf(m);
end
```

5．如何衡量算法的优劣

同一个问题，可以有多种解决问题的算法。如对若干个数排序，就有十几种算法，这些算法功能相同，但是性能不可能完全一样。因为算法不唯一，相对好的算法还是存在的。如何来衡量一个算法的好坏，通常要从以下几个方面来分析。

（1）正确性

正确性是指所写的算法能满足具体问题的要求，即对任何合法的输入，算法都会得出正确的结果。

（2）可读性

可读性是指算法被写好之后，该算法被理解的难易程度。一个算法可读性的好坏十分重要，如果一个算法比较抽象，难于理解，那么这个算法就不易交流和推广，对于修改、扩展和维护都十分不利。所以在写算法的时候，要尽量将该算法写得简明易懂。

（3）健壮性

一个程序完成后，运行该程序的用户对程序的理解因人而异，并不能保证每一个人都能按照要求进行输入，健壮性就是指当输入的数据非法时，算法也会做出相应的判断，而不会因为输入的错误造成程序瘫痪。比如输入的时间或者距离为负数、分母为 0 时等情形。

（4）时间复杂度与空间复杂度

时间复杂度，简单地说就是算法编制成程序后在计算机中运行所需要的时间。一个程序在计算机中运行时间的长短与很多因素相关，这些因素主要有：

1）程序运行时输入的数据量。2）源程序编译所需要的时间。3）机器执行一条目标指令所需要的时间。这个因素是与计算机系统的硬件息息相关的，随着硬件技术的提高，硬件性能越来越好，执行一条目标指令所花费的时间也会相应地越来越少。4）整个程序中语句的重复执行次数。

由于同一个算法使用不同的计算机语言实现的效率都不会相同，使用不同的编译器编译效率也不相同，运行于不同的计算机系统中效率也不相同，因此使用前三个因素来衡量一个算法的时间复杂度通常是不恰当的。通常，我们使用第四个因素，即整个程序中语句的重复执行次数之和来作为一个算法的时间复杂度的度量，记为 T（n），其中 n 为问题的规划（如多项式的次数、矩阵的阶、图中顶点的个数等）。

算法的时间复杂度 T（n）实际上是表示当问题的规模 n 充分大时该程序运行时间的一

个数量级。例如，若经过对某算法的分析，其程序运行时的时间复杂为 $T(n)=2n^3+3n^2+2n+1$，则表明程序运行所需要的时间与问题规模 n 之间是成三次多项式的关系。而且，当 $n\to\infty$ 时，$T(n)/n^3\to 2$，故当 n 较大时，该程序的运行时间与 n^3 成正比。引入符号"O"（读作"大O"），则有 $T(n)=O(n^3)$，表示运行时间与 n^3 成正比。

不同的算法具有不同的时间复杂度，当一个程序较小时，就感觉不到时间复杂度的重要性，当一个程序特别大时，便会察觉到时间复杂度实际上是十分重要的，所以如何写出更高速的算法一直是算法不断改进的目标。

空间复杂度是指算法编制成程序后在计算机中运行所需的存储空间的多少。一个程序在计算机运行时在存储器上所占用的存储空间包括程序本身所占的存储空间、程序的输入/输出数据所占的存储空间以及程序运行过程中所占用的临时存储空间。类似地，算法的空间复杂度同样也是问题规模 n 的一个函数，称为 $S(n)$，其中 n 为问题的规模。算法的空间复杂度 $S(n)$ 实际上是表示当问题的规模 n 充分大时该程序运行空间的一个数量级。例如，$S(n)=O(n^2)$ 表示运行时所占用的空间与 n^2 成正比。随着计算机硬件的发展，空间复杂度已经显得不再那么重要了，但在编程时也应该注意。

好的算法应该尽量满足时间效率高和存储容量低的特性，即用最少的存储空间，花最少的时间，办成同样的事就是好的算法。

6. 常用的经典算法

这里介绍几个有代表的算法的基本思想和方法，不侧重算法的实现问题。

（1）求累加和

实际应用中，我们经常会碰到这样的问题：$s=a_1+a_2+a_3+\cdots+a_n$，最简单的思想是：先设 s 为累加和变量，初值为 0。然后从 a_1 开始，直到 a_n，逐项累加进 s 中。这种算法的思想是最容易理解的。下面给出求累加和的通用算法模式如下：

```
s⇐0;
for(i=1;i<=n;i++)
    s⇐s+ a_i;
printf(s);
```

（2）求最值

即求若干数据中的最大值（或最小值）。算法的基本思想是：首先将若干数据存放于数组 a[]中（分别是 a[1]，a[2]，a[3]，…a[n]），通常假设第一个元素即为最大值（或最小值），赋值给最终存放最大值（或最小值）的 max（或 min）变量中，然后将该量 max（或 min）的值与数组其余每一个元素进行比较，一旦比该量还大（或小），则将此元素的值赋给 max（或 min）……所有数如此比较完毕，即可求得最大值（或最小值）。下面给出求 n 个数的最大值的算法。

```
max⇐a[1];
for(i=2;i<=n;i++)
    if(a[i]>max)max⇐a[i];
printf(max);
```

求最小值的算法是类似的，请读者根据其基本思想自行写出算法。

（3）排序

排序是工作和生活中经常会碰到的常见问题，几十年来，人们设计了很多种排序方法，有些方法非常巧妙，有些方法需要较多的预备知识，有些难度不大不易理解。这里介绍两个简单的排序方法的基本思想。

1）选择法排序。选择法排序是相对好理解的排序算法。假设要对 n 个数的序列进行升序排列，首先将这 n 个数据存放于数组 a[]中（分别是 a[1]，a[2]，a[3]，…a[n]），算法的步骤如下：

① 从数组 a 存放的 n 个数中找出最小数的下标，然后将最小数与第 1 个数交换位置，这样第一个数就是最小数了。

② 除第 1 个数以外，再从其余 n-1 个数中找出最小数（即 n 个数中的次小数）的下标，将此数与第 2 个数交换位置。

③ 重复步骤①n-1 趟，即可完成所求。

选择排序的算法描述如下：

```
for(i⇐1;i≤n-1;i++)              /*共选择 n-1 趟/*
  {k⇐i;                         /*变量 k 为最小值的下标初值*/
    for(j⇐i+1;j≤n;j++)
      if(a[j]<a[k])k⇐j;         /*变量 k 为最小值的下标*/
    if(k≠i)a[i] ⇔ a[k]          /*若最小值不是 a[i],则 a[i]与最小值 a[k]交换*/
  }
```

作为例子，下面给出了对于序列 90，16，72，98，30，48，12 执行算法的操作步骤，如下所示。

|90 16 72 98 30 48 **12**   i=1：k 最后得 7，交换二者。
12 |**16** 72 98 30 48 90   i=2：k 最后得 2。
12 16 |72 98 **30** 48 90   i=3：k 最后得 5，交换二者。
12 16 30 |98 72 **48** 90   i=4：k 最后得 6，交换二者。
12 16 30 48 |**72** 98 90   i=5：k 最后得 5。
12 16 30 48 72 |98 **90**   i=6：k 最后得 7，交换二者。
12 16 30 48 72 90 |98   结束。

算法执行过程中，竖线左侧是已经排好序的元素，从竖线右侧的第一个元素开始本轮扫描，直到扫描完最后一个元素，即得本轮要找的最小元素。最小元素的初始位置设置为 i，加粗字体的元素表示本轮扫描得到的最小元素，将最小元素和第 i 个位置的元素交换位置，则完成一次扫描。该序列有七个元素，经过六趟扫描选择即可完成排序。

2）冒泡排序。假设要对含有 n 个数的序列进行升序排列，首先将这 n 个数据存放于数组 a[]中（分别是 a[1]，a[2]，a[3]，…a[n]），冒泡排序的操作步骤是：

① 从存放序列的数组中的第一个元素开始到最后一个元素，依次对相邻两数进行比较，若前者大后者小，则交换两数的位置。

② 第①趟结束后，最大数就存放到数组的最后一个元素里了，然后从第一个元素开始到倒数第二个元素，依次对相邻两数进行比较，若前者大后者小，则交换两数的位置。

③重复步骤①n-1 趟，每趟比前一趟少比较一次，即可完成所求。

冒泡排序的算法描述如下：

```
for(j⇐1;j≤n-1;j++)              /*n 个数处理 n-1 趟*/
  for(i⇐1;i≤n-j;i++)            /*每趟比前一趟少比较一次*/
    if(a[i]>a[i+1])a[i] ⇐⇒a[i+1] /*相邻两数,若前者大于后者,则交换两数*/
```

作为例子,对于序列 90,16,72,98,30,48,12 执行算法的操作步骤,如下所示。

```
90  16  72  98  30  48  12
16  72  90  30  48  12  |98   j=1：最大值 98 就位。
16  72  30  48  12  |90  98   j=2：第二大值 90 就位。
16  30  48  12  |72  90  98   j=3：第三大值 72 就位。
16  30  12  |48  72  90  98   j=4：第四大值 48 就位。
16  12  |30  48  72  90  98   j=5：第五大值 30 就位。
12  |16  30  48  72  90  98   j=6：第六大值 16 就位。排序结束。
```

算法执行过程中,竖线右侧是已经排好序的元素,扫描时从左侧开始,每次比较当前元素及其右侧元素,如果是逆序,则交换,这样的结果是每轮扫描都把当前的极大值"沉"到当前序列的最末尾。这个序列有七个元素,经过六轮扫描即可完成排序。

(4) 查找

查找是许多程序中最耗时间的一部分。好的查找算法会大大提高运行的效率。这里介绍两个常用的查找方法:顺序查找和折半查找。

1) 顺序查找。假定有 n 个目标数据,这些数据是杂乱无章的。将这些数据存放在一个一维数组 a 中(元素分别是 a[1],a[2],a[3],…a[n])。现要求查找这些数据里面有没有值为 x 的元素。若有,则给出这个元素的下标,没有也要给出相应的信息。

顺序查找是最简单的查找方法。其思路是:将待查找的数据与数组中的每一个元素进行比较,若有一个元素与之相等则找到;若没有一个元素与之相等则找不到。

算法描述如下:

```
i⇐1
while(a[i]≠x and i≤n)
    i++;
if(i>n)
  printf("没有要找的数据");
else
  printf(要查找的数据所在的位置为:i)
```

2) 折半查找。顺序查找的效率较低,当数据很多时,用折半查找可以提高效率。折半查找又称为二分查找或对半查找。使用折半查找的前提是要求目标数据必须有序,否则该方法就会失效。

假定有 n 个目标数据,这些数据已经按从小到大排好序,存放在一个一维数组 a 中(元素分别是 a[1],a[2],a[3],…a[n]),要查找的数为 x。折半查找的思路是:将要查找的数值 x 同数组的中间位置的元素比较,若相同则查找成功,结束。否则,若 x 小于中间元素,则数值 x 落在中间元素的左边的区间中,接着只要在左边的这个区间中继续进行折半查找即可。若 x 大于中间元素,则数值 x 落在中间元素的右边的区间中,接着只要在右边的这个区间中继续进行折半查找即可。这样,经过一次关键字的比较,就缩小一半查找空间,如此进行下去，直到找到数值为 x 的元素，或当前查找区间为空，表明查找失败为止。算法描述如下：

```
low⇐1;
high⇐n;
find⇐FALSE
while(low≤high and not find)
  { mid⇐ (high+low)/2;
   if(x<a[mid])high⇐mid-1;/*修改区间上界*/
   else if(x>a[mid])low⇐mid+1;/*修改区间下界*/
      else  find⇐TRUE;
  }
 if(not find )
  printf("没有要找的数据");
 else
  printf("要查找的数据所在的位置为:mid);
```

（5）递归

程序直接或间接调用自身的编程技巧称为递归。递归作为一种算法在程序设计语言中广泛应用。 递归算法是一个过程或函数在其定义或说明中有直接或间接调用自身的一种方法，它通常把一个大型复杂的问题层层转化为一个与原问题相似的规模较小的问题来求解，递归策略只需少量的程序就可描述出解题过程所需要的多次重复计算，大大地减少了程序的代码量。

这里以著名的汉诺（Hanoi）塔问题来说明递归算法的思想及应用。问题是这样的：相传印度教的天神梵天在创造地球这一世界时，建了一座神庙，神庙里竖有三根宝石柱子，柱子由一个铜座支撑。梵天将 64 个直径大小不一的金盘子，按照从大到小的顺序依次套放在第一根柱子上，形成一座金塔，即所谓的汉诺塔（又称梵天塔）。天神让庙里的僧侣们将第一根柱子上的 64 个盘子借助第二根柱子全部移到第三根柱子上，每次只能移动一个盘子，且盘子只能在三根柱子上来回移动，不能放在他处。在移动过程中，三根柱子上的盘子必须始终保持大盘在下，小盘在上。要求写出移动盘子的步骤。

汉诺塔问题是一个典型的只有用递归方法（而不能用其他方法）来解决的问题。根据递归方法的思想，我们可以将 64 个盘子的汉诺塔问题转化为求解 63 个盘子的汉诺塔问题，如果 63 个盘子的汉诺塔问题能够解决，则可以先将 63 个盘子先移动到第二个柱子上，再将最后一个盘子直接移动到第三个柱子上，最后又一次将 63 个盘子从第二个柱子移动到第三个柱子上（如图 8-3-7 所示），则可以解决 64 个盘子的汉诺塔问题。依此类推，63 个盘子的汉诺塔求解问题可以转化为 62 个盘子的汉诺塔求解问题，62 个盘子的汉诺塔求解问题又可以转化为 61 个盘子的汉诺塔求解问题，直到 1 个盘子的汉诺塔求解问题。再由 1 个盘子的汉诺塔的求解求出 2 个盘子的汉诺塔，直到解出 64 个盘子的汉诺塔问题。

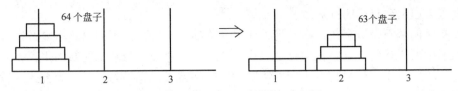

图 8-3-7 汉诺塔问题的递归求解图

程序的算法描述如下：

```
/* hanoi 函数的功能是将 n 个盘从 one 座借助 two,移到 three 座*/
void hanoi(int n,char one,char two,char three)
{if(n==1)move(one,three);
else
{hanoi(n-1,one,three,two);
 move(one,three);
 hanoi(n-1,two,one,three);
}
/*move 函数的功能是打印出移盘的方案*/
void move(char x,char y){printf(x-->y);}
```

8.4 计 算 文 化

计算工具的革新带来了新的物质文明，计算思维的拓展，使得人们解决问题的方法和思路发生了根本性地改变，同时计算科学应运而生。而科学和文化是纠缠在一起的观念共同体。科学背后隐藏着文化，而文化与科学的进步也是密不可分的。在计算无处不在并高速发展的今天，计算文化日益凸显，并成为一种先进的文化，正在潜移默化地影响着每个人的思维方式、行为方式，甚至人生观和世界观。

计算文化（Computational Culture）一词，在国际上已开始有少数的学者提起，但还没有与计算思维相联系，也没有达成共识或形成趋势。何谓计算文化？中科院的王飞跃在国内首次提出这个概念。他指出，"中文里目前还没见有人明确提出计算文化的概念，与此相关却不同的计算机文化课却在大学里较为普及。不过，我们传统文化中有根深蒂固、历史悠久的"算计"文化。凡是"精明"的人常常被称作能"算计"，时褒时贬，但一般贬时多于褒时，贬义大于褒义，差不多就是"狡猾"的同义词。希望我们能借"计算思维"之东风，尽快把传统世故人情的" 算计文化" 反正成为现代科学理性的" 计算文化"，以提高民族的整体素质。"

就具体内容来说，计算文化与其他文化类似。陈国良院士指出：计算文化（Computational Culture）就是计算的思想、方法、观点等的演变史。它通过计算和计算机科学教育及其发展过程中典型的人物与事迹，体现了计算对促进人类社会文明进步和科技发展的作用以及它与各种文化的关系。

中国的传统文化经过几千年的发展已经深深地渗透在中华民族的骨髓里，深深地影响着中华民族的行为观念。中国传统文化之伟大之处，乃在最能调和，使冲突之各方兼容并包，共存并处，相互调剂。计算文化与信息时代人们的生活息息相关，并与传统文化保持着千丝万缕的联系，但又有自己的特征。

计算文化的基石是数字化，它决定了计算文化的根本特征。正如尼葛洛庞帝在《数字化生存》一书中所描述的，数字化生存是现代社会中以信息技术为基础的新的生存方式。在数字化生存环境中，人们的生产方式、生活方式、交往方式、思维方式、行为方式都呈现出全新的面貌。如，生产力要素的数字化渗透、生产关系的数字化重构、经济活动走向全面数字化，使社会的物质生产方式被打上了浓重的数字化烙印，人们通过数字政务、数字商务等活动体现出全新的数字化政治和经济；通过网络学习、网聊、网络游戏、网络购物、网络就医等刻画出异样的学习、交往、生活方式。这种方式是对现实生存的模拟，更是对现实生存的延伸与超越。数字化生存体现一种全新的社会生存状态。当今正在形成的计算文化，是一种渗透到全球平民生存领域方方面面的文化形态，它将给人们带来另类的生存体验。

计算文化的灵魂是高速。《孙子兵法》上有这样一句话："激水之疾，至于漂石者，势也。"速度能使沉甸甸的石头飘起来，我们经常看到洪水来临时，水面上甚至漂着几顿重的汽车。"计算机对"速度"的执着达到了无以复加的程度。而今，许多大量复杂的科学计算问题如卫星轨道的计算、大型水坝的计算、24 小时天气预报等只需几分钟就能完成。

计算文化的精髓是创新。纵观计算文化的形成与发展过程，不管是思想、理念、方法还是技术，处处都闪耀着创新的智慧与光芒。没有任何一种文化，比计算文化更能体现出创新的意义。

计算文化作为一种崭新的文化形式，具有独特而鲜明的文化特征。在高速发展的信息时代，计算文化必然会对传统文化产生深远的影响。

一方面，计算文化以它特有的快捷性、多维性、创造性特征给经济、社会和人的发展带来前所未有的机遇。正如思想家麦克如汉说，"借用数字技术，人可以越来越多地把自己转换成其他的超越自我的形态"。我国学者李伯聪更是把数字互联技术比拟为马克思所说的那种实现人的全面发展的"共同的社会生产能力"的"萌芽"。计算文化是一种先进的生产力，它能够使人获得更多的自由和发展的空间；计算文化使人的智力得到提升、观念得到更新，从而形成更加全面的素质和能力体系；计算文化还可以满足和丰富人的社会需要，推动人的全面发展。

另一方面，计算文化的扩张性与支配性又会给人类的生存和发展带来极大的挑战和困境。比如，网民在聊天室和 BBS 上就经常使用一些网络词语和符号，甚至很多网民为了提高输入速度，对一些汉语和英语词汇进行改造，对文字、图片、符号等随意链接和镶嵌。这些现象都反映了计算文化范式对传统文化范式的挑战与冲击，由此产生的对人的全面发展的不良影响与后果不能不引起人们的思考。计算文化改变着人类的文化认同和传统伦理观念。就拿当今普遍讨论的网恋、网婚等现象，人们对此就有许多不同甚至相反的看法和观点。不管如何，它所折射出来的却是计算文化对人类传统文化与伦理观念的冲击与影响，其对人的全面发展的影响将是广泛而深刻的。"数字依赖"、"网络成瘾" 等还可能给我们的学习、生活带来不可预测的"人为风险"。

不得不承认，传统文化已经受到计算文化的剧烈冲击。计算文化冲击了传统语言、传统道德观念和传统文化传播方式等。但并不代表计算文化挤压了传统文化，相反，计算文化推动着我们生活方式的进步。而且计算文化还为传统文化的发展和传播提供了很好的平台。计算文化和中国传统文化的交融和碰撞所擦出的火花点燃了这个时代灿烂的火焰，也照耀了人类文明。传统文化使我们拥有光辉的过去，其积极成分也促进了时代的发展。而计算文化就像是强大的推动力,为时代发展注入新的活力,也将我们一次次推上时代发展的风口浪尖,使我们成为时代的弄潮儿。我们要以包容的心态对待这两种文化,糅合它们的精华,为我们生活的这个时代注入强大的动力,让古代文明和现代文明互相结合,从而促进时代的发展。

思 考 题

1. 什么是计算思维?计算思维有何特征?
2. 试述计算机解决具体问题的一般过程。
3. 结构化程序设计方法与面向对象程序设计方法各自有什么特点?
4. 算法的表示方法有哪些?比较它们的优缺点。
5. 用流程图或伪代码表示一个算法,实现重复输入10个数,求最大值和最小值,并将结果显示出来。

参 考 文 献

[1] 周娅等. 大学计算机基础［M］. 桂林：广西师范大学出版社，2013.
[2] 王晓华，黄晓波. 计算机文化基础［M］. 北京：化学工业出版社，2014.
[3] 曹将. PPT 炼成记［M］. 北京：中国青年出版社，2014.
[4] 百度百科：电子表格［DB/OL］. http：//baike.baidu.com/link?url=GvhiRdDMjGc2184v302zCuh60Vj-EumgSEYw15xrBSErWdcU7WbGMMCydkJycXJu1n59bpHB30EKGmi3yN16I_
[5] 张亚玲. 大学计算机基础——计算思维初步［M］. 北京：清华大学出版社，2013.
[6] 百度经验：Excel 怎么导入外部数据［DB/OL］. http：//jingyan.baidu.com/article/ea24bc39af05e9da62b331f6.html
[7] 唐培和，徐奕奕. 计算思维——计算学科导论［M］. 北京：电子工业出版社，2015.
[8] 黄国兴，陶树平，丁岳伟. 计算机导论（第 3 版）［M］. 北京：清华大学出版社，2013.